rowohlt

Reinhard Osteroth

FERDINAND PORSCHE

Der Pionier und seine Welt

Rowohlt

1. Auflage Juli 2004

Redaktion Bernd Klöckener
Satz aus der Life PostScript,
QuarkXPress 4.1, bei KCS GmbH, Buchholz/Hamburg
Druck und Bindung Clausen & Bosse, Leck
Printed in Germany
ISBN 3 498 05036 2

Inhalt

Einleitung

Eine Straßenszene aus dem Jahre 1937: Fünf Fahrzeuge parken in einer deutschen Kleinstadt. Auf dem Gehsteig Passanten, die die auffälligen Vehikel beäugen. Was da so insektengleich am Straßenrand steht, wirkt besonders vor dem Hintergrund gründerzeitlicher Stadtvillen wie eine Delegation aus der Zukunft. Steil und plan ist nur die Frontscheibe der Fahrzeuge, alles andere ist gewölbt, gerundet und geschwungen. Die Bleche dieser Wagen sind nach dem neuen Credo der Autobauer, der Stromlinie, geformt. Ihre Buckel sind noch ohne Heckfenster, nur eine Haube mit 35 Lüftungsschlitzen ziert die käferhaften Fahrzeugrücken.

Seit Ostern schwirrten 30 solcher Erlkönige über süddeutsche Straßen und wurden eifrig betuschelt. Eine Fahrbereitschaft der SS – die Männer waren bei Strafe zur Verschwiegenheit über Details ihrer täglichen Rundfahrten verpflichtet – war für die große Testfahrt abkommandiert worden. Über zwei Millionen Kilometer absolvierten die neuen Autos. Es waren Vorserienwagen, montiert in Sindelfingen, im Karosseriewerk von Daimler-Benz. Ihren Stützpunkt hatten sie in einer Panzerkaserne in Kornwestheim. Noch war die Verkehrslage auf Deutschlands «Reichsautobahnen» so beschaulich, wie die Propaganda es ausgemalt hatte, jede Fahrt ein Genuss im Landschaftskino der deutschen Gaue. Aber das Auto, das mehr Leben auf die grauen Betonbänder bringen sollte, erwies sich in den Testfahrten als so gut wie serienreif. «Da schaffen wir eine große Sache, die dem Führer Freude machen wird», notierte Joseph Goebbels am 15. Januar 1937 in sein Tagebuch.

Der Mann, der dieses Fahrzeug mit einem auserwählten Kreis langjähriger Mitarbeiter konstruiert hatte, weilte unterdessen in den USA. Ferdinand Porsche war zum zweiten Mal ins Land der unbegrenzten Mobilität aufgebrochen. Er wollte Verbindungen knüpfen, Spezialmaschinen einkaufen und Fachleute anwerben, deutsche Auswanderer, die ihr Wissen aus den großen amerikanischen Fabriken mit nach Deutschland bringen sollten. Und er begegnete in Detroit dem Übervater der Motorisierung: Henry Ford I. Recht zwanglos war das Gespräch der beiden Autobauer, des 72-jährigen Amerikaners, dessen Model T millionenfach den technischen Purismus auf die Straßen gebracht hatte, den selbst die Bolschewiki im fernen Russland für seine Produktionsmethoden verehrten, und des 62-jährigen Deutschen, der sich gerade anschickte, den legitimen Nachfolger des Model T zur Produktionsreife zu führen.

Ferdinand Porsche war zu dieser Zeit bereits ein berühmter Konstrukteur. Er stand vielleicht auf dem Höhepunkt seines Schaffens und mitten in seiner größten Unternehmung: Zum wiederholten Male hatte er einen Kleinwagen entworfen, der die Straßen Deutschlands erobern sollte. Nun war er dabei, die Fabrik zur Massenfertigung eines solchen Wagens zu entwerfen und deren Errichtung zu organisieren. Er machte sich auf, ein deutscher Henry Ford zu werden.

Mit der Planung und dem Aufbau des Volkswagenwerks betrat der Konstrukteur – all seiner Erfahrung zum Trotz – Neuland. Porsche wurde zum Unternehmer, zum Leiter eines Werkes von bisher in Deutschland unbekannter Größe. Die schon legendäre Ford-Fabrik diente als Vorbild. Oft genug wurde Porsches Leben beschrieben unter der Perspektive des «technischen Genies», eines bloßen Dienstleisters, der sich im Grunde nur um Drehzahlen, Blechstärken und Radaufhängungen gekümmert habe. Zwischen Anekdoten und Details verlor man sich in ungebremster Bewunderung. Ausgeblendet und verharmlost wurde so Porsches Kooperation mit dem nationalsozialistischen Regime. Verehrung und Verkleinerung zum reinen Techniker gingen meist Hand in Hand. Dass Ferdinand Porsche aber mit dem Aufbau des Werks zu einem Sprung, zu einer ehrgeizigen Expansion angesetzt hatte, konnte infolgedessen nicht angemessen beschrieben werden. Hitler wurde zur Schlüsselfigur für den Aufstieg Porsches, der anfängliche Auftrag zum Entwurf eines Autos verwandelte sich nach und nach in ein riskantes Großprojekt.

Porsche, der Konstrukteur: Das bezeichnet dennoch den Kern seiner Begabung und seine erstaunliche Vielseitigkeit. Man zögert, ihn einen Fachmann zu nennen, einen Experten. Natürlich war er das, doch blieb Ferdinand Porsche zeitlebens ein Autodidakt, der technische Probleme ohne die Scheuklappen der Spezialisierung anging. Vom Naturell her Erfinder und Tüftler, ist Porsche zugleich ein rastloser Pragmatiker und Perfektionist gewesen. Auf der Pariser Weltausstellung im Jahre 1900 war er, 25 Jahre alt, zum ersten Mal weithin sichtbar hervorgetreten. Der junge Mann, Mitarbeiter des österreichischen Hofkutschenlieferanten Lohner, hatte ein Elektrofahrzeug konstruiert, das Maßstäbe setzte und prompt prämiert wurde. Dieser erste Kleinwagen Porsches war eine verlockende Variation des Leitthemas der Weltausstellung, die im «Palast der Elektrizität» auf dem Marsfeld die magische und geruchlose Kraft der Zukunft feierte. Ob in Wien, Berlin, Frankfurt oder London, schon bald fuhren Feuerwehren mit dem Elektro-Porsche zum Brandherd.

Ferdinand Porsche gehörte nicht zur ersten Generation der Autobauer wie Daimler, Benz oder Diesel, er war einer der führenden Köpfe der zweiten Generation, die dem Automobil in pragmatischer Kombinatorik mehr und mehr zur Alltagstauglichkeit verhalfen. Die Palette seiner Erfindungen und Konstruktionen zeigt eine enorme Vielseitigkeit. Zwischen Reißbrett, Prototyp und Fertigungshalle schaffte Porsche unentwegt, geradezu fanatisch, eine vielgestaltige Welt der Mobilität. Er hat einfach alles gemacht und so die experimentellen Möglichkeiten, die seiner Generation noch offen standen, weidlich genutzt. Mühelos erwarb er sich den Ruf, ein kostspieliger Konstrukteur zu sein, der im Drang nach Perfektion keinen Aufwand scheute. Ausgerechnet dieser Mann wurde zu einem Wegbereiter der Massenmotorisierung, und Hitler verehrte ihn als Meister der «Einfachstbauart». Porsches Kosmos ist geprägt von Gegensätzen: Schon im Ersten Weltkrieg mobilisierte er die schweren Mörser der österreichischen Armee und tüftelte zugleich als Verfechter des Leichtbaus an Flugmotoren. Zu seinen bestechendsten Entwicklungen gehört die Drehstabfederung, bereits 1908 brütete er über Plänen für einen «Schraubenflieger», eine Frühform des Helikopters. Er war ein Generalist der Mobilität.

Der junge Porsche hat sich noch selbst ans Steuer gesetzt und seine Konstruktionen umgehend erprobt. Ob am Exelberg oder am Semmering, jeder Rekord, jeder Sieg markierte technischen Fortschritt. 1922 konstruierte er den kleinen legendären «Sascha»-Wagen, der auf den europäischen Kursen den hubraumstarken Boliden Paroli bot; 1926 stand er auf der Berliner AVUS und feierte mit dem jungen Rudolf Caracciola dessen ersten Sieg in einem Großen Preis; und 1933 entwarf er mit seinem Team den Silberpfeil der Auto-Union. Mit diesem Auto wurde der Techniker Porsche einer von denen, die ganz neuartige Bildwelten schufen. Die gleißenden Geschosse brachten eine ebenso elegante wie brachiale Modernität auf die europäischen Rennstrecken, und mit sicherem Gespür entdeckte das Regime den populären Rennsport für die eigene Propaganda. Insbesondere die voll verkleideten Versionen dieser Wagen, die auf die Jagd nach Geschwindigkeitsrekorden gingen, galten als technische Avantgarde. Mit über 400 km/h rasten sie über das schmale Band der ersten fertig gestellten Abschnitte der Reichsautobahn. Wie nebenbei produzierte der Vorstoß in Grenzbereiche beherrschbarer Geschwindigkeiten eine seltsam unterkühlte Ästhetik, ein Amalgam aus neuer Sachlichkeit und altertümlicher Heroik. Rekordfahrten feierten die Bewegung um der Bewegung willen, erhoben das Mittel zum Zweck. Noch 1938 machte sich Ferdinand Porsche an die Konstruktion eines Rekordwagens, der mit über 3000 PS um die 700 km/h erreichen sollte.

Wo immer er an seine Grenzen stieß, kam eine ganz andere Gabe Ferdinand Porsches zum Tragen – er konnte begeistern. Er fand geeignete Mitarbeiter mit außerordentlichen Fähigkeiten, die er an sich zu binden wusste. Sein Ende 1930 gegründetes Stuttgarter Konstruktionsbüro war eine Werkstatt technischer Intelligenz mit familiären Zügen. Porsche, mal aufbrausend, mal väterlich, mal grantig, war der unbestrittene Herrscher in seinem neuen Reich, das er nach seiner Zeit als technischer Direktor und Vorstandsmitglied bei Daimler-Benz in Untertürkheim und einem kurzen Zwischenspiel bei den österreichischen Steyr-Werken errichtete. Mit dem Büro hatte Ferdinand Porsche das ihm gemäße Dach gefunden, das eigene nämlich, und das in wirtschaftlich schwierigster Zeit.

Die Gründung des Büros war nicht zuletzt eine Konsequenz aus den unsteten zwanziger Jahren, die Porsche im Rückblick als ein unbefriedigendes Auf und Ab erscheinen mussten, als Stagnation, Beschränkung seiner Fähigkeiten als Ingenieur. Vor dieser unruhigen Zeit war er in Österreich heimisch geworden. Bis

1923 war er bei Austro-Daimler in Wiener Neustadt tätig, lange als technischer Direktor, dann seit 1916 als Generaldirektor, insgesamt gut 16 Jahre. In dieser Phase gewann Ferdinand Porsche Statur, der junge Familienvater fand im Abglanz der letzten Jahre des k. u. k. Reichs seinen Lebensrhythmus. Die wenige Zeit, die er nicht dem Betrieb widmete, gehörte der Familie. Kurze Urlaube, Ausflüge in die Bergwelt, alles blieb im Rahmen einer gewissen Bürgerlichkeit, auch später. Von Extravaganzen, wie sie die damalige Kundschaft, die Kaste der so genannten Herrenfahrer, pflegte, hielt einer wie Porsche sich fern. Hin und wieder ein Besuch im Varieté, das war des Bunten genug. An den Sonntagen fuhr man, in tadellos gereinigter Limousine, zum Gottesdienst. Alles in allem vermittelt sich ein übersichtliches, bisweilen fast idyllisches Bild. Auch vom Zusammensturz der alten Ordnung und vom Ausbruch des Ersten Weltkriegs ließ Porsche sich kaum aufschrecken; früh entstand das kompakte Selbstverständnis eines «Unpolitischen». Als Techniker entwarf er seine Welten auf dem Reißbrett, als Privatmann stapfte er durchs Unterholz und suchte Pilze für die Pfanne. Noch so eine Konstante in seinem Leben, die Treue zur heimischen Küche, zum Pilsener Bier, bodenständig blieb er im Genuss. 1920 wurde er Jagdpächter in Hochwolkersdorf, erwarb ein Domizil in freier Natur, eine Hütte, die – zu Ehren seiner Frau – den Namen «Louise» erhielt; der Dorfpfarrer erschien zur feierlichen Einsegnung. Wenn Porsche am Wochenende samt Familie, Jagdgästen und Mitarbeitern im Konvoi vorfuhr, stand der Revierförster schon bereit: «G'schamster Diener, Herr Generaldirektor!» Dabei war die Flinte für Porsche eher ein Requisit – «Es zerriß ihm fast das Herz, als er von einem Rehbock, den er selbst geschossen hatte, kurz vorm Tod mit tieftraurigen Augen angesehen wurde». Aber das Milieu hatte es ihm angetan. Und eines Tages sollte er es mitnehmen in den Norden Deutschlands. Die Porsche-Hütte, unweit der monumentalen

Volkswagenfabrik, wirkt wie eine Erinnerung an diese frühen Zeiten, ein flacher Holzbau mit rustikaler Möblierung, Kachelofen und zünftiger Holzverkleidung. Hier residierte er, wenn er vor Ort den Aufbau des modernsten Autowerks in Deutschland überwachte.

So hatte Porsche stets, bei allem Gespür für Neues, das er als Konstrukteur besaß, einen gewissen Hang zum Heimatstil. Doch nichts war er weniger als gemütlich. Viele erlebten ihn als Choleriker, als notorischen Querkopf. Ein Antreiber war er, ein unablässiger Tempomacher, und wie ein Lebensmotto klingt seine Standardformel der Ungeduld: «Gehmma, gehmma!» Kein glatter, unterkühlter Techniker, aber ein Homo faber. Nüchtern und rigoros verfolgte er seine Ziele. Ferdinand Porsche blieb sich immer gleich und war doch eine Figur scharfer Kontraste.

Unablässig trieb ihn die Leidenschaft für die Welt der Räder und Motoren. Das neue Jahrhundert entdeckte die Geschwindigkeit, und Ferdinand Porsche, Pilot und Pionier, verschrieb sich seiner Mechanik.

I Kindheit und Jugend

Elektrifizierung der Welt

Ferdinand Porsche wurde am 3. September 1875 in Maffersdorf im Nordosten Böhmens geboren, als drittes Kind von Anna und Anton Porsche. Der Vater war ein Spenglermeister, Klempner und Blechschmied. Sein Betrieb, ergänzt durch Kohlenhandel und Fuhrunternehmen, beschäftigte immerhin rund 20 Mitarbeiter. Anton Porsche war eine Ortsgröße, Vizebürgermeister, Gründer der Feuerwehr, Obmann des Veteranenvereins und des Bezirksfeuerwehrverbandes, Mitinitiator eines örtlichen Bildungsausschusses. Ein gewandter Redner sei er gewesen, heißt es, von großer Statur, sehr selbstbewusst, sehr eitel. Seinen Betrieb hielt er in Ordnung, der kleine Maschinenpark war auf dem neuesten Stand.

Es ist nur wenig überliefert aus Porsches Kindheit, doch das Wenige ergibt unmittelbar ein schlüssiges Bild. Die Aufzeichnungen seines Neffen Ghislaine Kaes halten einige Episoden und Ereignisse fest, die fast den Eindruck entstehen lassen, Porsche sei damals ein Außenseiter gewesen: «In der Volksschule zu Maffersdorf war Ferdinand ein mittelmäßiger Schüler. Mit seinen Gedanken war er meist außerhalb des Klassenzimmers, in seiner Bastelecke.» Der Schulfreund Emil Matzig bestätigt: «Ferdinand grübelte und bastelte. Ansonsten war er schweigsam.» Beim Singen und Turnen aber sei er aufgelebt. Und Anna Hosak, ebenfalls eine Schulfreundin, brachte ihre Erinnerung in Versform:

Oft sah man einen Kinderhaufen
In Klempnermeisters Werkstatt laufen.
Dort durften wir am Sonntag bleiben,
Nach Herzenslust die Zeit vertreiben.
Wenn wir da flott Theater spielten,
Uns anderweitig unterhielten,
Am Werktisch still ein Knabe stand,
Und dies war immer Ferdinand.

Es war eine dörflich bis kleinstädtische Welt, in der Ferdinand Porsche seine Kindheit verbrachte. Maffersdorf, links und rechts der Neiße, hatte fast 5000 Einwohner und war keineswegs ein verschlafenes Nest. Es gab eine große Brauerei, und etwa 2000 Menschen arbeiteten in der Teppich- und Deckenfabrik von Ignaz Ginzkey. Nur wenige Kilometer nördlich lag Reichenberg, das heutige Liberec, damals die größte sudetendeutsche Stadt und ein Zentrum des böhmischen Woll- und Textilgewerbes, das im 19. Jahrhundert den Aufschwung industrieller Produktion erlebte. Das kleine Haus der Porsches stand an der Maffersdorfer Hauptstraße, vier Häuser weiter wohnten die Henleins, die 1898 ihren Sohn Konrad bekamen. Aber das ist eine andere sudetendeutsche Geschichte.

Die Industrialisierung im böhmischen Textilwinkel macht sich auch für den kleinen Ferdinand Porsche in Maffersdorf bemerkbar. Von 1886 an schon wird in der Region mit der Installation des elektrischen Lichts begonnen. Fabrikant Ginzkey lässt seinen Betrieb ebenfalls mit der neuen Kraft ausrüsten. Das verschafft auch dem Klempnermeister Porsche neue Aufträge, und sein Sohn

Ferdinand geht mit auf Montage. Neugierig beobachtet und befragt er die «Elektriker» aus Wien. Ein folgenreicher Kontakt.

Elektrizität war ein Reizwort jener Jahre. Eine Losung für Vitalität und Frische. Wer krank und müde war, nahm ein elektrisches Bad. Elektrizität war Nervenkitzel. In Wien wurde sie 1883 auf der Weltausstellung als Spektakel unter die Leute gebracht. Man konnte auf einem Generator Platz nehmen und sich Stromstöße bis zur Zuckung geben lassen. Die eventhungrigen Galvanisten landeten reihenweise im Krankenhaus und zogen sich teils bleibende Schäden zu. Béla Egger, der Vertreter Edisons in Budapest, installierte eine elektrische Anlage im Schloss Schönbrunn, und Kronprinz Rudolf schwärmte: «Ein Meer von Licht wird ausstrahlen von dieser Stadt.» In den Metropolen verwandelten sich die Boulevards im grellen Glanz des elektrischen Lichts, der Schummer der Gaslaternen verblasste zum technischen Biedermeier. Emil Rathenau prophezeite 1882 in seiner kleinen Schrift «Das Edison-Licht» die Zukunft, in der die neue Energie von den «Centralstationen» aus direkt in die Werkstätten hinein geliefert und dort alles in Bewegung setzen werde, «Werkzeug- und Nähmaschinen, Aufzüge, überhaupt alle Apparate, welche motorischer Kraft bedürfen». Ein Jahr darauf gründete er die Deutsche Edison-Gesellschaft, die Vorläuferin der AEG.

Ginzkey war also auf der Höhe der Zeit. Und auch am Werk- und Basteltisch des kleinen Ferdinand vollzog sich die technische Revolution, in schönster Parallelität zur Welt der großen Fabriken: Hatte er bislang noch mit einer kleinen Dampfmaschine allerlei selbst gebaute Apparate angetrieben, so wurde er nun zum Jünger der Elektrizität.

1889 endete Ferdinands Schulzeit, und er begann eine Lehre im väterlichen Betrieb. Er war ausersehen worden, die Nachfolge des Vaters anzutreten, denn inzwischen hatte ein Unglück die Fa-

Ferdinand Porsche (vorne rechts) 1889 im Alter von 14 Jahren mit den Gesellen der väterlichen Spenglerei. Wäre es nach dem Willen des Vaters gegangen, hätte er den Betrieb später einmal übernommen.

milie ereilt: Sein älterer Bruder, Anton, der ursprünglich die Firma übernehmen sollte, war bei der Arbeit in die Treibriemen einer Maschine geraten und tödlich verunglückt.

Ferdinand besucht die Fortbildungsschule in Maffersdorf, gleichzeitig fährt er regelmäßig nach Reichenberg, wo er an der dortigen Staatsgewerbeschule einen Kurs über Elektrotechnik belegt hat – sehr zum Unwillen des Vaters. Auf dem Dachboden richtet er sich heimlich eine Elektrokammer ein. Eines Tages poltert es unterm Dach. Anton Porsche hat das Labor seine Sohnes entdeckt und wütet zwischen Kabeln, Schaltern und Batterien. Erst als austretende Säure ihm die Hose qualmen lässt, ist die Strafaktion beendet.

Der Junge aber lässt von seinen ernsten Spielen nicht. Kaum weniger eigenwillig als der Vater, treibt er den Konflikt weiter und verhindert zugleich die Eskalation. Porsche senior ist für einige Zeit auf Montage und setzt sich nach seiner Rückkehr an den Tisch zum Abendbrot. Und plötzlich geht das Licht an, im ganzen Haus. Ferdinand hat den Schalter umgelegt und führt seine Installation vor, das Haus der Familie Porsche ist elektrifiziert. Selbst der Vater zollt dem feierlichen Glanz Respekt. Eine Fotografie zeigt den 18-jährigen Ferdinand neben seiner Lichtanlage. Ernst und selbstbewusst steht der Junge da neben Generator und Schalttafel.

Ob Porsche eine glückliche Kindheit gehabt habe, könnte man fragen. Angesichts seines strengen Vaters und der häufigen Auseinandersetzungen mit ihm mögen da Zweifel aufkommen, doch darf man die Freiräume nicht unterschätzen, die dem jungen Ferdinand offen standen oder die er sich selbst eröffnen konnte. Dazu gehört natürlich auch der Schabernack. Ferdinand setzt Türklinken unter Strom und hat seine Freude. Oder er stopft sich eine Batterie in die Hose, zieht am Bein entlang die Kabel und lässt kleine Scheinwerfer auf seinen Schlittschuhen leuchten. Nächtlicher Spukspaß auf dem Eis.

Beim Spiel aber blieb es nicht: Wenn es in der Textilfabrik Ginzkey irgendwo klemmte, dann rief man schon mal nach dem jungen Porsche. Der sah sich die Stromkreise an und konnte wohl einige Male helfen. Ferdinand erlebte das Glück der Anerkennung. Es waren denn auch die Gebrüder Ginzkey, die ein Wort für ihn einlegten; er sei ohnehin nicht zu halten, der Vater möge ihn nicht in die Klempnerei zwingen. Irgendwann hatte Anton Porsche ein Einsehen. Überredet. Und im Übrigen war da ja noch Ferdinands jüngerer Bruder, dann musste der es eben machen.

Halten wir inne, um ein Foto von Ferdinand Porsches Sohn Ferry aus dem Jahre 1920 zu betrachten. Der elfjährige Junge sitzt in seinem Weihnachtsgeschenk – einem Auto! Es ist eine Spezial-

Mit einer modernen Hausbeleuchtung überraschte Ferdinand Porsche 1881 seinen strengen Vater. Zwei Jahre später posiert er für ein Erinnerungsbild vor seiner Anlage; er beginnt in Wien die Lehre in einem Elektrobetrieb.

anfertigung, ausgerüstet mit einem 3,5-PS-Motor und Zweiganggetriebe. Ferry trägt Lederkappe und Schutzbrille. Sein Vater ist zu jener Zeit längst Generaldirektor bei Austro-Daimler. Denkt man an den wütenden Auftritt auf dem Dachboden in Maffersdorf, dann ist dies eine anrührende Gegenszene, eine liebevolle Ermunterung. Ferdinand Porsche machte es anders als der eigene Vater, obgleich die Ziele sich durchaus ähnelten.

Doch auch in Maffersdorf war 1893 die Entscheidung gütlich gefallen. Ferdinand, jetzt 18 Jahre alt, durfte nach Wien gehen. Er hatte eine Lehrstelle bei der Vereinigten Elektrizitäts AG bekommen. Vormals hieß die Firma Béla Egger & Co. – es war der Betrieb jenes Béla Egger, der elektrisches Licht nach Schloss Schönbrunn gebracht hatte. Das Unternehmen in der Fernkorngasse im X. Bezirk, in dem rund 300 Arbeiter und Angestellte beschäftigt waren, leitete sein Sohn Ernst Egger. Später wurde daraus die Brown Boveri.

Die Firma war über Wien hinaus bekannt. Ihr Angebot reichte von Straßen- und Innenbeleuchtungen über Telegraphie bis hin zur Elektrifizierung von Bergwerken. Egger war vielseitig und innovativ. Der ehemalige Mitarbeiter bei Werner von Siemens hatte 1880 auf der Wiener Gewerbeausstellung für eine Attraktion gesorgt. Drei Monate lang ließ er auf einer 200 Meter langen Strecke eine elektrische Eisenbahn pendeln, die insgesamt weit über 20000 Menschen zu einem neuen Fahrerlebnis verhalf. Noch waren solche Bahnen Renommierobjekte. Im Jahr zuvor hatte Siemens & Halske – das Unternehmen also, das der Entdecker des dynamoelektrischen Prinzips gegründet hatte – in Berlin die weltweit erste präsentiert. Edison war in Chicago mit einer Versuchsbahn fast ein bisschen spät dran. 1881 wurde in Berlin-Lichterfelde bereits eine elektrische Tram in Betrieb genommen und fünf Jahre später in Budapest eine «Unterpflasterbahn». Aber die 1880er Jahre blieben eher ein Jahrzehnt der Werbung und Vorführung. Anfangs stellte die Stromabnahme per Mittelschiene ein Sicherheitsrisiko dar, das sich durch Oberleitung und Schleifbügel jedoch bald beseitigen ließ. Viel gravierender war das Problem der Finanzierung. Die Kommunen waren nicht bereit, mit hohem Aufwand ganze Stadtteile zu elektrifizieren. Daher sahen die Unternehmen der Elektroindustrie sich gezwungen, auch zu Stromversorgern zu werden und entsprechende Finanzierungs- und Betriebsgesellschaften zu gründen. In den 1890er Jahren wurden dann immer mehr Projekte zur Elektrifizierung des Nahverkehrs in die Tat umgesetzt. Der Abschied von der Pferdebahn begann.

Béla Egger & Co. erhielt von einer Konzessionsgesellschaft den Auftrag für den Bau einer elektrischen Lokalbahn in Gmunden, die die Kurgäste vom Bahnhof in die Ortsmitte befördern sollte – ein ehrgeiziges Unternehmen, denn die Strecke führte durch schwieriges Terrain, mit Anstiegen von fast zehn Prozent, und war im Winter häufig Schneestürmen ausgesetzt. 1894 wurde sie eröffnet. Die «Zeitschrift für Elektrotechnik» bilanzierte, «daß das elektrische Bahnwesen aus dem Stadium des Experimentierens auf den Standpunkt des wichtigsten Verkehrsmittels für den städtischen Verkehr» gelangt sei. Man muss das auch als Lob auf die ausführende Firma lesen. Ferdinand Porsche hätte kaum einen geeigneteren Lehrbetrieb finden können.

Er fing ganz unten an, Ausfegen der Werkstatt und Maschinenpflege gehörten zu seinen Pflichten. Ein anderer Reichenberger arbeitete bereits hier, der Konstrukteur Otto Grünewald. Ferdinands ältere Schwester Anna hatte ebenfalls eine Anstellung in Wien, und so konnte sie ihrem Bruder nebenbei «die Wirtschaft führen». Die Dinge fügten sich. Ferdinand Porsche fand sogar immer wieder Zeit, sich als Schwarzhörer in die Technische Universität zu schleichen und dort einschlägige Vorlesungen zu besuchen. Sein Aufstieg in der Firma ließ nicht lange auf sich warten, er wurde Leiter des Prüfraums und Erster Assistent in der Abteilung für Berechnungen.

Im Büro der Firma Egger arbeitete Louise Kaes, und der Weg von der Werkstatt zum Materiallager führte an ihrem Schreibtisch vorbei. Es blieb nicht aus, dass die Blicke von Louise und Ferdinand sich häufig trafen. Ghislaine Kaes hat er gar anvertraut, dass er den Kopf der Louise aus einem Gruppenfoto des Werksfotografen geschnitten und sich eine Vergrößerung angefertigt habe. Bei einem Betriebsfest fasst er sich dann ein Herz und tanzt nur mit ihr. Vier Monate und 24 Tage später – da ist der Techniker genau – sitzen die beiden auf einer Bank im Prater und geben sich das Versprechen. Die gebürtige Wienerin Aloisia Johanna Kaes ist drei Jahre jünger als Ferdinand und die Tochter eines Schneidermeisters. Jetzt besucht er sie häufig in der Hechtengasse im vierten Bezirk – auf seinem Elektrofahrrad.

Wieder einmal hat Ferdinand die Pläne des Vaters durchkreuzt. Denn in Maffersdorf hatte Anton Porsche sich mit dem Direktor Bergmann von Ginzkeys Fabrik zusammengesetzt und über dessen Töchter gesprochen, die ja nun bald heiraten könnten und so weiter und so fort. Das wäre doch eine schöne Gelegenheit für den Ferdinand gewesen, nach Maffersdorf zurückzukehren. Aber lange Diskussionen mit dem Sohn hat es da wohl nicht mehr gegeben.

Porsches Arbeit bei Egger hat sich in dieser Zeit intensiviert. Die Firma entwickelte Elektromotoren, und mehr denn je war Erfindungsgabe gefragt. Ghislaine Kaes berichtet von einem unschönen Zwischenfall. Porsche hatte den Entwurf eines Motors am Zeichenbrett hängen lassen, und seine Braut beobachtete, wie Egger junior die Zeichnung an sich nahm. Wollte er sich tatsächlich mit fremden Federn schmücken? So jedenfalls sah es Louise Kaes und drängte ihren Ferdinand, sich nachdrücklich zu beschweren. Der aber beließ es bei einem Gespräch beim Chef und erklärte seiner Braut: «Ach, lass doch, ich habe längst etwas Besseres!»

So sehr begriff sich Ferdinand Porsche mittlerweile als selbständiger Erfinder. Und er arbeitete hier zum ersten Mal an einem Automobil! Die k. u. k. Hofkutschenfabrik Lohner hatte nämlich 1898 bei Egger einen Elektromotor für ein automobiles Fahrzeug bestellt. Porsche machte sich begeistert an die Arbeit. Daneben blieb kaum Zeit; hin und wieder unternahm er Ausflüge mit der Braut, sie gingen in den Prater, ins Varieté und, sei's drum, der Frau zuliebe auch in ein Konzert, aber bisweilen übermächtigte ihn dort der Schlaf. Nach Wochen anstrengender Arbeit endlich hatte er einen vorzeigbaren Entwurf für einen neuartigen Motor zu Papier gebracht. Damit verließ Porsche nun nach sechs Jahren die Firma Egger und wechselte zu Ludwig Lohner. Der Kunde wurde sein neuer Arbeitgeber.

Das System Lohner-Porsche

Unsere Vorstellung von der Frühzeit des Automobils ist von knatternden und qualmenden Vehikeln geprägt, die mit hochfahrender Arroganz die Pferde scheu machten oder unter Fehlzündungen über holprige Wege dümpelten. Weniger bekannt ist, dass der Siegeszug des Explosionsmotors den Zeitgenossen fast ein Jahrzehnt lang keineswegs als ausgemacht galt. Auch Ferdinand Porsche drang als Elektrotechniker in die Welt der Automobile vor. Er ist wohl der herausragendste Konstrukteur, der die Entwicklung des Elektromobils, der leisen Alternative zu Otto und Diesel, über Jahre hinweg beförderte und seine Alltagstauglichkeit unter Beweis zu stellen versuchte.

Mit seinem Eintritt bei der k. u. k. Hof-Wagen- und Automobilfabrik Lohner stand der junge Porsche kurz vor dem ersten

Höhepunkt seiner Karriere: Auf der Pariser Weltausstellung im Jahre 1900 wurde ein Lohner-Fahrzeug gefeiert und prämiert, für das Porsche den Antrieb entwickelt hatte. In den beiden Vorderrädern steckten Elektromotoren, deren Leistung von 2,5 PS direkt – ohne Übersetzung und Getriebe – auf die Räder ging. Ein Akkumulator lieferte die Energie für eine Strecke von 50 Kilometern, die mit einer «Normalgeschwindigkeit» von 37 km/h bewältigt werden konnte. Porsches Radnabenmotor machte Furore und sorgte für Aufbruchstimmung bei der Firma Lohner.

Ludwig Lohner führte das Unternehmen in der dritten Generation. Sein Vorfahr Heinrich Lohner, Wagnermeister aus Mayen im Kurfürstentum Trier, hatte sich 1811 der Einberufung in die französische Armee entzogen, indem er nach Wien übersiedelte. Dort erhielt er 1821 den «Bürgerzettel». Zusammen mit dem ansässigen Sattlermeister Ludwig Laurenzi perfektionierte er die Wagnerei. Die beiden wollten alle beim Kutschenbau beteiligten Gewerke unter einem Dach vereinen, Wagner, Schmied, Tischler, Tapezierer, Sattler, Lackierer, Posamentierer und Glaser. Laurenzi erwarb ein Grundstück in der Wiener Porzellangasse, wo nach einem späteren Zukauf der Sitz der Firma Laurenzi & Lohner entstand. Der österreichische Hochadel bestellte hier seine Galawagen, doch auch das Geschäft in Deutschland, Russland und auf dem Balkan florierte.

Das Unternehmen, in das Ferdinand Porsche da 1899 eingetreten war, konnte auf eine eindrucksvolle Tradition verweisen. Es hatte sich in einem unsicheren Markt behauptet. Als es 1873 ringsum in der Wiener Wirtschaft krachte, erzielte das Haus Lohner mit einer Jahresproduktion von 742 Kutschen ein Rekordergebnis. Auf der Wiener Weltausstellung feierte die Firma – nun hieß sie Jacob Lohner & Co. – die Auslieferung ihres 10 000. Wagens. Der Kutschenbau bei Lohner führt eine bemerkenswerte Zwischenphase der Produktion vor Augen: Gediegenes Handwerk tendierte zur Serie und blieb doch Handwerk; das edle Einzelstück erforderte den meisterhaften Könner, die Aufträge für Armee oder Post den effektiven Arbeiter, mit dem Kleinserien von Transport- oder «Blessiertenwagen» termingerecht hergestellt werden konnten. 1876 bis 1878 entstand in Floridsdorf eine umfangreiche Fabrikanlage mit Sägewerk, Holzbiegerei, Schlosserei, Gießerei und Maschinenhaus. In der Porzellangasse errichtete man ein neues Direktionsgebäude.

Gegen Ende des Jahrhunderts aber verschlechterte sich die wirtschaftliche Lage. Ludwig Lohner, nach dem Tode seines Vaters Jacob seit 1893 der neue Chef, blickte auf magere Zahlen. Der inländische Markt war gesättigt, und die für Lohner wichtigen Exportmärkte unterlagen Handelsbeschränkungen, Reaktionen auf den Protektionismus Österreich-Ungarns. Unstet gingen die Bestellungen der Armee ein, der einzige zuverlässige Kunde blieb die Post. Was nun geschah, war ebenso nahe liegend wie riskant und mutig: Lohner stieg in ein Geschäft ein, das es noch gar nicht gab, er wollte die Pferde ausspannen und Automobile bauen. Es war ja alles da – die Werkstätten lieferten Kutschen, baute man Motoren ein, fuhren Autos vom Hof. An Lohners Leidenschaft für die neuen Selbstbeweger konnte kein Zweifel bestehen; er erhielt die erste «Genehmigung zur Inbetriebsetzung eines Benzin-Motorwagens», die in Wien erteilt wurde. 1896 hatte er bei Emile Levasseur in Paris einen Peugeot System Daimler mit einem 4-PS-Zweizylinder-Motor und Glührohrzündung erstanden. Für das Nachfüllen von Benzin verfügte die Polizei-Direktion strenge Bestimmungen: Es musste «bei Tag und an einem vom öffentlichen Verkehre abgeschlossenen, feuersicheren Orte» erfolgen.

Ludwig Lohner hatte bei seiner Suche nach einem neuen Antrieb für die Kutschen anfangs gar nicht auf den Elektromotor gesetzt. Seine erste Wahl war ein Benzinmotor. Im Juni 1896 reiste er nach Cannstatt und versuchte, einen Liefervertrag mit der Daimler-Motoren-Gesellschaft über deren Phönix-Motor auszuhandeln. Die Bedingung war für Lohner jedoch unannehmbar: Der Chef des Wiener Verkaufsbüros von Daimler, Josef Bierenz, hätte Teilhaber im Lohner'schen Familienunternehmen werden sollen. Daraufhin nahm Lohner Kontakt zu Rudolf Diesel auf, dessen neuer Motor seit 1897 betriebsbereit war.

Im Juni dieses Jahres hatte Diesel auf der Hauptversammlung des Vereins Deutscher Ingenieure in Kassel vor Vertretern der Wirtschaft und Technik seine Erfindung erläutert und das Ende einer Epoche ausgerufen: «Wir alle wissen, dass die Dampfmaschine eines der vollkommensten Werkzeuge der modernen Industrie ist, an dem nunmehr über ein Jahrhundert lang unsere genialsten Männer ihr Bestes geleistet haben. Angesichts dieses Umstandes sind die angegebenen Zahlen trostlos niedrig, fast unverständlich.» Selbst in den besten Maschinen würden nur 12 bis 13 Prozent der Energie des Brennstoffs in Arbeit umgesetzt. Der erste Dieselmotor aber, der Anfang des Jahres an der TH München die technische Abnahme bestanden hatte, glänzte mit einem thermischen Wirkungsgrad von 26,2 Prozent; bald werde, so Diesel, der heutigen Brennstoffverschwendung Einhalt getan.

Immer wieder pries Diesel die besonderen Eigenschaften seines Motors, «welche ihn gerade für den Automobilismus fast mit Sicherheit den Sieg über alle anderen» erringen lassen würden. So erhielt er viel Besuch, nicht nur aus dem führenden Autoland Frankreich – auch Ludwig Lohner kam, begleitet von seinem Freund Professor Czischek. In Diesels Münchner Wohnung breiteten sie, wie dessen Sohn Eugen sich erinnerte, «einige hundert Zeichnungen von Motorwagen auf Tischen und Fußböden aus, und es wurden die merkwürdigsten Zukunftspläne mit Dieselautomobilen besprochen». Lohner wollte schon im nächsten Frühjahr das Rennen Paris–Wien mit einem Lohner-Diesel bestreiten.

Seine Hoffnung zerschlug sich jedoch schnell. Rudolf Diesel hatte erkannt, dass sein Motor fürs Erste stationär bleiben musste, automobil wurde er erst 40 Jahre später.

Eine ganze Reihe von Unternehmen hatte Lohner in unablässiger Suche angesprochen; schließlich bilanzierte er enttäuscht: «Seit einem Jahr haben wir es nun mit entweder unfähigen Firmen zu tun oder solchen, denen der gute Wille fehlt. Tatsächlich haben wir überhaupt keine Motoren!!!» Und so formulierte er in einem Brief aus dem Februar 1898 ebenso resignativ wie aufbruchsfroh den neuen Kurs: «Wer mit etwas halbwegs vernünftigem electrischem kommt, hat / 1) keine Concurrenz vom Auslande / 2) die volle Sympathie des Publikums, welches für alles Electrische schwärmt.»

Im Sommer 1899 fiel dann der endgültige Entschluss, nicht mehr länger mit Benzinfahrzeugen zu experimentieren, sondern Elektromobile herzustellen. Bereits im Jahr zuvor war in Zusammenarbeit mit der Firma Béla Egger & Co. und Professor Czischek ein solches Fahrzeug entwickelt worden. Die Testfahrt im Juni 1898 verlief zunächst enttäuschend. In der Börsengasse blieb das 3-PS-Vehikel hängen. Aber der Techniker der Firma Egger rettete den Ausflug: Ferdinand Porsche legte Hand an, und die Fahrt ging weiter, sogar die Wiener Berggasse mit 10 Prozent Steigung hinauf. Spätestens an diesem Tag dürfte Ludwig Lohner nachhaltig auf den jungen Mann aufmerksam geworden sein.

Porsche hatte am Motor für das Lohner-Egger-Fahrzeug also bereits maßgeblich mitgewirkt. Im Vergleich zur Konkurrenz war es recht ausgereift. Auf einer Prüfungsfahrt, die im September 1899 in Berlin stattfand, schnitt es am besten ab. Sechs Hersteller schickten acht Wagen ins «Rennen» durch die Hauptstadt, insgesamt 33 Kilometer galt es zurückzulegen. Auf der abgesperrten Belle-Alliance-Straße, dem heutigen Mehringdamm, war Droschkentempo vorgeschrieben, 12 km/h. Zwischen Steglitz und Zehlendorf sollten die Fahrzeuge dann Tempo machen. Das Egger-Lohner-Auto, Leergewicht 1450 Kilogramm, erreichte knapp 26 km/h und ließ die Konkurrenten hinter sich.

Dieser Erfolg hat Porsche nicht sonderlich beeindruckt. Alltagstauglichkeit und Leistung der elektrischen Fahrzeuge mussten entschieden verbessert werden. Den Motor ins Rad zu setzen, dorthin, wo seine Kraft gebraucht wurde, war eine viel versprechende Idee. Grundsätzlich neu war sie zwar nicht, Porsche jedoch perfektionierte sie. Und eine echte Innovation war die Lenkbarkeit der Antriebsräder. Ein langsam laufender Motor – nur der ließ sich in der Radnabe verwenden – musste bei gleicher Leistung allerdings wesentlich größer und schwerer sein als ein Schnellläufer. Zwischen 100 und 230 Kilogramm wog ein Antriebsrad für den Lohner-Porsche.

Die «Allgemeine Automobil-Zeitung» (AAZ) war über das zum Patent angemeldete «Geheimniß» einigermaßen begeistert und verriet ihren Lesern, «daß die Elektromobile Lohner-Porsche jede Variation des Tempos gestatten, von dem eines Fußgehers bis zu 60 km». Erstaunlich ist darüber hinaus etwas anderes. Sieht man sich das auf der Weltausstellung preisgekrönte Fahrzeug näher an, stechen die sorgfältige Ausführung und die Gefälligkeit der Proportionen ins Auge. Schon dieser Wagen will kein kutschenhaftes Vehikel mehr sein, sondern ein solides Automobil. Mit dem muschelförmigen Aufsatz vor dem Fußraum trägt der kleine Wagen außerdem ein eigentlich viel zu frühes Dekor der Windschnittigkeit, das signalisieren soll: Die Zukunft fährt elektrisch. «In den vollkommen geräuschlosen, weichgefederten und behaglich gepolsterten Lohner-Porsche Automobilen glaubt man eher auf einem Schiff als auf einem Wagen zu sein», schwärmte der Reporter der «AAZ». Es sei «das Gefühl einer sanft gleitenden und nicht das einer rollenden Bewegung, das man im Fond eines Lohner-Porsche-Elektromobils empfindet».

Und der französische Autojournalist Baudry de Saunier brachte den Bonus der Elektrischen in seinem Buch «Grundbegriffe des Automobilismus» (1902) auf die Formel: «Motor und Fahrzeug sind miteinander solidarisch.»

Man sollte die Sanftheit dieser Gefährte jedoch nicht überbetonen. In Frankreich fuhren sie von Beginn an bei Autorennen mit. Auch das erste furiose Geschwindigkeitsduell der Automobilgeschichte wurde auf Elektromobilen ausgetragen. Bei Jeantaud in Paris arbeitete man bereits seit 1881 an solchen Wagen. Und 1898 erreichte der Graf Gaston de Chasseloup-Laubat über den fliegenden Kilometer auf einem Jeantaud 63,15 km/h. Das war Herausforderung genug für einen legendären Pionier des Motorsports, den Belgier Camille Jenatzy, genannt «Der rote Teufel». Jenatzy vertrat ein ganz schlichtes Werbekonzept für seine Automobile: Geschwindigkeitsrekorde aufstellen. Umgehend erhielt de Chasseloup-Laubat die schriftliche Einladung zum Duell. Und im Januar 1899 durchfuhr Jenatzy den Kilometer mit 66,66 km/h. Auf der Landstraße von Archeres bei Paris überbot der Graf ihn wenig später, Jenatzy konterte erneut, doch nach drei Monaten blieb Chasseloup-Laubat vorerst Sieger, mit erstaunlichen 92,7 km/h.

Jenatzy gab keine Ruhe und konstruierte einen neuen Motor, der über Zahnräder 600 Umdrehungen pro Minute auf die Hinterräder brachte. Der Name des Wagens war Programm: «La Jamais Contente», «Die nie Zufriedene». In dem blaugrauen Torpedo auf Rädern saß Jenatzy wie in einem Kanu und trotzte, hüftaufwärts stocksteif, dem Fahrtwind, eine Ikone früher Temposucht. Am 29. April 1899 durchflog er den Kilometer in 34 Sekunden, erreichte mithin 105,8 km/h. Chasseloup-Laubat gratulierte, und die Temporitter feierten den Fall der «Schallmauer». Jenatzys Rekord hatte große Hoffnungen auf das Potenzial der Elektromobile geweckt.

Auch Ferdinand Porsche gab sich mit der Pariser Goldmedaille nicht zufrieden. Er wollte sich mit seinem Fahrzeug im Rennsport beweisen. Im September 1900 unternahm er eine Rekordfahrt über den Semmering. Start war in Schottwien bei Kilometerstein 79, Ziel der Kilometerstein 89 beim Hotel «Erzherzog Johann»: Das 1120 Kilogramm schwere Elektromobil musste zehn anspruchsvolle Kilometer zurücklegen und einen Höhenunterschied von 400 Metern überwinden. Porsche brach Punkt 6 Uhr früh auf und kam um «6 Uhr 14 Min. 52 1/5 Sec. mitteleurop. Zeit» an. Mit einer Durchschnittsgeschwindigkeit von über 40 km/h war er schneller als alle Benzinwagen im letzten Semmering-Rennen. Porsches geschwinde Bergtour war durchaus eine Leistung, die der Rekordfahrt des «Roten Teufels» ebenbürtig war.

Der Konstrukteur als sein eigener Rennfahrer, das war die faszinierende Konstellation der automobilen Pionierzeit, die Porsche ebenso verkörperte wie Jenatzy. Und die dazugehörende Fotografie, die Porsche mit einem Beifahrer auf seinem Semmering-Wagen zeigt, ist wiederum ein Sinnbild der hartnäckig verfolgten Vision, endlich auf einem selbst gebauten Selbstbeweger zu sitzen. Freilich ist das eine gestellte Aufnahme, aber die Erinnerung des Lohner-Werkmeisters Schaffhauser bestätigt die Wahrheit des Standbildes: «So klein und schiach er war, er war halt ein Draufgänger. Wie ein putziger Deifi klebte er bei den Rennen hinter seinem Lenkrad.»

Aus der Konkurrenz von Benzin- und Elektrowagen kristallisierte sich vorerst ein arbeitsteiliges Konzept heraus. Die Elektromobilisten sahen in ihren Fahrzeugen den idealen Stadtwagen, Touren über Land allerdings waren den Benzinern vorbehalten. Denn nach wie vor trugen die Elektroautos eine schwere Last an Bord, die Akkumulatoren; für längere Strecken

Im Hof der Lohner-Fabrik in der Wiener Porzellangasse 2 wird das Fahrzeug gewartet und überprüft...

reichte ihre Kapazität nicht aus. Zwar bezog auch die Benzinfraktion ihren Sprit noch aus der Apotheke und mühte sich beim Starten wenig elegant an der Kurbel, dennoch bilanzierte Baudry de Saunier den «praktischen Werth der elektrischen Wagen» recht verhalten: «Der Benzinwagen verdankt seinen Erfolg nur der grossen Leichtigkeit seiner Wiederverproviantirung und der enormen, in einem Liter Benzin ruhenden Kraft. Als welch barbarisches Fahrzeug würde er jedoch neben einem so einfachen und eleganten Gefährte wie dem Elektromobil erscheinen, wenn dieses mit einem Schlage die ‹lange Fahrt› antreten und über genügende Kräfte verfügen könnte, um seine Herrschaft auch ausserhalb der grossen Städte, deren Souverain es bereits ist, einzuführen!»

Überall gab es Bemühungen, dieses Problem zu lösen. Im

... um anschließend zuverlässig die Ausfahrt der Herren Lohner und Porsche zu bewältigen. Diese Aufnahme zeigt den Unternehmer und seinen Konstrukteur kurz vor dem Exelbergrennen 1902, an dem Porsche als Fahrer teilnahm – und siegte.

Jahre 1901 notierte Thomas Alva Edison in seinem Laborbuch: «Das Ziel ist..., eine brauchbare Batterie herzustellen, die es gestattet, eine größere Energiemenge pro Pfund Materialgewicht zu speichern, als das mit einer Bleielektroden-Batterie möglich ist.» Seinen Mitarbeiter und späteren Freund Henry Ford hatte er ermuntert, sich auf das Benzinauto zu konzentrieren, und Ford war seinem Vorbild und Lehrer zeitlebens dankbar für diesen Ratschlag. Edison selbst machte sich mit 20 Mitarbeitern auf die Suche nach einem Material, welches das Blei ersetzen sollte. Schließlich fiel die Wahl auf Nickelhydrat und Eisenoxid. Über 400 Arbeiter fertigten die neue Batterie. Das Projekt endete mit einem grandiosen Fiasko und einer Welle von Reklamationen. Aber Edison gab nicht auf. Mit einer verbesserten Version kam er seinem Ziel näher. Der Edison-Akkumulator ließ sich schneller aufladen als herkömmliche Bleibatterien, doch den Dauerlauf der Elektroautos konnte auch er nicht bewerkstelligen.

Die Konkurrenz zwischen Explosionsmotor und Elektroantrieb spiegelt in gewissem Sinne die zwei Temperamente innerhalb des frühen Automobilismus. Als Symbol des neuen Jahrhunderts wurde allenthalben das benzingetriebene Fahrzeug gefeiert beziehungsweise verachtet, die knallende, von blauen Nebeln umhüllte Chaise; aus ihr wurde in kurzer Zeit eine eindrucksvolle Fahr- und Sportmaschine, die die Kraft und Aggressivität der Selbstbewegung repräsentierte. Zeitgleich aber entstand das Ideal des kontemplativen Bildungsreisenden, dem das Auto Orte und Landschaften auf die Windschutzscheibe wie auf eine Kinoleinwand zauberte – ein von der Schiene unabhängiges «Vehikel des Wissens». Für dieses Modell steht Otto Julius Bierbaums bereits 1903 erschienener Bericht «Eine empfindsame Reise im Automobil von Berlin nach Sorrento».

Auch wenn man Bierbaums Schilderungen anmerkt, dass selbst den Empfindsamen der Druck aufs Gaspedal verlockte und das Tempo seiner acht Pferdestärken betörte – für die grundsätzlich defensivere Nutzung des neuen Verkehrsmittels wäre das Elektromobil hervorragend geeignet gewesen. Vorerst aber konnte Ludwig Lohner nur die elektrische Stadtfahrt preisen, das allerdings offensiv und «ökologisch»: «Vergönne man uns ‹Weltdörflern› doch noch den letzten Rest von Sauerstoff und genießbarer Luft, den uns unsere herrlichen communalen Einrichtungen überlassen und welcher von den Verbrennungsprodukten der etwa in großer Anzahl auftretenden Benzinmotoren erbarmungslos verdorben würde.»

Mit dem Konzept des Stadtwagens also sollte aus der Not eine Tugend gemacht werden. Das Elektromobil erschien als die wahre Kutsche ohne Pferde. Und die bei Lohner gebauten elektrischen Stadtcoupés eigneten sich nach Auffassung der «AAZ» bestens als Galawagen für Dandys: «Der Wagen des Markgrafen Alexander Pallavicini zum Beispiel mit dem livrierten Kutscher und dem ‹armeverschränkten› Diener erregt überall Aufsehen, wo er geräuschlos in den Straßen Wiens erscheint.» Für Porsche war solch ein Gehabe purer Anachronismus. Nichts könnte das besser belegen, als dass er seinen Semmering-Rekordwagen schon bald mit einem neuen Antriebssystem versah: Das Fahrzeug erhielt zwei 3,5-PS-Benzinmotoren, die je einen Dynamo betrieben und sowohl die Elektromotoren mit Strom versorgten als auch den Akku nachluden. «Semper vivus» («Stets lebendig») nannte Porsche das Fahrzeug und signalisierte so, worum es ging. Der benzin-elektrische Antrieb war ebenfalls keine ganz neue Idee, aber Lohner und Porsche entwickelten das System zur Serienreife. Ohne Zweifel tat Porsche damit einen Schritt hin zum Benziner. Deutlich wurde das von 1903 an: Die Lohner-Porsche-Fahrzeuge hatten nur noch eine kleine Batterie für den Startvorgang, lediglich der Generator lieferte jetzt den Fahrstrom. Porsche trieb die Entwicklung des Mixte-Wagens immer weiter voran. Mehr Leistung hieß die Devise. 1905 sollte gar eine Version mit einem 70-PS-Benzinmotor entstehen, der vier Elektromotoren versorgte. Der Wagen erreichte auf ebener Strecke bis zu 90 km/h und nahm sogar Steigungen bis zu 20 Prozent. Die Prospekte des Hauses warben für «Elektro-Benzin-Wagen, d.i. Benzin-Wagen mit elektrischer Kraft-Übertragung, System Lohner-Porsche».

1902 setzte Porsche sich wieder selbst ans Steuer und nahm mit seinem «Mixte» am Exelbergrennen teil. Er jagte durch die Serpentinen der steilen Bergstraße, neben ihm turnte der Beifahrer als eifriger Schwerpunktverlagerer. Porsche wurde Sieger in der Gewichtsklasse bis 1000 Kilogramm. Wenig später gelang ihm eine noch bessere Werbung für sein Fahrzeug. Als Reserve-Infanterist des Hoch- und Deutschmeister-Regiments chauffierte er den Erzherzog Franz Ferdinand ins Kaiser-Manöver. Majestät saßen links neben ihm, hinten auf der Bank hockten drei Ordonnanzen. Erfreut geruhte der Thronfolger «Euer Wohlgeboren beiliegend eine Erinnerung an die heutigen Manöver in West-Ungarn übersenden zu lassen. Die Leistung Ihres Automobils sowie Ihre sichere und exakte Führung desselben haben Seine kaiserliche und königliche Hoheit in jeder Beziehung befriedigt». Ehrensache. Doch die Hoffnung auf staatliche Aufträge für Militärfahrzeuge erfüllte sich nicht.

Lohners Angebotspalette wurde immer typenreicher, Busse und Lkw ergänzten die fein ausgestatteten Nobelkarossen. Dennoch blieb der Bau von Kutschen zunächst der Hauptgeschäftsbereich, und wie befürchtet, sank hier der Absatz. Gleichzeitig kam das Automobilgeschäft weit langsamer in Gang als erwartet: Zwischen 1898 und 1904 wurden 37 Elektroautos verkauft, von den noch teureren Mixte-Wagen enttäuschende zehn. So wurde schon 1901 Kritik an Porsche laut; dessen Versuche hätten zu viel Geld gekostet, und «für seine nächtlichen Probefahrten hatten manche wenig Verständnis (obwohl sie wegen des geringen Verkehrs praktisch waren)»; außerdem habe dem «genialen Konstrukteur» das Gespür für «den Zusammenhang zwischen der Höhe der Entwicklungskosten und dem finanziellen Ertrag» gefehlt. Porsche wird derartige Vorwürfe als ungerecht empfunden haben – schließlich war Lohner arg optimistisch, wenn er glaubte, in knapp zwei Jahren lasse sich eine florierende Autosparte aufbauen. Doch vor dem Hintergrund massiver Entlassungen und Kurzarbeit in der Kutschenproduktion, zu denen es im Januar 1901 kam, ist die Kritik verständlich.

Angesichts all dieser Probleme und der niedrigen Verkaufszahlen war es ein erfreulicher Erfolg, als der französische Auto-

Im Jahre 1902 war Porsche während eines Herbstmanövers der Chauffeur des österreichischen Thronfolgers Franz Ferdinand. Majestät zeigten sich beeindruckt vom System Lohner-Porsche mit den Radnabenmotoren.

mobilbauer Panhard & Levassor 1902 die Lohner-Porsche-Lizenzen erwarb. Den Wienern standen nun im Gegenzug die Benzinmotoren der Pariser zur Verfügung. Im Jahr darauf gewann Jacob Lohner & Co. einen wichtigen neuen Kunden: Die Wiener Feuerwehr nahm Probefahrten mit Elektromobilen auf, 1904 wurde der erste Einsatzwagen in Dienst genommen. Lohner hatte einen großen Auftrag eingeheimst, der zugleich die allerbeste Werbung war. Nur wenig später testete die Feuerwehr in Frankfurt am Main die Wagen. Acht Wochen lang wurden sie «den schärfsten Bedingungen» unterworfen, wie der Generalvertreter für Deutschland, Dr. A. Isbert, stolz berichtete, «indem sie mit Belastung von 25 bis 30 Zentnern lange Fahrten in zum Teil sehr schwierigem Gelände» absolvieren mussten. Berlin und Hamburg zogen nach.

Das war nun freilich ein beachtliches Zeugnis für die Zuverlässigkeit von Porsches Radnabenmotor. Denn natürlich hatte es auch an diesem frühen Meisterstück Porsches grundsätzliche Kritik gegeben. Ein entscheidendes Manko stellte das hohe Gewicht der Antriebsräder dar, das die Reifen in Mitleidenschaft zog und die Unterhaltskosten erhöhte. Nur durch die Elastizität der Pneus konnten Erschütterungen der Motoren aufgefangen werden; deren Wartung erwies sich als aufwendig, weil sie schwer zugänglich waren, die darum so wichtige Abdichtung gegen Staub und Steinchen blieb ein Problem. Niemand wird das besser gewusst haben als Ferdinand Porsche selbst. Versuchte er allerdings, Abhilfe zu schaffen – tags in der Werkstatt, nachts als Testfahrer auf Wiens leeren Straßen –, warf man ihm Experimentierwut vor.

Der Blick ins Jahr 1905 zeigt, dass der junge Konstrukteur alles andere als kostspieligen Schnickschnack auf den Weg gebracht hatte. Beim Verkauf von Kutschen aller Art erlebte die Firma Lohner erneut einen Einbruch, nur 172 Stück wurden abgesetzt, ungefähr 300 waren es in den Jahren zuvor immerhin noch gewesen. Einen Zuwachs hingegen gab es bei den Elektromobilen, 50 davon fanden einen neuen Besitzer, mehr als viermal so viel wie im Vorjahr. Alles in allem hatte sich der Jahresumsatz der Firma deutlich gesteigert, auf 829 000 Kronen. Die Automobilabteilung hatte daran einen Anteil von 50 Prozent. Gewiss – trotz dieser Zahlen war die Zukunft der Elektromobile offen, der leichte und zugleich stromstarke Akkumulator ließ weiterhin auf sich warten. Aber die Firma Lohner hatte sich als eine der ersten Adressen für solche Fahrzeuge in Europa etabliert.

So war es gar nicht überraschend, dass sich im Frühjahr 1906 Emil Jellinek um den Erwerb der Lohner-Porsche-Patente bemühte. Er gehörte zur Hautevolee der automobilen Welt, verkehrte in den besten Kreisen und war Automobilist und Rennfahrer der ersten Stunde. Seine Tochter Mercedes hatte er zur Namensgeberin des berühmten Daimler-Wagens von 1901 gemacht. Jellinek war Alleinvertreter für Daimler in den wichtigsten Exportländern und saß seit 1900 im Aufsichtsrat der Daimler-Motoren-Gesellschaft. 1905 hatte er nach einer Neustrukturierung des Vertriebs an Einfluss verloren, nun kam er auf die Idee, sich in Sachen Elektromobil zu engagieren. Er dachte daran, eine Gesellschaft zur Vermarktung der Lohner-Porsche-Patente ins Leben zu rufen. Als die Firma Lohner just in dieser Zeit einen ermutigenden Großauftrag erhielt – die Berliner Elektromobil-Droschken-AG bestellte 21 Fahrzeuge –, sah Jellinek seine Erwartungen bestätigt.

Die Gründung der neuen Gesellschaft aber wurde ein kompliziertes Unterfangen, zumal die Lizenzen von Panhard & Levassor zurückgekauft werden mussten. Porsche als Mitbesitzer der Patente bekam 50 000 Franc und 5000 Kronen ausgezahlt. Unter Mitwirkung der Deutschen Bank, der Württembergischen Vereinsbank und des Wiener Bankvereins riefen Jellinek und die Daimler-Motoren-Gesellschaft am Ende zwei Aktiengesellschaften mit Sitz in Paris ins Leben. Die Société Mercedes Electrique hielt nun unter ihrem Mehrheitsgesellschafter Jellinek die Lohner-Porsche-Patente und ließ als alleiniger Auftraggeber bei der Österreichischen Daimler-Motoren-GmbH in Wiener Neustadt produzieren. Und deren neuer technischer Direktor wurde Ferdinand Porsche. Ludwig Lohner besaß jetzt lediglich Anteile an der Pariser Gesellschaft, an die er noch eine Zeit lang Fahrzeuge lieferte. Er war durchaus nicht traurig, Porsche zu verlieren. Die alte Geschichte vom teuren Mitarbeiter, wie sie auch Richard Lohner, der Sohn Ludwigs, zu Protokoll gab: «Ja, der Herr Porsche hat meinen Vater rund eine Million Goldkronen gekostet. Er hat ihm zuviel experimentiert.»

Auf so verschlungenen Wegen gelangte der erste Porsche in den Fuhrpark Seiner Majestät des deutschen Kaisers Wilhelm II.: Jellinek entwarf für die Lohner-Porsche gleich eine neue Karosserie und verlegte die Radnabenmotoren in die Hinterräder; das erste dieser neuen Mercedes-Elektromobile, gebaut bei Lohner, schenkte er dem Kaiser. Präsentiert wurde der Wagen auf der Berliner Automobilausstellung 1906. Die «AAZ», die ihre Funktion als Postille des Hochadels stets pflegte, lobte, der Wagen sei nun gar nicht mehr von einem Benziner zu unterscheiden, da Kühler- und Motorraum-Attrappen zur Aufnahme des Akkumulators dienten: «Durch diese Anordnung hat das Fahrzeug seine schlanke gefällige Form behalten und sieht, wie Seine Majestät sich sehr treffend geäussert haben soll, nicht wie ein Wagen aus, an dem vorn die Pferde weggelaufen sind.»

Mit dem Weggang von Lohner endet das, was man Porsches erste technische Phase nennen könnte. Spätestens mit den Beobachtungen bei der Elektrifizierung der Textilfabrik Ginzkey in Maffersdorf hatte sie begonnen. Die neue Energie zog den Knaben in ihren Bann. Mit erstaunlicher Beharrlichkeit hatte er dann seinen Willen durchgesetzt und war nach Wien gegangen. Technisch gesehen war es vor allem der Elektromotor, der Porsche aufs Automobil brachte. Die aus dem Unsichtbaren entspringende Kraft – und sie konnte enorm sein – hat ihn bald mehr fasziniert als alles Flimmern und Leuchten.

Im Bewusstsein der Zeitgenossen standen Elektrizität und Automobil ebenfalls in engem Zusammenhang. So wie die Elektrizität als ein Heilmittel gegen kollektive und individuelle Müdigkeiten und Erschlaffungen gefeiert wurde, beschrieb der Autotourist Bierbaum sein Gefährt als Instrument der sinnlichen Erfrischung und geistigen Ertüchtigung: «Alle Lebenskräfte sind aufgewacht, alles Verhockte, Verstockte, Faule, Grämliche ist

Aloisia Johanna Kaes, Tochter eines Schneidermeisters, und Ferdinand Porsche lernten sich in der Wiener Elektrikfirma Béla Egger kennen. 1903 heirateten sie im böhmischen Maffersdorf.

weggeblasen, alle guten Geister der Kraft und Gesundheit sind mobil.» Am Volant gab es kein Fin de Siècle. Bierbaum prägte die Parole: «Fest auf der Erde, aber wie im Sturme dahin.»

Porsche wird sich derartige Grundstimmungen nicht bewusst gemacht haben, erfasst hatten sie ihn dennoch; er wurde geradezu ein Prototyp dieser Agilität. Sein Temperament, sein unablässiger Arbeitseifer, die ruhelose Suche nach der besten Lösung – der Mann erscheint bisweilen wie die Inkarnation der neuen Mobilität. Alles gehe «überhaps», so nannte seine Frau Louise es, wenn die alltägliche Betriebsamkeit in Hektik umschlug und Ferdinand in Furor geriet. Fast alle Berichte über persönliche Begegnungen mit ihm variieren dieses Muster. «Herr Porsche ist ruhig und gelassen nach außen, aber die Augen!», bemerkte 1903 der Reporter der «Wiener Zeitung».

Als technischer Direktor bei Austro-Daimler konnte Ferdinand Porsche seiner «Experimentierwut» freien Lauf lassen. Und was er konstruierte, wollte er auch selbst benutzen. Das sollte sein Leben lang so bleiben – Porsche und die Permanenz der Probefahrt. Oder: Erfahrung macht den Meister. So im Oktober 1903. Da ist er mit einem seiner Mixte-Wagen unterwegs nach Paris. Als er auf der Rückreise über den Arlberg fährt, bleibt er in St. Anton im Schnee stecken. Nur die Konkurrenz, die Eisenbahn, rettet ihn da vor einer kapitalen Peinlichkeit und bringt ihn rechtzeitig ins heimatliche Maffersdorf: Dort heiratet Ferdinand Porsche am 17. Oktober 1903 endlich Louise Kaes. Zehn Monate später wird die Tochter Louise geboren.

II Bei Austro-Daimler

Maja, Taube, Tatzelwurm

Im Jahre 1899 verhandelten der Autohändler Josef Bierenz, der Fabrikant Eduard Fischer und die Daimler-Motoren-Gesellschaft über die Gründung eines österreichischen Unternehmens. Gottlieb Daimler, er starb im März 1900, war daran noch beteiligt. Die Gebrüder Fischer besaßen eine seit 1865 bestehende Maschinenbaufirma im niederösterreichischen Wiener Neustadt. Jetzt setzten sie auf die Herstellung von Automobilen; die Österreichische Daimler-Motoren-Kommanditgesellschaft Bierenz, Fischer & Co. entstand. Ihr technischer Direktor wurde Daimlers Sohn Paul.

1906 nun machte Emil Jellinek die Firma zur Operationsbasis für die Verwertung seiner Rechte an den Lohner-Porsche-Patenten, da die deutsche Daimler-Motoren-Gesellschaft kein Interesse daran hatte und ihm das ehemalige Tochterunternehmen für seine Pläne empfahl. Im Zuge der komplizierten Umstrukturierung wurde aus der Kommanditgesellschaft die Österreichische Daimler-Motoren-GmbH; ihr Auftraggeber war Jellineks Pariser Société Mercedes Electrique, an der auch Ludwig Lohner noch beteiligt war. Jellinek ging also, mit viel Mut zum Risiko, ein letztes unternehmerisches Abenteuer im Zeichen des Elektromobils ein. Und Ferdinand Porsche, der neue technische Direktor, sollte sein Gewährsmann für den Erfolg werden.

Produziert wurden in Wiener Neustadt nun neben Nutzfahrzeugen und Oberleitungsbussen Elektromobile und benzin-elektrisch angetriebene Wagen. Man tat, was man konnte, und dazu gehörte die Teilnahme an einem renommierten Rennen. Im Sommer 1907 sandte das Unternehmen zwei Hybridwagen zum ersten, vom Kaiserlichen Automobilclub ausgerufenen Internationalen Kaiserpreis-Rennen in den Taunus. Die beiden von Porsche entwickelten Wagen aber waren der Konkurrenz der Benziner hoffnungslos unterlegen, hatten weniger Kraft und waren ungefähr 300 bis 400 Kilogramm schwerer. Sie konnten sich nicht einmal für das Hauptrennen qualifizieren, an dem noch knapp die Hälfte der 92 gemeldeten Fahrzeuge teilnahm. Doch auch die meisten deutschen Hersteller errangen keinen Lorbeer. Die Sechszylinder der Zwickauer Horch-Werke fielen komplett aus. Sieger wurde ein Fiat. Umso erfreuter registrierte Wilhelm II. den dritten Platz von Opel-Werksfahrer Carl Jörns auf einem 7,8-Liter-Vierzylinder. Die Rüsselsheimer standen als Ehrenretter mit einem Schlag in der kaiserlichen Gunst und wurden zum «Hoflieferanten».

Der Misserfolg war bezeichnend. Emil Jellinek und auch Ludwig Lohner zogen sich aus dem Automobilbau zurück. Nur acht Elektromobile und vier Oberleitungsbusse hatte Lohner im Jahre 1908 verkauft. Eine Verbesserung der Absatzzahlen war nicht abzusehen, zumal sich mit AEG und Siemens mächtige Konkurrenten auf den kleinen Markt für Elektrowagen drängten. Die Lohner-Werke verlegten sich auf den Karosserie- und Flugzeugbau. Damit beendete das Wiener Unternehmen eine zehnjährige Ära, die von großer Experimentierfreude und steter Hoffnung auf einen Durchbruch geprägt war. Noch im Februar 1908 hatten Porsche und Lohner ihr letztes gemeinsames Patent – auf eine «dynamoelektrische Kupplung» – angemeldet. Im Juli erhielt Lohner für seine Anteile an der Société Mercedes Electrique eine Auszahlung von 180 000 Kronen, im November wurde diese Gesellschaft aufgelöst, ihr Kapital floss in die Österreichische Daimler-Motoren-GmbH, die in eine Aktiengesellschaft umgewandelt wurde und bald den Firmennamen Austro-Daimler führte.

Porsche dagegen etablierte sich zunehmend bei Austro-Daimler. In den Jahren nach 1908 wandte sich die österreichische Armee mit ersten Aufträgen an die Firma, und 1909, mit der Eröffnung eines Flugfeldes nordwestlich von Wiener Neustadt, rückte auch die Luftfahrt in den Blick des technischen Direktors. So boten sich in den Jahren vor dem Ersten Weltkrieg neben dem Automobilbau zwei weitere Betätigungsfelder für den Konstrukteur. Porsche eröffnete sich in dieser technischen Frühzeit der Motorisierung ein Spielraum wie nie zuvor, zudem war es eine Phase mit deutlich sichtbaren Entwicklungssprüngen. Aus der Tüftelei geboren, in der Werkstatt gebaut, erschien überall eine Vielfalt an neuen Autos, und die ersten Flugzeuge zogen länger als wenige Minuten ihre Bahnen. Eine Zeit für Pioniere, die sich durch Misserfolge nicht beirren ließen.

Bereits im November 1906 hatte Porsche seinen ersten Wagen entworfen, der ausschließlich von einem Verbrennungsmotor angetrieben wurde. Das Auto hatte einen Vierzylinder-Motor, leistete 30 PS und wurde als «Maja-Wagen» bekannt gemacht. Maja hieß Jellineks zweite Tochter, und ihr sollte nun die gleiche Ehre widerfahren wie ihrer älteren Schwester Mercedes. Es blieb aber bei diesem einen Auto, das nach ihr benannt wurde. Der Maja-Wagen wurde jetzt, nach dem enttäuschenden Abschneiden der Hybridwagen im Taunus, umso wichtiger. Insgesamt jedoch klagten die Verkaufsgesellschaften über mangelnden Absatz. Ausgerechnet in dieser mageren Zeit machte der Maja Schwierigkeiten.

Ferdinand Porsche, von 1906 an technischer Direktor der Österreichischen Daimler-Motoren-GmbH in Wiener Neustadt. Dort wuchs er in eine neue Rolle hinein; 1916 wurde er der Generaldirektor der Firma.

Zahlreiche Kunden reklamierten Getriebeschäden. Porsche entwickelte ein Nachfolgemodell, mit dem er im September 1909 beim Bergrennen auf dem Semmering antrat und den Sieg in seiner Fahrzeugklasse errang. Freudige Nachricht bei der Rückkehr des Rennfahrers: Ferdinand Porsche war zum zweiten Mal Vater geworden. Sein Sohn wurde auf den Namen Ferdinand Anton Ernst getauft, schon bald wurde daraus der Rufname Ferry.

Porsche hatte den Maja-Wagen überarbeitet, und im Jahre 1909 starteten Generaldirektor Eduard Fischer, Ferdinand Porsche und Hugo von Boos-Waldeck mit drei Autos bei der zweiten Prinz-Heinrich-Fahrt, um die Zuverlässigkeit des neuen Wagens zu beweisen. Die fast 2000 Kilometer lange Strecke stellte hohe Ansprüche an die Fahrzeuge. Von Berlin führte das Rennen über Breslau und Budapest nach Wien, dann nach Salzburg, die Zieleinfahrt war in München. Der preußische Prinz, ein begeisterter Automobilist, der sich auf Fotos gern im staubdichten Überzieher für den korrekt gekleideten Autotouristen präsentierte, hatte dieses Rennen ins Leben gerufen und damit das von seinem Bruder Wilhelm II. unterstützte Kaiserpreis-Rennen offensichtlich übertrumpfen wollen. Die drei Wagen aus Wiener Neustadt hielten sich wacker, erreichten München, konnten sich aber auf keinem der vorderen Ränge platzieren. Den Wanderpokal des Hohenzollern nahm Wilhelm Opel in Empfang, fünf Autos aus Rüsselsheim waren unter den ersten zehn eingefahren. Porsche war unzufrieden mit dem Abschneiden von Austro-Daimler, vollmundig erklärte er vor Journalisten, er werde im nächsten Jahr wiederkommen und mit einem neuen Auto den Sieg erringen. In den Bereich der Legendenbildung gehört wohl die bisweilen kolportierte Version, Porsche sei nach der Siegerehrung oder auch während des abendlichen Prinz-Heinrich-Banketts nicht mehr auffindbar gewesen. Schließlich habe Fischer den Unermüdlichen in irgendeinem Hinterzimmer gefunden, über den Skizzenblock gebeugt – beim Entwurf des künftigen Siegerautos.

Aber natürlich begann er schon bald mit den Arbeiten an einem solchen Wagen. Er fuhr nach Untertürkheim, um Daimler-Benz zu einer Zusammenarbeit zu bewegen. Dort wollte man jedoch ein eigenes Auto bauen, Porsche reiste wieder ab. Sein Rennfahrzeug für das Jahr 1910 wurde eine stattliche offene Limousine mit vier Sitzen, bekam eine elegante «Tulpenform» und einen Vierzylinder-Motor, der beachtliche 86 PS leistete. Es erreichte eine Geschwindigkeit von mehr als 140 km/h. Porsche hatte aufgerüstet. Wiederum trat man das Rennen mit drei Fahrzeugen an, Fischer und Porsche saßen am Steuer, den obligaten Herrenfahrer gab Heinrich Graf Schönfeld. Auf Sonderprüfungen ging es in diesem Jahr auch um die pure Geschwindigkeit. Porsches neuer Wagen erwies sich als überlegenes Meisterstück, die Plätze eins bis drei gingen an Austro-Daimler. Und der Wanderpokal blieb in der Familie, weil es keine weitere Prinz-Heinrich-Fahrt mehr gab.

Porsche war heimisch geworden in Wiener Neustadt, bewohnte mit seiner Frau, der Tochter Louise und dem Sohn Ferry eine Villa in der Potterndorfer Straße. Die kleine Stadt mit gut 30 000 Einwohnern war ein beachtliches industrielles Zentrum. Schon im 19. Jahrhundert stand hier eine Lokomotivfabrik, nachdem kurz zuvor, im Jahre 1841, die Eisenbahnlinie von Wien nach Wiener Neustadt eröffnet worden war. Wir lesen nichts davon, dass Ferdinand Porsche die Großstadt Wien, das kulturelle und gesellschaftliche Leben dort, vermisste.

In diesen Jahren erschienen Weggenossen und Mitarbeiter, die ihn – mit Unterbrechungen – sein Leben lang begleiten sollten. Im Frühjahr 1908 sprach ein junger Mann, gerade 20 Jahre alt, bei Porsche vor, der Maschinenschlosser Josef «Pepperl»

Goldinger. Er war fortan kaum noch wegzudenken aus Porsches Alltag, Goldinger wurde sein Fahrmeister und Chauffeur. 1912 wurde der Diplomingenieur Otto Zadnik eingestellt, Porsches künftiger Mann für die Elektrik. Im Jahr darauf bewarb sich, nach seinem Abschluss an der Landesgewerbeschule in Wiener Neustadt, der Ingenieur Karl Rabe. Er wurde einer der engsten Mitarbeiter Porsches. 1918 kam der Kärntner Ingenieur Josef Mickl, ein begnadeter Mathematiker und Experte für Strömungslehre und Aerodynamik, dazu. Nur ein kurzes Stelldichein gab sich dagegen ein Mann auf Wanderschaft. Josip Broz, der später Tito hieß, tingelte durch die Fabriken, war bei Škoda in Pilsen und bei Benz in Mannheim. In seiner Autobiographie berichtet er: «Auch da bin ich nicht lange geblieben. Nach einem Monat habe ich die Koffer gepackt und bin nach Wien gegangen. Ich fand eine Stelle in der Fabrik ‹Griedl›, aber wieder nur für kurze Zeit. Bald danach ging ich nach Wiener Neustadt zur Automobilfabrik ‹Daimler›.» Er arbeitete in der Einfahrabteilung des Werkes. In diesen Abteilungen fanden sich damals die unterschiedlichsten Originale, unter ihnen mancher künftige Rennfahrer. Der Weg des Josip Broz führte dann aber erst einmal in die österreichisch-ungarische Armee.

Porsche wird in diesen Jahren auch in einem ganz anderen Bereich aktiv. Durch die ersten rüstungstechnischen Aufträge für Austro-Daimler war eine enge Zusammenarbeit mit den Škoda-Werken in Pilsen entstanden. Generaldirektor Karel Freiherr von Škoda suchte seinen Einfluss in Wiener Neustadt auszuweiten und vereinbarte mit Porsche 1912 einen Börsenhandel. Im Auftrag Škodas kaufte Porsche, unter Mithilfe seines Schwagers Hans Kaes, mehr und mehr Aktien an, bis Škodas die Aktienmehrheit in Wiener Neustadt hielt. Für Porsche war damit eine Aufwertung seiner Stellung im Werk verbunden, er unterstand nun direkt dem Aufsichtsrat.

Veränderungen hatten sich bereits drei Jahre zuvor angebahnt. 1909 hatten Eduard Fischer und ein gewisser Camillo Castiglioni eine Motor-Luftfahrt GmbH gegründet, die ihre Hallen zunächst in Fischamend, südöstlich von Wien, aufbaute. Castiglioni, 1879 in Triest geboren, Sohn eines Rabbiners, war eine ominöse, schillernde Figur des Donaureiches geworden. Der Bankier knüpfte in diesen Jahren ein ganzes Netz von Beteiligungen und Unternehmen, und als Direktor der Semperit-Werke gewann er mehr und mehr Einfluss in der Flugzeug- und Autoindustrie. 1914 etwa kaufte er die Hansa-Brandenburg Flugzeugwerke, in denen Ernst Heinkel als Chefkonstrukteur wirkte. «CC» sollte bald auch der neue Mann im Hintergrund bei Austro-Daimler werden. 1915 nahm die von Fischer und Castiglioni gegründete Firma als Österreichische Flugzeug Fabrik AG ihren Sitz in Wiener Neustadt. Auto- und Flugzeugbau rückten zusammen. Und auch Porsche war schon längst unter die Aviatiker gegangen.

Die Luftfahrt war in ihrer Frühzeit ein technisches Feld für Pioniere und Tüftler ohnegleichen, wie geschaffen für den Generalisten der Mobilität. Was im Autobau langsam der Routine wich, das Durcheinander der Konstruktionen und das freie Experimentieren mit Lösungen aller Art, erfuhr in der Aviatik in den Jahren vor dem Weltkrieg eine Renaissance. Der Flug der Gebrüder Wright hatte Ende 1903 das Zeichen zum Aufbruch gegeben. In unendlich vielen Schuppen, Garagen und Hallen baute man plötzlich Fluggeräte und riskierte Leib und Leben bei der Erprobung der Gestelle. Und allenthalben waren es schon bald Anfragen und Aufträge des Militärs, die die Entwicklung voranbrachten. Dabei gab es einen gravierenden Unterschied zwischen Frankreich und Deutschland. Dem Nationalhelden Graf Zeppelin war es geschuldet, dass man hier vor allem auf das Luftschiff setzte und erst mit Verspätung die kommende Bedeutung der

Flugzeuge erkannte, nicht zuletzt als man nach Frankreich blickte, wo die Armee ein Vielfaches in den Flugzeugbau investierte. Erst 1914 waren die Etats in Frankreich und Deutschland mit jeweils rund 25 Millionen Mark auf vergleichbarem Niveau.

Auch in Österreich machte zunächst noch ein Luftschiff Furore. Franz Mannsbarth, ein Infanterieleutnant vom St. Pöltener Hausregiment, pilgerte im Jahre 1908 mit seinem Freund, dem Hauptmann Baron von Berlepsch, nach Frankfurt am Main zu dem Ingenieur Hans Stagl. In Zusammenarbeit mit ihm entsteht der Stagl-Mannsbarth, ein 91 Meter langes Prallschiff, Österreichs Stolz in den Lüften, ehe die Aeroplane das Regiment übernahmen. Im Unterschied zu den starren Konstruktionen eines Zeppelins erforderte ein Prallluftschiff einen deutlich geringeren Materialaufwand. Der Stagl-Mannsbarth hatte zwei Gondeln, die durch einen Laufsteg verbunden waren. In jeder von ihnen arbeitete ein von Porsche entworfener Austro-Daimler-Motor mit jeweils 150 PS. 9000 Kubikmeter Gas, in vier Kammern verteilt, flogen da mit einer Geschwindigkeit von bis zu 60 km/h durch die Luft.

Porsches Motor wurde auch in dem in deutscher Lizenz produzierten «Parseval» verwendet, einem propellergesteuerten Lenkballon, der im November 1909 zum feierlichen Flug über Wien startete. Mit an Bord natürlich Ferdinand Porsche, im Dress eines «Gentleman-Mechanikers», wie Ghislaine Kaes vermerkte. Man dreht eine Runde um den «Steffel» und ahnt vielleicht, dass Seine Majestät im Arbeitskabinett der Hofburg steht und mit dem Fernglas den Flug «allergnädigst zur Kenntnis zu nehmen geruht». Bei der Landung aber wird der Gentleman-Mechaniker zum Retter in der Not: Eine Bö erfasst den Ballon, ein Seil löst sich, und das Gerät treibt auf den großen Hangar zu; geistesgegenwärtig startet Porsche den Motor und wendet mit einem Lenkmanöver alles zum Guten. Eine kleine Episode nur, allerdings eine nicht ungefährliche Situation, die den technischen Direktor Porsche in Sekundenschnelle in einen Piloten verwandelt.

Schon im Juni des Jahres 1909 war ein anderer Pionier der Luftfahrt nach Wiener Neustadt gekommen: Igo Etrich, der böhmische Flugzeugbauer und Vater der berühmten «Taube». Etrich hatte unweit der Daimler-Werke ein Flugfeld anlegen und eine Werkstatt errichten lassen. Dort machte er mit der Taube die ersten Sprünge und Flüge. Zwei ehemalige Daimler-Monteure schraubten für ihn, und Porsche tauchte ab und zu als neugieriger Beobachter auf. So konnte er aus nächster Nähe miterleben, dass Etrich mit seinem 40-PS-Motor von Clerget höchst unzufrieden war. Einmal riss gar in 40 Meter Höhe ein Zylinder ab, der Motor spuckte Etrich heißes Kühlwasser ins Gesicht. Der Pilot brachte im Gleitflug gerade noch eine Notlandung zustande. Es konnte nicht ausbleiben, dass Porsche und Etrich vereinbarten, der Herr Direktor solle einen neuen Flugzeugmotor bauen. Im Juli 1910 war die 40-PS-Variante einsatzbereit und verhalf der Taube sogleich zu mehreren Preisen auf Flugtagen.

Offizielle Premiere hatte das neue Aggregat im September beim «Kaiserfliegen» in Wiener Neustadt. Eine solche Gelegenheit, sich beim Kaiser in Erinnerung zu rufen und ihm weniger als ein Jahr nach dem Wiener Ballonflug gleich wieder eine fliegerische Attraktion zu präsentieren, ließ Porsche sich nicht entgehen. Wright, Blériot, Voisin, alle hatten sie ihre Apparate aufgefahren, und auch der «Parseval» flog über Wiener Neustadt ein. Vor 50 000 Zuschauern und unter den Augen des Kaisers Franz Joseph aber machte vor allem Etrichs formschöne Taube Furore. Mit dem Porsche-Motor erreichte das bespannte Gerippe aus Holz und Bambus eine Geschwindigkeit von über 100 km/h und konnte annähernd zwei Stunden in der Luft bleiben. Karl Illner, ein Austro-Daimler-Werkmeister, der am neuen Modell mitgewirkt hatte, war damit schon Wochen zuvor von Wiener Neustadt nach Wien und zurück geflogen und hatte ihre Zuverlässigkeit bewiesen.

Überall in Europa strömten die Menschen zu solchen Flugtagen. Noch waren es Festivitäten einer geradezu idyllischen Heroik, die Piloten nannte man tollkühn und die Flugzeuge Kisten. 1909 besuchte Franz Kafka den Flugtag in Brescia. Andächtig und «mit gerenktem Hals» verfolgte er die Kapriolen eines Curtiss oder eines Blériot, der ihm wie verwachsen mit seinem Fluggerät erschien; «man sieht seinen geraden Oberkörper über den Flügeln, seine Beine stecken tief als Teil der Maschinerie». Kafka beobachtete die Luftfahrer und die Menge am Boden: «Was geschieht denn? Hier oben ist zwanzig Meter über der Erde ein Mensch in einem Holzgestell verfangen und wehrt sich gegen eine freiwillig übernommene unsichtbare Gefahr. Wir aber stehen unten ganz zurückgedrängt und wesenlos und sehen diesem Menschen zu.» Der Bericht über «Die Aeroplane in Brescia» wirkt heute wie eine tiefenscharfe Momentaufnahme der kurzen Frühphase der Fliegerei, ehe die PS-Zahlen stiegen, die Geräte martialischer und im Verlauf des Ersten Weltkriegs zu einer immer ernster zu nehmenden Gefahr wurden. Das Kaiserfliegen von Wiener Neustadt markierte in diesem Sinne schon den Übergang, die Flugschau überzeugte auch einige Militärbeobachter vom Potenzial der Aeroplane im Allgemeinen, der Etrich-Taube mit dem Porsche-Motor im Besonderen.

Zwischen Etrich und Porsche – durchaus gegensätzliche Temperamente – entstand schnell ein besonderes Verhältnis gegenseitigen Respekts. Etrich war vier Jahre jünger als Porsche, kam ebenfalls aus dem Böhmischen, aus Trautenau am Rande des Riesengebirges, und war wie Porsche von Jugend an technikbegeistert. Der Vater Ignaz, ein wohlhabender Flachsspinnereibesitzer, teilte diese Leidenschaft; aufmerksam verfolgten sie die Versuche Otto Lilienthals. Aus dessen Nachlass erstand Ignaz Etrich einen Gleitflieger sowie einen Flügelschlagapparat. In die väterliche Textilfabrik wurde eine kleine Werkstatt für Flugtechnik integriert, und zusammen mit seinem Freund Otto Wels werkelte Igo – nach dem Studium in Leipzig immer professioneller – an seinen Konstruktionen herum, bis im Herbst 1907 die erste Taube fertig war. Etrich schärfte Porsches Bewusstsein für die Bedeutung der Aerodynamik – auch im Automobilbau.

Früh schon erkannte Porsche, welche Chancen der Flugzeugbau bot. Hier zeichnete sich eine neue lukrative Sparte für Austro-Daimler ab, insbesondere wegen der Nachfrage nach immer stärkeren Motoren. Aus dem 40-PS-Aggregat wurde schnell eines mit 60 PS, 1913 entstand ein Sechszylinder mit 90 PS, 1918 gar ein Zwölfzylinder mit 400 PS. Die Daten entsprechen der allgemeinen Entwicklung, und sie verweisen auf den eindrucksvollen Innovationsschub, den der Motorenbau und mit ihm die Fliegerei während des Ersten Weltkriegs erfuhr. Porsches Motive, auf diesem Gebiet mit eigenen Konstruktionen aufzuwarten, sind einsehbar: wirtschaftliches Kalkül und technische Herausforderung, außerdem die Einsicht, dass die Erkenntnisse aus dem Flugzeugbau die Automobiltechnik voranbringen würden.

Doch den Fliegern im ölverschmierten Drillich begegnete man, bei aller Neugier, nach wie vor mit Skepsis. Daran änderte sich auch nach der Leistungsschau beim Kaiserfliegen nichts. Von der lobenden Anerkennung bis zur Erteilung von Aufträgen war es ein weiter Weg. Ende des Jahres 1910 lagen lediglich zwei Bestellungen vor, eine vom Kriegsministerium in Wien, die andere aus Berlin. Obwohl ein so einflussreicher Mann wie der Generalstabschef Conrad von Hötzendorf von der Notwendigkeit überzeugt war, eine Flugzeugflotte aufzubauen, sorgten die Skeptiker und Bremser im Kriegsministerium für Zurückhaltung bei der Investition in die Luftrüstung. In Deutschland versuchte Generalstabschef Helmuth Graf von Moltke, gegen ähnliche Widerstände ein umfangreiches militärisches Flugzeugprogramm durchzusetzen. Edmund Rumpler nahm in seinem Werk in Berlin-Johannisthal die Produktion der Taube auf – keineswegs zur Freude Etrichs: Seine Patentschrift wurde in Deutschland nicht anerkannt, die Rumpler-Werke konnten ohne Lizenzabgaben produzieren. Resigniert gab Etrich die Taube frei. Das machte sie zum Erfolgsmodell: Viele Hersteller bauten sie nach. Im November 1911 erlangte sie zweifelhaften Ruhm. Im Konflikt mit den Türken setzten die Italiener sie über Libyen zum ersten Male als «Bomber» ein. Und in der Frühphase des Ersten Weltkriegs wurde sie – obschon sehr bald veraltet und unterlegen – zum gefragten Aufklärungsflugzeug.

Mobilisierung der Mörser

«Ich kann mich auch daran erinnern, daß wir den Kanonendonner von der österreichisch-italienischen Front hören konnten, wenn wir die Ferien in Badgastein verbrachten.» Sieben, acht Jahre alt war Ferry Porsche damals. Keine 100 Kilometer entfernt verlief die Front, und das Grummeln des Weltkriegs wurde bis zu den Gipfeln am Gasteiner Tal getragen. Schwerste Geschütze, großkalibrige Ungetüme, ertönten da in der Ferne. Nur zweimal kam der Krieg noch näher: Es gab Detonationen in der Munitionsfabrik bei Wiener Neustadt. Was der junge Ferry aber nun fast täglich aus nächster Nähe beobachten konnte, waren die Konstruktionen für den Krieg, die in der Fabrik des Vaters entstanden. Ferdinand Porsche wird in dieser Zeit zum Militärtechniker, Austro-Daimler produziert zunehmend für die österreichische Armee, wird zum Rüstungsbetrieb.

Von Beginn an geriet der Erste Weltkrieg zu einem Exzess der Feuerkraft. Auf den Schienen rollten die Züge mit Soldaten, Transportkapazitäten für Geräte, Munition und Verpflegung wurden mehr denn je zum Moment der strategischen Kriegführung. Und auch als die Mobilität im Stellungskrieg zum Erliegen kam, blieb es eine der Hauptaufgaben der Planungsstäbe, den Nachschub an Menschen und Material in die Gebiete der Schlachten zu organisieren. Mobilität gehörte zur Infrastruktur der «Knochenmühlen» des technischen Krieges. Insbesondere die Heeresführungen Deutschlands und Österreichs setzten, anders als Frankreich, auf eine Ergänzung der leichten Artillerie des Feldheeres durch schwere Geschütze. So kamen Waffen mit immenser Zerstörungskraft in den Feldkrieg, die man bis dahin nur in Festungskriegen gekannt hatte – 10,5- und 15-cm-Feldhaubitzen, 21-cm-Mörser. Solche Geschütze mitsamt Munition schnell und flexibel zu bewegen blieb eine Herausforderung. Noch größere Kaliber wurden mit der Eisenbahn transportiert. Aber das begrenzte ihre Möglichkeiten, zumal die Schussrichtung nur wenig vom Schienenverlauf abweichen durfte. Da lag der Wunsch der Militärs nach einem schienenunabhängigen Transportsystem nahe, besonders in den Alpen. Und Ferdinand Porsche hatte eine Lösung des Problems gefunden.

Schon 1908 wird bei Austro-Daimler eine erste Serie für die österreichische Heeresverwaltung produziert. Der Zugwagen 08 – zwölf Exemplare wurden gebaut – war für schwieriges Gelände konzipiert und konnte mit einer 300-Meter-Seilwinde auch Bergungsaufgaben übernehmen. Das Fahrzeug war ein Vorläufer für den 1914 entstandenen Typ M-12 und den folgenden M-17, den so genannten Hunderter. Die neue Zugmaschine hatte einen Sechszylinder-Motor mit 100 PS, Vierradantrieb und Differenzialsperre, der Durchmesser der Räder betrug 1,50 Meter. Das 8 Tonnen schwere Gefährt wurde für den Transport eines

Für den bei Škoda hergestellten 34-cm-Mörser konstruierte Porsche benzin-elektrische Zugmaschinen, mit denen die österreichische Armee die schweren Waffen auch über steile Passstraßen schnell befördern und in Stellung bringen konnte. Hier eine Erprobungsfahrt in den Jahren vor dem Ersten Weltkrieg.

30,5-cm-Mörsers eingesetzt, der in den Škoda-Werken entwickelt worden war und 24 Tonnen wog. Mit einem solchen Mörser wurden Geschosse mit einem Gewicht um die 400 Kilogramm abgefeuert. Der von Porsche mobilgemachte Škoda-Mörser war die modernste Waffe der ansonsten eher rückständigen österreichischen Artillerie.

Pünktlich zum Weltkrieg waren die Geschütze einsatzbereit, und mehrere von ihnen wurden den deutschen Truppen zur Verfügung gestellt. Zwar hatten die Deutschen mit dem 42-cm-Mörser von Krupp, der «Dicken Bertha», ein noch schlimmeres Kaliber im Arsenal, doch vorerst waren sie schienengebunden. Im

August 1914 gab es dann fünf Eisenbahn- und zwei Straßenversionen der «Dicken Bertha».

Die Deutschen waren vom Widerstandswillen der Belgier überrascht. Ihr im Schlieffen-Plan vorgesehener schneller Vormarsch geriet ins Stocken, als sie auf gesprengte Brücken stießen und aus den belgischen Forts beschossen wurden. Aus dem Versuch, die Maas zu überqueren, entwickelten sich schnell brutale Schlachten in der Region um Lüttich und Namur, mit denen Massaker unter Zivilisten und Plünderungen einhergingen. Das Krupp-Geschütz und der Škoda-Porsche-Mörser eröffneten das tosende Präludium des technifizierten Kriegs. Wie Zwillinge wurden die todbringenden Maschinen in diesen «Seeschlachten zu Lande» eingesetzt, um mit ihren Granaten die dicken Betondächer der Forts aufzubrechen. Die übergroßen Geschütze erschütterten endgültig das Restvertrauen der Militärs, feindliche Angriffe ließen sich allein durch Festungslinien fast ohne den Einsatz von Soldaten aufhalten.

Nach der Einnahme der Festungen an der Maas zogen sich die aufgeriebenen belgischen Truppen in die Festung Antwerpen zurück. Auch dort kam der Mörser aus Österreich zum Einsatz. Die österreichische Heeresführung war entzückt angesichts der mobilen «Überraschung für die ganze kriegführende Welt», und das «Ehrenbuch unserer Artillerie» lobte: «Die große Bedeutung dieses Geschützes lag weniger in der großen Wirkung und Schußweite als vielmehr in seiner großen Beweglichkeit, welche die Mörserbatterie befähigte, den Feldarmeen zu folgen und binnen kürzester Zeit zur Wirkung zu kommen, was bei den handstreichartigen Überfällen auf die belgischen Festungen von ausschlaggebender Bedeutung war!»

Mit seinen Konstruktionen für die Armee entwickelte Porsche eine Meisterschaft der Kombinatorik; aus bewährten technischen Bauteilen montierte er neues, vielseitig einsetzbares Gerät. Ein herausragendes Beispiel dafür ist der Austro-Daimler-Landwehr-Zug, den er 1912 für das Feldheer entwarf, ein Transportsystem, das den militärischen Anforderungen fast perfekt genügte. Zum Paradox der Mobilität in diesem Krieg wurde ja, dass man sich durch den Schlamm der von den eigenen Mörsern und Haubitzen zerschossenen Landschaft anschließend weiterbewegen wollte.

Der Landwehr-Zug war ein Alleskönner, ein moderner Apparat, der die Konstruktionslust seines Erfinders eindrucksvoll manifestierte. Der Oberst im Generalstab Ottokar Landwehr von Pragenau hatte in einer kleinen Denkschrift die Anregung dafür gegeben und die Anforderungen an ein solches schienenunabhängiges Zugsystem aufgelistet. Ausgangspunkt seiner Überlegung war der Krieg von 1870/71, da habe sich gezeigt, dass die Endstationen der Eisenbahnen eben nicht an der Front lagen. Und das habe allenthalben Probleme bei der Nachschubversorgung verursacht, auf die man nun, im Weltzeitalter der Automobilität, eine Antwort finden müsse. Gesucht wurde ein moderner Ersatz für Pferdetransporte. Kurzum, ein Fall für Porsche.

Der war in seinem Element und kramte im eigenen Magazin: Krafterzeugung benzin-elektrisch, Antrieb durch Radnabenmotoren. Ein Zug für Straßen und schwieriges Gelände, der sich aber nach der Montage von Spurkränzen auch auf die Bahnschienen setzen lassen sollte und dann als Eisenbahn daherkam. Vorne fuhr ein Führungs- und Generatorwagen, auf dem der schon im Mörserzug verwendete 100-PS-Motor einen Dynamo antrieb. Dem folgten fünf, auf Schienen bis zu zehn Anhänger, die alle auf je einer Achse mit Radnabenmotoren ausgerüstet waren. Ein dickes Kabel vom Generatorwagen versorgte sie mit Strom. Auf der Straße konnte ein solcher Zug bis zu 25, auf der Schiene sogar 50 Tonnen Nutzlast transportieren. Durch deren Verteilung auf viele Achsen bereitete selbst morastiger Boden dem Zug kaum Probleme.

Die Harmonie der Bewegung aller Wagen war durch eine fein erdachte Spurfolgeeinrichtung gewährleistet: Ein Deichselsystem sorgte dafür, dass die Anhänger exakt der Spur des Führungswagens folgten. Auch sehr enge Kurvenradien konnte der Porsche-Landwehr einfach durchfahren. Das war der Clou des Systems: Der elektrische «Tatzelwurm» verblüffte durch seine Beweglichkeit. Er schlängelte sich präzise über schmale, kurvige Passstraßen. Bei extremer Steigung oder bei der Fahrt über weniger tragfähige Brücken ließ sich der Zug entkoppeln. Dann kroch jeder Wagen, versorgt übers entrollte Kabel, einzeln weiter. Bei Eis und Schnee schraubte man Stollen auf die eisernen Radreifen. Sollte es schneller gehen, steuerte man auf den nächsten Bahnhof zu, meldete den «Sonderzug» an und setzte die Spurkränze auf. Die zuständigen Stellen im Generalstab waren überaus angetan und ließen die Porsche-Züge als «k. u. k. Kraftbahnen» laufen.

Trotz der robusten Grazie des Landwehr-Zuges – Porsches legendärste Konstruktion für den Krieg entstand 1915 mit dem C-Zug. Dabei handelte es sich um ein Gespann für den Transport allerschwerster Geschütze, einen Riesentraktor mit Anhänger. Als konsequente Weiterführung des «Hunderter»-Zugwagens übertraf er diesen vor allem in puncto Manövrier- und Steigfähigkeit. Auf dem Generatorwagen betrieb nun ein 150-PS-Motor den Dynamo, der den Strom für die acht Radnabenmotoren in den angehängten Lastwagen lieferte. Angesichts der enormen Last – insgesamt wogen die neuen Geschütze jeweils 80 Tonnen – hatten die Lastwagen vier Achsen. Das zu transportierende Geschütz wurde in vier Teile zerlegt: Rohr, Lafette und zwei Bettungshälften. Ein zusätzlicher Wagen trug die Munition.

Bei der Testfahrt, die im Januar 1916 in Wiener Neustadt

durchgeführt wurde, erreichten die Ungetüme auf der Straße 16 km/h und auf der Schiene 27 km/h. Die Steigungsfähigkeit der Maschinen war enorm, 25 Prozent auf der Straße, 9 Prozent auf der Schiene. Alfred Neubauer, damals noch Verbindungsoffizier bei Austro-Daimler, erinnerte sich 1964 in einem Interview: «Direktor Porsche hat uns einmal sogar auf den Seeberg-Sattel geschickt, und dieser Berg war damals nicht ausgebaut... Das komplette Geschütz haben wir hinaufgebracht, obwohl wir es zunächst selbst nicht glaubten. Ich habe es dann nachgemessen. In einer Stunde sind wir vierhundert Meter weit gefahren. Aber der Mörser war dann auf dem Berg!»

Porsches Konstruktion versetzte die größten Kaliber in die erhabene Bergwelt. Im März kam der Thronfolger Erzherzog Karl Franz Joseph zur Besichtigung der Geschütze, und am 15. Mai, «6 Uhr früh», feuerten die österreichisch-ungarischen 38-cm-Haubitzen «Barbara» und «Gudrun» an der Front Granaten von über 700 Kilogramm bis zu 15 Kilometer weit.

Die Maschinisierung des Kriegs schritt aber auch in kleinerem Maßstab voran. Für den Transport von Feldgeschützen entwickelte Porsche die «Kraftprotzen», mit luftgekühltem Vierzylinder ausgerüstete Zugmaschinen, die nur zwei krallenbewehrte Räder hatten. Vom Fahrersitz aus konnten diese Krallen in morastigem Gelände ausgefahren werden. Die Kraftprotzen ersetzten die Pferde und waren später in Land- und Forstwirtschaft auch zivil nutzbar.

Bei solch bedeutenden Verdiensten um das Waffenarsenal des österreichischen Heeres konnten die Ehrungen nicht ausbleiben. Schon im November 1912 sah sich Kaiser Franz Joseph ob der «besonderen Leistungen auf militärischem Gebiet» bewogen, «Unseren Lieben Getreuen, den technischen Direktor der Österreichischen Daimler-Motoren Aktiengesellschaft in Wiener Neustadt zum Ritter Unseres Franz-Joseph-Ordens zu ernennen». Und im Mai 1916 legte der Kaiser nach; aufgrund «vorzüglicher Leistungen auf militär-technischem Gebiete» erhielt Ferdinand Porsche «das Offizierskreuz des kaiserlich-österreichischen Franz-Joseph-Ordens mit der Kriegsdekoration». Porsche machte sich im Allgemeinen nicht viel aus solchen Auszeichnungen. Doch in diesem Falle dürfte er sich wirklich geehrt gefühlt haben; immerhin fünfmal hatte der Ingenieur den Kaiser von Österreich, König von Böhmen und Apostolischen König von Ungarn in privater Audienz erlebt. Franz Joseph starb nur kurze Zeit später, im November 1916. Seit 1848 hatte er regiert.

Mit besonderer Genugtuung aber nahm Porsche eine andere Auszeichnung entgegen: Die Technische Hochschule Wien ernannte ihn 1917 zum «Dr.-Ing. h. c. der Technischen Wissenschaften». Damit ehrte die akademische Anstalt den Praktiker und erklärte ihn zum «geistigen Führer eines heimischen Großunternehmens, das sich um die Ausbildung des Automobilwesens und der Flugtechnik hohe Verdienste erworben hat».

Gegen Ende des Weltkriegs arbeiteten rund 6500 Menschen bei Austro-Daimler, darunter auch russische Kriegsgefangene. Seit 1914 waren 60 000 Quadratmeter neue Werkstattflächen entstanden. Das Werk hatte die Umstellung auf die Kriegsproduktion zur Expansion genutzt. Ferdinand Porsche hatte das Kriegsgeschehen in merkwürdiger Distanz erlebt, gleichsam vom Zeichenbrett aus. Für den Konstrukteur endete eine Zeit ungeahnter Freiheiten. Mit dem Jahre 1918 stand nun die Aufgabe an, wieder auf die zivile Produktion umzuschalten. Wie hat Porsche die Niederlage erlebt? Man kann es wohl besser formulieren, aber kaum treffender zusammenfassen als Ghislaine Kaes: «Der Zusammenbruch 1918 sah um Porsche alles zusammenbrechen. Ihn selber jedoch nicht. Er machte sofort weiter, er stellte um.» Der Frieden erschien ihm, wie vier Jahre zuvor der Krieg, in erster Linie unter der Perspektive neuer technischer Probleme und die Technik – selbst nach der Urkatastrophe des Ersten Weltkriegs – als neutrale Zone.

Ein Auto für Graf Sascha

Le Corbusier, der Architekt, hielt strenges Gericht über seine Zunft und forderte die Herren Kollegen zum rigorosen Abschied vom «Sammelsurium überflüssiger Gegenstände» auf, zur Beseitigung einer «Unzahl von Geschmacklosigkeiten aus Stilen aller Art und lächerlichem Krimskrams». Mit der Serie von Artikeln, die der Baumeister des Neuen 1920/21 in «Esprit Nouveau» veröffentlichte, wollte er einen Geist der Konstruktion und Synthese ausrufen, der sich endlich aus dem Plüschsessel des Historismus erhob und Anschluss suchte an die moderne Welt der Maschinen. Für Le Corbusier setzten Maschinen die Maßstäbe des neuen Bauens: Ozeandampfer, Flugzeuge und Automobile. Und so gesellten sich in seinen Aufsätzen zu den antiken Mustern der Baukunst die Verkehrsmittel der Gegenwart. Neben dem Parthenon in Athen stand das große Sportmodell von Delage aus dem Jahre 1921 – für Le Corbusier «zwei Ausleseprodukte», zwei grandiose Beispiele, deren Perfektion sich einer grundlegenden «Typenbildung» verdankte: «Typen sind Sache der Logik, der Analyse, gewissenhaften Studiums; sie entstehen auf Grund eines richtig gestellten Problems.» Diese Tendenz zur Typenbildung, wie sie die Ingenieure der Mobilität vorführten, sollte das Heilmittel für die Misere der zeitgenössischen Architektur werden: «Würde das Problem des Wohnens und der Wohnung so gut durchstudiert wie das Fahrgestell eines Autos, dann erlebte man rasch eine Wandlung und Verbesserung unserer Häuser.» Frei übersetzt rief er den Kollegen zu: Seid neidisch und schert euch an die Arbeit!

Ganz nebenbei lieferte Le Corbusier einen aufschlussreichen Rückblick auf die letzten 20 Jahre einer rasanten Entwicklung der Verkehrsmittel. Der Architekt zollte mit seiner Kollegenschelte zugleich den Flugzeug- und Autobauern seinen Respekt. Auffällig ist jedoch, dass die löblichen Beispiele der Autotechnik, die Le Corbusier abbilden ließ, eher aus dem Segment der edlen und teuren Karossen stammen, Fords Model T etwa ist nicht erwähnt. Das entsprach freilich dem Stand der Dinge in Europa, dominant waren bis dato nach wie vor die großen und luxuriösen Fahrzeuge. Mit der Entwicklung eines erschwinglichen Kleinwagens hatten die Konstrukteure sich trotz des erfolgreichen amerikanischen Vorbilds kaum ernsthaft beschäftigt. Das änderte sich erst jetzt, nach dem Ende des Ersten Weltkriegs, als die angespannte wirtschaftliche Lage die Produktion teurer und repräsentativer Wagen nicht mehr zukunftsweisend erscheinen ließ.

Auch bei Austro-Daimler setzte der Generaldirektor Ferdinand Porsche nach der Umstellung auf die zivile Produktion zunächst auf die bewährten Automobile der Oberklasse. Das erste neue Modell, das die Österreicher dem interessierten Publikum nach dem Krieg vorstellten, war der AD 617, eine große Limousine, sehr schön und sehr teuer. Sechszylinder-Reihenmotor, gemäßigte 60 PS, eine Ausführung hatte neun Sitze und ein Mahagoni-Interieur. Aber 1921 machte Ferdinand Porsche einen großen Schritt zum kleinen Wagen. Dem Konstrukteur gelang ein Beitrag zur «Typenbildung», der auch für ihn selbst wegweisend werden sollte. Er baute ein Auto mit einem wassergekühlten Vierzylinder-Motor und 1100 ccm Hubraum. Eine Karosserie aus Aluminium sorgte für das geringe Gewicht von 775 Kilogramm. Das Auto ist immer wieder, nicht zuletzt von Porsche selbst, als ein Vorläufer des Volkswagens bezeichnet worden ist. Ironischerweise verdankte sich seine Entstehung der Initiative eines Herrenfahrers alten Typs: Der Filmmagnat Sascha Graf Kolowrat gab mit seinem Geld und seinem Engagement den Ausschlag für den Bau dieses Wagens, den Porsche dann zu Ehren des mit ihm befreundeten Grafen «Sascha-Wagen» taufte. Der Graf hatte ein Faible für kleine Flitzer, in die er selbst mit seinem Körpergewicht von 130 Kilogramm nur mit Mühe einsteigen konnte. «Typenbildung» vollzog sich eben nicht nur am Reißbrett, wie der kühle Le Corbusier wähnen mochte: Hier in Wiener Neustadt kreierten zwei Originale einen neuen Typ von Auto, und es hielt sie nichts davon ab, ihn auch umgehend im Renneinsatz zu erproben.

Porsche und Kolowrat verband schnell eine freundschaftliche Beziehung – nicht in tiefer gehendem Sinne; sie schlossen ein Bündnis im Zeichen automobilen Fortschritts. Der Graf aus altem böhmischem Adelsgeschlecht war ein vitaler Lebemann, ein unablässiger Projektemacher, energisch, impulsiv und leicht erregbar. «Seine Stimme ist so gewaltig, daß sie die Fensterscheiben klirren läßt», erinnerte sich Alfred Neubauer. Dem Generaldirektor Porsche musste ein solcher Kerl gefallen, der da eines Tages in seinem Büro stand und ein neues Auto gebaut haben wollte. Eine verwandte Seele, selbst beim Essen, der Graf liebte die deftige Küche ebenso wie Porsche. Schöne Geschichte: Zwei starke Esser projektierten das Pionierfahrzeug des Leichtbaus.

Graf Kolowrat war in Wien eine stadtbekannte Erscheinung. Mit seinem kleinen gelben Citroën gehörte er zu den auffälligsten Automobilisten und pflegte die Ungezogenheiten des Herrenfahrers: «Vor unvorsichtigen Passanten hielt er im letzten Moment, lüftete den Hut und ließ sie vorbeigehen.» Angesichts attraktiver Damen aber vollzog er andere Manöver: «Berühmt war Graf Saschas ‹Kehrteuchmachen› per Auto», legendär wurde sein Ruf als Don Juan mit einer ausgeprägten «Vorliebe für zarte, schlanke Frauen respektive Mädchen», wie sein Sekretär zu Protokoll gab. Seine Technikbegeisterung ging bis zum Spleen. An das Tor der Einfahrt zu seinem Palais ließ der Graf eine Selenzelle montieren, sodass er mit dem Scheinwerfer den Portier von seiner Rückkehr benachrichtigen konnte, der dann eilends das Tor öffnen musste. Kein Wunder, dass er in den Kreisen der Aristokratie geschnitten wurde.

Und doch war Kolowrats Liebe zur technischen Tüftelei mehr als eine verspielte Marotte. Aus diesem Hang heraus hatte er in wenigen Jahren eine der führenden Filmfabriken Europas geschaffen, er war gleichsam der Porsche des Stummfilms geworden. 1910 hatte er im böhmischen Pfraumberg die Sascha-Filmfabrik gegründet. Naturaufnahmen und Sportreportagen waren beliebte Sujets, bald auch Technisches wie der «Stapellauf der Tegethoff» oder Motorsportliches wie die «Alpenfahrt 1912». Den Weltkrieg erlebte Kolowrat als fahrender Offizier im Freiwilligen Automobilkorps. Die ersten Kriegsfilme entstanden, später der «Österreichische Kino-Wochenbericht vom nördlichen und südlichen Kriegsschauplatz». 1916 filmte die «Sascha-Film» die Begräbnisfeierlichkeiten für Kaiser Franz Joseph – in drei Tagen stellte sie 255 Kopien der Reportage her –, und 1918 lieferte Kolowrat im Auftrage des Kriegsarchivs Aufnahmen von der Isonzo-Schlacht. Aber die Herren der Generalität waren unzufrieden mit dem Bildmaterial. Da wurde der Graf kurzerhand zum Pionier der inszenierten Reportage: «Kinder, ich hab eine Idee! Wir werden den Übergang einer Maschinengewehrabteilung durch eine Doline unter feindlichem Artilleriefeuer machen.» Die Szenerie wurde vorbereitet, mit gekoppelten Handgranaten erzeugte man explosive Bilder vom Schlachtengewühl. Höheren Orts war man «hell begeistert» und hielt das ganze Theater für ein packendes «Kriegsereignis», erinnerte sich Fritz Freissler, Autor und Regisseur der Sascha-Filmindustrie A.G.

Ohne den Grafen Kolowrat wäre das Kleinwagenprojekt bei

Ein Traumauto mit 3,5 PS und zwei Gängen. 1920 entstand Ferdinand Porsches erster und zugleich kleinster Kleinwagen, ein Weihnachtsgeschenk für seinen Sohn Ferry.

Austro-Daimler wohl gar nicht erst angelaufen. Ferdinand Porsche hatte wenig Rückendeckung für Investitionen dieser Art. Obwohl sich angesichts der allgemeinen wirtschaftlichen Situation ein Markt für erschwingliche Wagen abzeichnete, wagten viele Hersteller nicht, den traditionellen Sektor der teuren Limousinen zu verlassen. In Deutschland wie in Österreich wurden in den ersten Nachkriegsjahren ganz unterschiedliche Positionen zur Zukunft des Automobils vertreten. Ob, wie und wann aus dem Luxusgut ein alltäglicher Gebrauchsgegenstand wie in den Vereinigten Staaten werden würde, war ungewiss. Angesichts eklatanten Benzinmangels und der bestehenden Fahrverbote für Privatleute, die erst im Februar 1921 entscheidend gelockert wurden, diskutierte es sich ohnehin nicht sonderlich kommod.

Umso gespannter auf mögliche Neuerungen waren die Fachleute, die im September 1921 die erste von VDMI und AVD in Berlin veranstaltete Automobilausstellung besuchten. Zahlreiche alte und neue deutsche Unternehmen präsentierten hier ihre Konstruktionen. Zum Rahmenprogramm gehörten die Renntage auf der kurz zuvor fertig gestellten AVUS. Das erste Hauptrennen gewann Fritz von Opel. Ein amerikanischer Beobachter bescheinigte der Ausstellung, sie markiere «the complete re-entry of the German automobile industry into world competition». Das war vielleicht stark übertrieben, herrschte doch noch die alte Linie des Fahrzeugbaus vor. Dennoch machten sich zwei wichtige Lerneffekte aus dem Flugzeugbau bemerkbar, zum einen die kleineren Motoren mit erhöhter Kompression, zum anderen die Tendenz zum Leichtbau. Edmund Rumpler hatte sich, nachdem der Flugzeugbau laut Versailler Vertrag verboten war, auf den Bau von Pkws verlegt und stellte ein aerodynamisches Wunderauto vor, den «Tropfenwagen». Das Auto mit der futuristischen Hülle hatte aber einen minderwertigen Motor und endete 1925 auf dem Scheiterhaufen für die falsche Maria in Fritz Langs Filmepos «Metropolis». Neugier unter den Fachleuten erweckte insbesondere die Firma Brennabor mit einem Chassis für einen leichten Viersitzer, dem man die Eignung für eine kostengünstige Serienproduktion attestierte.

Mit seiner neuen Konstruktion lag Porsche also im Trend. Sein tschechischer Pass bescherte ihm gleich nach dem Krieg die Reisefreiheit, und die nutzte er, um sich über die Entwicklungen im Ausland zu informieren.

Wie das Bündnis Porsches mit dem Grafen begann, darüber machten zwei so nahe Zeugen wie Alfred Neubauer und Ferry

Porsche unterschiedliche Aussagen. Laut Neubauer kam Kolowrat eines Tages mit einer «faszinierenden Idee» zu Porsche ins Büro: «Wir müssen einen Volkswagen bauen.» Der Graf bot an, die Entwicklung zu finanzieren. Ferry Porsche zufolge war es jedoch die «Idee meines Vaters», der Graf habe den Vorschlag, eine Sportversion zu bauen, beigesteuert. Zwischen beiden Versionen besteht wohl kaum ein unlösbarer Widerspruch – Porsche und Kolowrat hatten Ähnliches im Kopf, das Thema Kleinwagen war ja alles andere als exklusiv. Fraglich erscheint freilich, ob Kolowrat schon das Wort «Volkswagen» über die Lippen kam. Porsche jedenfalls hatte, gedeckt durch Kolowrats finanzielle Zusage, keine Bedenken mehr, das neue Auto zu bauen.

So entstanden 1921 die ersten Prototypen des «Sascha» und vor allem die Rennversionen. Rund 50 PS brachten die nur 598 Kilogramm schweren Wagen auf Höchstgeschwindigkeiten um 140 km/h. Das kleine Auto mit der Aluminiumkarosserie machte vorne einen recht kompletten Eindruck, hinter der Haube aber befand sich lediglich das spartanische Cockpit mit zwei rund ausgeformten Sitzschalen, die kaum den Rücken stützten und wie zwei Eierbecher anmuteten, dann war Schluss: Das Auto zeigte die Hinterachse und war doch eine harmonische Erscheinung. Später entstand gar eine 2-Liter-Version, die bis zu 170 km/h erreichte.

Porsche und Kolowrat beschlossen, den neuen Wagen gleich berühmt zu machen. Sie sandten drei Teams zur Targa Florio 1922. Der Rundkurs auf Sizilien galt als eines der härtesten Straßenrennen und wurde seit 1906 auf dem Privatbesitz des Reeders Vincenzo Florio veranstaltet. Vier Runden von 108 Kilometer Länge mussten auf den kurvenreichen Bergstraßen rund um das Madoniegebirge bewältigt werden. Graf Kolowrat begleitet die Austro-Daimler-Mannschaft mit ihren «Kinderwagen» (Neubauer) und sorgt für gute Laune, imitiert Auspuffgeräusche und

Der von Ferdinand Porsche für Austro-Daimler entworfene «Sascha»-Wagen sorgte als Rennwagen für Furore. Am Steuer hier Alfred Neubauer, der spätere Rennleiter von Mercedes-Benz, kurz vor dem Start zur Targa Florio 1922. Porsche (mit Schirmmütze) steht rechts hinter dem Auto, auf das er große Hoffnungen setzte.

mixt den jungen Fahrern seinen Renncocktail aus Malaga, geschlagenem Eigelb, Zucker und Bohnenkaffee. Der Zaubertrank soll die Nerven beruhigen und den Mut aufputschen. Kolowrat selbst fährt nicht, die 130 Kilo Körpergewicht will er dem Sascha-Wagen nicht zumuten, obwohl er doch in früheren Zeiten schon mal eine probate Maßnahme zum Gewichtsausgleich gefunden hatte: Als Beifahrer hatte er kurzerhand einen Liliputaner engagiert.

So starten Lambert Pöcher und Fritz Kuhn in der Klasse der kleinen Wagen, Alfred Neubauer misst sich direkt mit den Großen, den 4,5-Liter-Mercedes und ähnlichen Kalibern. Nach fast acht Stunden steht der Graf Masetti auf seinem Mercedes als Sieger fest. Aber Austro-Daimler setzt Signale. Kuhn und Pöcher holen einen Doppelsieg in ihrer Klasse, Neubauer wird sogar 19. in der Gesamtwertung, in einer Zeit, mit der er zwei Jahre zuvor noch den ersten Platz belegt hätte. Eindrucksvoller hätte man das Potenzial der Kleinwagen kaum aufzeigen können. Die «Gazzetto dello Sport» schwärmt vom «Triumph der kleinsten Motoren», und Porsche sorgt dafür, dass die Mannschaft bei ihrer Rückkehr gebührend empfangen wird. An der überschwänglichen Feier auf dem Werksgelände nehmen auch die Mitglieder des Aufsichtsrates teil. Der Generaldirektor rührt die Werbetrommel und lässt in den Wiener Zeitungen eine Anzeige schalten, die kurzerhand behauptet: «Austro-Daimler ist der moralische Sieger der Targa Florio 1922!» So etwas ist nun keineswegs typisch für ihn, aber nach dem glänzenden Auftritt in Sizilien setzt Porsche sich energisch für sein neues Auto ein.

Und jetzt reiht sich Erfolg an Erfolg. Die Sascha-Wagen absolvieren 1922 eine eindrucksvolle Rennsaison: 52 Starts, 51 Siege. Pöcher, Kuhn und Neubauer fahren unentwegt, aber auch Graf Sascha und viele andere steigen ins Cockpit. Ein europaweites Werberennen, mit dem Porsche auch die Bedenken des eigenen Aufsichtsrates abschütteln will. Er bemüht sich, eine Straßenversion des «Sascha» durchzusetzen, und lässt Versuchswagen mit einem 15-PS-Motor bauen. Porsche spürt die Ablehnung, ist unzufrieden und schlecht gelaunt, er meint es ernst mit dem Kleinwagenprojekt.

Im September fährt er mit Ferry zum Rennen nach Monza. Da sollen vier «Saschas» starten, die Kraftpakete mit dem 2-Liter-Motor. Während des letzten Trainings fliegen Fritz Kuhn und sein Beifahrer Fiedler bei hohem Tempo aus der Lesmo-Kurve und überschlagen sich. Kuhn wird aus dem Auto geschleudert und ist sofort tot. Eine Untersuchung der Unfallursache führt auf ein gebrochenes Drahtspeichenrad. Porsche ist schockiert und für Tage im Werk nicht zu sehen. Seine Gegner bereiten sich vor.

In der Debatte um den Kleinwagen gab es zwei Fraktionen, die einen verlangten vehement nach ihm, die anderen blieben skeptisch. Aber direkt nach dem Ende des Kriegs intensivierte sich der Streit. In der Verkehrsabteilung des Preußischen Kriegsministeriums etwa verfasste ein Major Rellstab eine Denkschrift, die «schnellste Entschlüsse» forderte und allenthalben den «Schrei nach Kraftfahrzeugen» vernahm. Pferdefuhrwerke, Eisenbahnen, alles sei nach dem Krieg «katastrophal beschädigt», nur von den Kraftfahrzeugen habe man «noch so viel gerettet, daß das darniederliegende Verkehrswesen und Transportgewerbe in Stadt und Land vom Kraftfahrzeug die erste Belebung und fortschreitende Gesundung» erfahren müsse. Der Staat habe alle Hemmnisse für den Kraftfahrzeugbau zu beseitigen, insbesondere in der Treibstofffrage solle er helfend eingreifen; die heimische Autoindustrie sei gegen die ausländische Konkurrenz zu schützen, und man müsse dringend ein für alle Fragen des Straßenverkehrs zuständiges Reichsamt schaffen. Die Denkschrift brachte damit eine Reihe von Schlüsselthemen der nächsten Jahre zur Sprache, fand aber inmitten der allgemeinen Misere kein Echo. In der unmittelbaren Nachkriegssituation blieben Privatfahrten im Auto weitgehend untersagt, galten als dekadente Verschwendung von begehrten Gummireifen und teurem Benzin, dessen Einfuhr aus devisenpolitischen Gründen streng reglementiert wurde. Auf dem Schwarzmarkt explodierten die Preise dafür; nur Kriegsgewinnler und reiche Herrenfahrer konnten es sich leisten, zu illegalen automobilen Vergnügungsfahrten aufzubrechen.

Im Reichswirtschaftsministerium beharrte man auch 1920 noch auf der strikten Beschränkung für Benzinimporte. Vergeblich warb August Euler, Leiter des Reichsamtes für das Luft- und Kraftfahrwesen (RALK), darum, diesen «schweren Hemmschuh» für die Automobilindustrie zu beseitigen; Deutschlands wirtschaftlicher Wiederaufbau komme mit der «Geschwindigkeit eines Fußgängers» voran, während im Ausland das Automobil das Tempo bestimme, eine «Fortbewegungsmöglichkeit mit einer etwa hundertfach höheren Übersetzung». So blieb es bei einer relativen Ruhe auf Deutschlands Straßen, ein amerikanischer Korrespondent berichtete noch 1920: «Verglichen mit Paris, London oder Brüssel macht Berlin den Eindruck, als sei der Gebrauch von Automobilen eingestellt worden...» Erst Anfang 1921, nach dem Abschluss der Pariser Reparationskonferenz, wurde das Fahrverbot praktisch aufgehoben. Die Einschränkung, Fahrten mit dem Pkw müssten ein «öffentliches Bedürfnis» verfolgen oder das «Wirtschaftsleben fördern», war im Alltag von geringer Bedeutung.

Konstruiert wurde nun unablässig. Aber was da als Kleinwagen angeboten wurde, waren überwiegend primitive Vehikel, mehr oder weniger hilflose Ableitungen von größeren Modellen. Die Idee vom Kleinwagen führte zu einer Vielzahl von Firmengründungen inmitten der Inflation, man hat geradezu von einer «Inflations-Kleinwagen-Epidemie» gesprochen. Die meisten dieser spekulativen Gründungen überlebten die Zeit der Währungsstabilisierung nicht, zwischen 1923 und 1925 setzte ein Firmensterben ein. Es war eben aussichtslos: Aufgrund der kleinen Stückzahlen waren auch solche «Billigautos» selbst für mittlere Beamten kaum erschwinglich. Eines allerdings bewies das Aufkommen und Verschwinden der Werkstattfirmen eindrucksvoll: Der Weg zum Kleinwagen führte nur über die große Serie; preiswerte Autos zu bauen war nicht billig.

Derweil schlug der Markt Kapriolen. Zwar gab es eine deutlich spürbare Nachfrage nach günstigen und alltagstauglichen

Fahrzeugen, daneben aber florierte der Absatz im traditionellen Segment der Luxuswagen, die jetzt den Typus des Neureichen in Szene setzen sollten. Die «Metallarbeiter-Zeitung» warf der Autoindustrie vor, sie habe ihre Modellpolitik viel zu sehr an den «Schiebergewinnen» dieser Schicht orientiert und sich auf «Schieberluxusautos» kapriziert. Für neue Herausforderungen waren die Autohersteller in der Tat nicht gut gerüstet. Dass sie unter veralteten Produktionsstrukturen litten, machten die Debatten um den Kleinwagen besonders deutlich. Wer solche Autos bauen wollte, musste konsequent in die Modernisierung der Fabriken investieren, und wer in diese Richtung dachte, zwangsläufig nach Amerika blicken.

Was sich dort ereignete, war nicht nur ermutigend, es konnte auch einschüchtern. Die Ford-Werke hatten Geschützwagen, Unterseeboote und Schiffsteile für den Weltkrieg hergestellt. Ford hatte ebenfalls Probleme in der Phase der Anpassung an die Friedensproduktion. Aber gerade jetzt zeigte die Firma ihre Macht mit voller Wucht. 1919 begann die Teilefabrikation im neuen, imposanten Werk am River Rouge, und auf die Absatzflaute reagierte man mit einer drastischen Preissenkung: Im September 1920 fiel der Preis für das Model T von 575 Dollar auf 440 Dollar – im Jahre 1908 hatte das Pionierfahrzeug der Volksmotorisierung noch dreimal so viel gekostet. Damit unterschritt man kurzerhand die Herstellungskosten und leitete gleichzeitig weitere Rationalisierungsmaßnahmen ein – innerhalb kürzester Zeit produzierte Ford wieder mit Gewinn. Solche Manöver ließen die europäischen Fabriken wie nostalgische Werkstätten erscheinen.

Dennoch operierte die Autoindustrie in Deutschland und Österreich in den ersten Jahren nach dem Krieg mit einigem Erfolg. Die Inflation sorgte für attraktive Niedrigpreise auf den Exportmärkten, und selbst im Inland blieben die Absatzzahlen ansehnlich, weil die Flucht in Sachwerte um sich griff. So kam es zu einer wirtschaftlichen Scheinblüte, die jedoch nach der Währungsreform – in Österreich im Oktober 1922, in Deutschland infolge der Ruhrbesetzung erst ein Jahr später – endete. Nun wurde die Einsicht unabweislich, dass es schlecht bestellt war um die Konkurrenzfähigkeit der einheimischen Modelle. In seiner Studie über die «Erste Revolution in der Autoindustrie» resümiert Michael Stahlmann: «Erst jetzt reifte unter mehreren Automobilmanagern die Erkenntnis, daß es notwendig sei, sich dem weiterentwickelten technologischen Standard und den modernen Arbeitsstrukturen der Auslandskonkurrenz zumindest anzunähern.»

Angesichts der eklatanten Überlegenheit der amerikanischen Hersteller – neben Ford sollte schon bald General Motors Ton und Takt angeben – kreisten die Diskussionen immer stärker um eine Frage, die für die kommenden Jahre bestimmend blieb: Sollte man tatsächlich auf die Amerikanisierung der Produktion einschwenken? In dieser Frage offenbarte sich ein deutlicher Mentalitätsunterschied zu Amerika; in Deutschland beschwor man handwerkliches Ethos und hatte grundsätzliche Hemmungen, sich mit dem in Serie hergestellten Massenprodukt abzufinden. Das war keineswegs nur die Frage abseits der Realitäten diskutierender Querulanten oder konservativer Idealisten. Waren die Amerikaner hinsichtlich der Massenmotorisierung uneinholbar geworden, so konnte ja das Marktsegment der teureren und luxuriösen Wagen, in dem die europäischen Hersteller nach wie vor eine führende Rolle spielten, geradezu die Alternative sein. Hinzu kam eine gewisse Unsicherheit, was den Geschmack des Publikums betraf.

Wilhelm von Opel, dessen Unternehmen in puncto Modernisierung und Serienfertigung in Deutschland nach 1923 weit voraus war, beschwerte sich über die «Eigenbrödelei» der Käufer.

Jeder wolle «etwas Besonderes» haben, um sich vor anderen hervorzutun. Das bestätigten die Karosseriebauer, die sich in pikanter Wortwahl beklagten, «sehr zum Schaden der Industrie» lasse sich in Deutschland eine «Bolschewisierung des Geschmacks» nur schwer durchsetzen, es fehle der «willige Käufer genormter Massenware». Dass in Europa eben nicht die für die Massenfabkrikation günstigen amerikanischen Verhältnisse herrschten, war eine verbreitete Auffassung.

So wurde die Kardinalfrage nach dem Risiko hoher Investitionen, die man für eine Modernisierung der Fabriken hätte aufbringen müssen, begleitet von Bedenklichkeiten und ganz unterschiedlichen Zukunftsprognosen. Ferdinand Porsche hatte seine Antwort gegeben. Sie stand fahrbereit auf dem Hof und erfüllte die Ansprüche, die für den erfolgreichen Kleinwagen schon bald Konsens werden sollten. Es musste eine eigenständige Konstruktion sein und ein rundum solides Fahrzeug. Aber im Aufsichtsrat von Austro-Daimler war man nicht bereit, zum Pionierwerk des Kleinwagens zu werden. Kurzfristige Interessen hatten Vorrang. Der tödliche Unfall von Fritz Kuhn am 9. September 1922 führte zum offenen Streit zwischen Porsche und dem Aufsichtsrat. Das war allerdings nur der Anlass, Hauptmotiv der Auseinandersetzung war der Umgang mit den von Austro-Daimler erzielten Exportgewinnen.

Camillo Castiglioni besaß mittlerweile das größte Aktienpaket bei Austro-Daimler. Er hatte dafür gesorgt, dass die von der Firma erwirtschafteten Devisen seiner Bank gutgeschrieben wurden und Austro-Daimler die Exportgewinne in Schillingen erhielt – eine Zumutung angesichts der Inflation. Porsche war gegenüber dieser Praxis zunehmend renitent geworden. Die Abschöpfung der Devisen bedeutete eine gravierende Einschränkung seines Handlungsspielraums, an Investitionen in neue Maschinen etwa war ohne eine ausreichende Kapitaldecke in harter Währung kaum zu denken. Und an die Aufnahme der Produktion eines Kleinwagens schon gar nicht. Für Castiglioni waren die Austro-Daimler-Werke kaum mehr als ein Devisenbeschaffer der Bank.

Die Stimmung verschlechterte sich zusehends. Nach dem Unglück in Monza machte Castiglioni Porsche offen Vorwürfe. Alfred Neubauer erinnerte sich, er habe in diesen Tagen den Sohn Castiglionis getroffen und ihn voller Sorge auf den Konflikt angesprochen. Der aber habe nur gesagt: «Ich will Ihnen etwas verraten, Herr Neubauer. Seit dem Mißerfolg in Monza wackelt die Stellung von Herrn Porsche beträchtlich. Ich fürchte, mein Vater wartet nur noch auf eine Gelegenheit, um einen Schlußstrich unter das Kapitel Porsche ziehen zu können!» Man spielte schon mit offenen Karten, es brodelte in der Gerüchteküche.

Auf einer Sitzung des Aufsichtsrates in Wien kam es im Februar 1923 zum Eklat. Porsche wurde vorgeworfen, mit der Vielzahl seiner Konstruktionen und dem extrem häufigen Modellwechsel ein Chaos verursacht zu haben, eine sinnvolle Bereitstellung von Ersatzteilen sei schlechterdings nicht möglich. Porsche war um Antworten nicht verlegen und ließ seiner Wut freien Lauf, was Ghislaine Kaes in einem fast verschämten Satz zusammenfasst: «Die letzte und entscheidende Sitzung soll sehr stürmisch verlaufen sein, und Kraftausdrücke fielen.» Castiglioni verweigerte eine Änderung der Devisenregelung. Er setzte sogar noch eine Forderung obendrauf: Um wieder wirtschaftlich zu arbeiten, müsse Austro-Daimler 2000 Mitarbeiter entlassen, ein Drittel der Belegschaft – innerhalb von zwei Wochen. Porsche kochte über. Mit einem Ruck erhob er sich. «Saubagasch!» sei sein letztes Wort an die Herren gewesen. Und laut Ferry Porsche habe sein Vater sich noch einen Kerzenständer gegriffen und ihn vor den Herren auf den Tisch geknallt. Porsche fuhr zurück nach Wiener Neustadt, direkt zum Werk. Am Tor erwartete ihn der kaufmännische Direktor und verweigerte ihm den Zutritt aufs Gelände.

Und trotzdem eilt der Generaldirektor am nächsten Tag wieder durchs Werk, bis ihn zwei Abgesandte des Aufsichtsrats aufsuchen und ihm die neue Sachlage ein zweites Mal erklären: «Herr Porsche, wir haben uns entschlossen, Ihren gestrigen Rücktritt anzunehmen!» Porsche war in die Falle gelaufen, erfreut nahm Castiglioni den Wutausbruch als förmlichen Rücktritt. Im Nu geht die Nachricht durchs Werk, und aus Ungläubigkeit wird schnell Gewissheit. Alfred Neubauer trommelt einige Getreue zusammen. Man trifft sich im Wirtshaus «wie eine geheime Verschwörerbande», um dem Chef zu helfen. Trübe Stimmung, bis Neubauer einfällt: «Graf Kolowrat! Sein Wort gilt etwas – auch bei Castiglioni. Ich werde mit ihm sprechen!»

Neubauer macht sich schick für den Grafen – Gehrock, Lackstiefel, Zylinder – und fährt nach Wien. Marschiert ins vornehme Viertel der Diplomaten und Großindustriellen, zum Palais des Grafen in der Schwindgasse. Die breite Marmortreppe hinauf: «Ein Lakai führt mich in den Salon. Ich versinke fast in dicken Teppichen.» Seidentapeten, Gemälde, ein perfektes Fin-de-Siècle-Ambiente, wären da nicht die vielen Pokale des Motorsports. Graf Sascha erscheint im Morgenrock, und Neubauer kommt gleich zur Sache: «Graf, Sie müssen verhindern, daß Porsche dieses Unrecht angetan wird! Ohne ihn ist Austro-Daimler wie ein Körper ohne Seele!» Graf Sascha überlegt, schmaucht an seiner Zigarre und zerstört die letzte Hoffnung: «Herr Neubauer, Sie überschätzen meine Möglichkeiten.» Kolowrat interveniert zwar, aber mehr als einen ehrenvollen Abschied für den Generaldirektor und eine höhere Abfindung kann er nicht erreichen. So endet, nach 16 Jahren, Porsches Tätigkeit für Austro-Daimler.

Inmitten der Vielzahl unterschiedlichster Konstruktionen Porsches wirkt der Sascha-Wagen auf den ersten Blick fast unscheinbar. Eine Rennsaison lang machte er Furore, doch dabei blieb es.

Im Rückblick ist er jedoch ein wichtiges Auto. Rund 20 Jahre nach dem Auftritt des Lohner-Porsche zeigt der «Sascha», dass sein Konstrukteur bei aller Leidenschaft für Rennfahrzeuge und anspruchsvolle Technik das solide und bezahlbare Auto für jedermann nicht aus den Augen verliert. Natürlich hat Ferdinand Porsche geradezu alles, «was anlag», konstruiert, hat im Segment des Luxuriösen und Aufwendigen seine technische Leidenschaft ausgelebt. Gab es da überhaupt einen besonderen Stellenwert für den Kleinwagen? Offenbar schon, denn zu seiner Vorstellung einer rundum motorisierten Welt gehörte eben das allgegenwärtige Auto, das Auto des Alltags.

Ford hatte bewiesen, dass man mit einem solchen Auto Geld verdienen konnte. Sein Werk hatte die Strahlkraft eines Vorbilds, von dem zugleich jedoch eine Bedrohung ausging. Die Amerikaner schickten sich an, die Europäer auf dem eigenen Markt in die Nischen für Spezielles und Sonderbares zu bugsieren. Bedeutendes zu konstruieren hieß, sich dem zu stellen. Und Porsche wollte Bedeutendes konstruieren. Es mag nicht zuletzt seiner Herkunft geschuldet sein, die er nie verleugnet hat, dass Ferdinand Porsche auch das Auto für den «kleinen Mann» als technische Herausforderung, als Kunststück eines Konstrukteurs begriff. So zieht sich vom Lohner-Porsche über den Sascha-Wagen bis zum Käfer ein roter Faden durch seine Konstruktionen. Spätestens mit dem Eklat in Wiener Neustadt, mit dem Ende des hoffnungsvollen Sascha-Wagens aus «übergeordneten» Motiven, beginnt die verschlungene Geschichte des Kleinwagens in Porsches Leben. Sie hat es geprägt, und keine zehn Jahre danach stand sie ganz im Mittelpunkt.

Ähnliches wie in Wiener Neustadt hatte sich auch in Stuttgart ereignet: Generaldirektor Paul Daimler hatte sich mit dem Aufsichtsrat überworfen und verließ die Firma. Daimler ging zu Horch, und Ferdinand Porsche telefonierte mit Untertürkheim.

Man einigte sich schnell. Porsche packte und fuhr nach Stuttgart. Vorerst bezog er ein Zimmer im Hotel «Markquart». Zum zweiten Mal trat er in die Nachfolge des Daimler-Sohnes, jetzt als technischer Direktor und Vorstandsmitglied der Daimler-Motoren-Aktiengesellschaft.

III Technischer Direktor

Kompressionen und der «Schwarze Freitag» in Paris

Für Ferry Porsche begann die Stuttgarter Zeit mit einem Dämpfer: Nicht nur die schulische Umstellung machte ihm zu schaffen, auch die wilden Ausfahrten in seinem kleinen Zweisitzer waren jetzt verboten. Alles, was sich ergattern ließ, war eine Sondergenehmigung für ein Leichtmotorrad. Erst nach seinem 16. Geburtstag durfte er per Ausnahmeregelung einen Führerschein erwerben. Die Familie hatte sich vorläufig in einem kleinen Haus in der Eduard-Pfeiffer-Straße eingemietet.

Ferdinand Porsches erste Monate in der neuen Firma galten einem Projekt, das sein Vorgänger Paul Daimler hinterlassen hatte, der Weiterentwicklung der Kompressormotoren. Kaum schroffer hätte der Kontrast zu seinem «letzten Kind» bei Austro-Daimler, dem Sascha-Wagen, sein können. Denn hier entstand fast so etwas wie eine neue exklusive Fahrzeugklasse: Die Mercedes-Kompressorwagen sollten schon bald die neue Macht im Rennsport werden, groß, schwer und stark, erschwinglich nur für wenige. Die Kompressoren drückten oder saugten das Benzin-Luft-Gemisch in die Zylinder. Wenn sie ihre Verdichtungsarbeit leisteten, heulten sie auf, erzeugten etwa im Mercedes 500 K einen Überdruck von 0,3 bar, machten aus 100 PS plötzlich 160 PS. Die Zuschauer an den Rennstrecken hörten

Von Österreich nach Deutschland: 1923 wurde Ferdinand Porsche technischer Direktor und Vorstandsmitglied der Daimler-Motoren-Aktiengesellschaft in Stuttgart.

die «Trompeten von Jericho» oder die «heulende Rachegöttin», und die Italiener erlebten entnervt die Siege der «terribili Mercedes».

Für Ferdinand Porsche waren die kraftvollen Sirenen in der Werkstatt die willkommene Begleitmusik für einen Neuanfang. Ob er den Abschied bei Austro-Daimler so routiniert weggesteckt hat, wie es viele Darstellungen nahe legen, erscheint recht fraglich. Porsche hatte sich in und um Wiener Neustadt heimisch gefühlt, hatte sein Revier abgesteckt. Das Ende war für den 47-jährigen Familienvater zweifellos eine tiefe Enttäuschung. Was konnte da angenehmer sein als die heulenden Hochtöne der Verdichtung, das Konzert der Leistungssteigerung?

Eine Umstellung also, vom Generaldirektor wieder zum technischen Direktor, eine Umstellung vor allem aufgrund einer anderen Firmenkultur in Untertürkheim. Formalisierter, hierarchischer ging es hier zu. Was Porsche nicht davon abhielt, Anstoß zu erregen und in seiner bekannten Art durch die Werkstätten und die Versuchsabteilung zu flitzen, sich bisweilen höchstpersönlich auf Fehlersuche zu begeben. Seine Entschlossenheit aber, in Stuttgart seine neue Wirkungsstätte zu finden, lässt sich daran ablesen, dass er umgehend die Architekten Paul Bonatz und Friedrich Eugen Scholer mit dem Bau einer Villa betraute. Beide zählten zur «Stuttgarter Schule» der Architektur, die mit ihren Entwürfen ein Gegenkonzept zur radikalen Moderne vertrat. Im Feuerbacher Weg entstand in gemäßigt traditionellem Stil eine Villa mit hohem Satteldach, durchaus nicht plump, mit einer repräsentativen Note im Geschmack der Zeit. Dass in ihr ein herausragender Automobilist residierte, deutete allerdings erst der 1934 errichtete Garagenanbau an. Dieser Anbau sollte dann zur Geburtsstätte des Volkswagens werden, die ersten Versuchswagen wurden dort montiert. Paul Bonatz' auffälligstes Bauwerk prägt noch heute das Zentrum Stuttgarts, es ist der 1926 eröffnete Hauptbahnhof. Die Villa für Porsche war bereits im Dezember 1923 bezugsfertig.

Nach einem Misserfolg beim Indianapolis-Rennen sollte im April 1924 die Bewährungsprobe für den von Porsche weiterentwickelten 2-Liter-Kompressor kommen: die Targa Florio, auf der zwei Jahre zuvor die «Saschas» so brillant die vier 108-km-Runden auf dem sizilianischen Schotter zurückgelegt hatten. Drei Wagen schickte Daimler ins Rennen, die Fahrer waren Christian Werner, Christian Lautenschlager und Alfred Neubauer. Neubauer, der ehemalige k. u. k. Verbindungsoffizier bei Austro-Daimler, war auf Fürsprache Porsches in Untertürkheim eingestellt worden und dort, wie in Wiener Neustadt, zunächst als Leiter der Einfahrabteilung tätig.

Schon in der zweiten Runde des Rennens übernimmt Werner die Führung, «fährt wie ein Uhrwerk, kühl, überlegt, fast sachlich» (Neubauer), lässt die dramatischen Duelle um die Plätze hinter sich und wird Sieger der Targa Florio 1924. Werners Sieg signalisiert den Beginn einer neuen Epoche im Rennsport, die durch die Übermacht der Kompressorwagen und ihr Geheul geprägt wird. Alfred Neubauer schwant an diesem Tag, dass er nicht zum Rennfahrer geboren ist, er wird nur 13. unter 36 Teilnehmern. Unzufrieden steht er abseits; vielleicht fällt ihm deshalb mitten im Siegesjubel eine eher seltene Szene ins Auge: «Der eigentliche Triumphator aber ist ein kleiner unscheinbarer Mann mit einem zerknitterten Gesicht, einem viel zu weiten Salz-und-Pfeffer-Sportanzug und einer riesengroßen Schirmmütze auf dem Kopf. Er erlebt unseren Sieg von der Boxe aus mit, still und bescheiden irgendwo im Hintergrund, und schneuzt seine Rührungstränen vernehmlich in ein buntkariertes Taschentücherl.»

In ihren Fahrzeugen kehrt die Mannschaft nach Stuttgart zurück, wo man ihr einen ausgelassenen Empfang bereitet: Flaggen, Blumen, Grußworte, Reden und eine Blaskapelle erwarten sie. Für Porsche ist dieser Erfolg der triumphale Einstand bei Daimler. Genugtuung für ihn, als auch die Technische Hochschule ihm im Juli den Doktor h. c. verleiht, für seine Leistungen ganz allgemein, für den Siegerwagen der Targa im Besonderen. Seinen österreichischen Titel darf er in Deutschland nämlich nicht führen, wie ihm das Innenministerium kurz nach seinem Wechsel nach Stuttgart mitgeteilt hat. Knapp zwei Jahre später bekundet auch König Vittorio Emanuele II. unter Gegenzeichnung Mussolinis seine Anerkennung für die heulende Kraft, Porsche wird zum Ritter der Italienischen Krone.

Er variiert jetzt die Kompressormotoren in Hubraum und Leistung. Die legendären Baureihen «S», «SS» und «SSK» entstehen. Nach dem Erfolg in Sizilien steht schon ein stärkeres Triebwerk auf den Prüfständen in Untertürkheim. Porsche experimentiert mit Zylinderköpfen aus Bronze und will den neuen Motor schon beim Großen Preis von Italien in Monza zum Einsatz bringen. Als das Team mit den Fahrzeugen eintrifft, steht der Chef schon an der Strecke und trommelt: Wagen raus und gleich ein paar Trainingsrunden. Es dauert keine ganze Runde, da quillt weißer Dampf unter den Motorhauben hervor, die Kompressoren pulverisieren die neuen Zylinderköpfe geradezu, der Bronze hilft ihre hohe Wärmeleitfähigkeit rein gar nicht. Schlechte Idee gewesen. Nur durch die großzügige Verschiebung des Rennens bleibt dem Team die vorzeitige Abreise erspart.

Das aber macht das Desaster nur kompletter. Alfred Neubauer, der dem mitgereisten «Grünhorn» und «Milchbubi» Rudolf Caracciola zeigen will, wie man die berühmte Lesmo-Kurve nimmt, fliegt aus der Bahn und setzt sein Auto grotesk auf einen Erdwall. Hilflos steht es da, die Räder in der Luft. Graf Masetti und Christian Werner scheiden aus. Nur ein Mercedes-Fahrer mischt noch aussichtsreich mit, ein reicher Privatfahrer, der polnische Graf Zborowski. Schon dessen Vater war dem Rennsport verfallen und tödlich verunglückt: Früher befand sich in der Mitte des Lenkrads noch der Gashebel; den riss der Graf mit seinen Manschettenknöpfen in einer scharfen Kurve versehentlich auf, sein Wagen raste über die Böschung, überschlug sich und brannte aus. Und jetzt, im Oktober 1924, folgt ihm sein Sohn. Wie Neubauer geht er zu schnell in die Lesmo-Kurve. Zborowskis Wagen überschlägt sich mehrfach. Der Mercedes ist ein Trümmerhaufen, der Graf liegt tot auf dem Rücken. An seinen Ärmeln blitzen die Manschettenknöpfe des Vaters mit dem Familienwappen der Zborowskis.

1922, 1924, eine unheimliche Doppelung in der Porsche-Renngeschichte. Erst der Erfolg auf der Targa Florio und dann die Niederlage in Monza. Zwei Jahre zuvor war Fritz Kuhn mit dem Sascha-Wagen in der Lesmo-Kurve ums Leben gekommen, jetzt der polnische Graf. Nach dem Rennen in Monza zieht sich Mercedes fast zehn Jahre aus dem Wettbewerb der Formel-Wagen zurück und konzentriert sich auf die Sportrennwagen, die reiche Kunden dann auch fast unverändert im Straßenverkehr ausfahren dürfen, also die «S», die «SS» und die «SSK», die «weißen Elefanten». Der Große Preis von Deutschland, der am 11. Juli 1926 auf der AVUS ausgetragen wurde, sollte die Ära dieser Wagen endgültig einleiten.

Mercedes hatte für das Rennen in Berlin gar keine Werkswagen gemeldet, das Team sollte in Spanien fahren und dort für Ruhm und Nachfrage sorgen. Doch ein junger, sehr talentierter, aber im Grunde unerfahrener Kerl aus Dresden, ebenjener Rudolf Caracciola, hatte den Renndirektor Max Sailer so lange bekniet, bis der schließlich einwilligte und ihm einen 2-Liter-Achtzylinder mit Kompressor für das AVUS-Rennen genehmigte. Offiziell startete Caracciola also als Privatfahrer, wie der reiche Unternehmer Adolf Rosenberger aus Pforzheim, ein in der Szene durch zahlreiche Erfolge schon bekannter Mann. Sailer war nach Berlin gekommen, um den Neuling zu betreuen. Ebenso Alfred Neubauer, nicht länger Fahrer, sondern jetzt Rennleiter, als solcher sollte er berühmt werden. Und am Trainingstag stand dann überraschend noch Ferdinand Porsche in der Box, um den jungen Fahrer zu unterstützen, trotz heftiger Regenschauer gut gelaunt.

Die gute Laune ist dahin, als «Rudi» am nächsten Tag den Großen Preis mit einem Fehlstart eröffnet. Der Wagen säuft ihm ab, und die Konkurrenz ist auf und davon, ein Feld von 40 Wagen. Porsche und Neubauer brüllen aus der Box, Beifahrer Salzer steigt aus und schiebt den Wagen an – dann kommt Caracciola doch noch auf Touren. Aussichtsreich aber fährt Adolf Rosenberger durch den AVUS-Regen, übernimmt mit seinem Kompressor sogar die Führung. Zum Verhängnis wird ihm allerdings der Äther aus einem undichten Zusatztank. Äther wurde damals beim Starten der Motoren ins Benzin-Luft-Gemisch ge-

1926 errang der junge, unbekannte Rudolf Caracciola seinen ersten großen Sieg. In einem dramatischen Regenrennen auf der Berliner AVUS gewann er mit seinem Kompressor-Mercedes den Großen Preis von Deutschland. Von der Box aus erlebte Ferdinand Porsche den Beginn einer langen Rennfahrerkarriere mit.

pumpt, um das zu verhindern, was Caracciola passiert war. Jetzt wirbeln Rosenberger die narkotischen Dämpfe aus dem undichten Tank ins Cockpit, und er lehnt sich – nach Luft schnappend – aus dem Wagen. Zu viel schon, er verreißt das Steuer, gerät am Ausgang der Nordkurve ins Schleudern und kracht in ein Zeitnehmerhäuschen. Rosenberger und sein Beifahrer überleben mit Gehirnerschütterung und Knochenbrüchen. Ein Zeitnehmer wird tot davongetragen, ein zweiter ist schwer verletzt.

Caracciola zieht weiter seine Runden, gewinnt Position um Position. Irgendwann hat er die Führung übernommen, der unbekannte Fahrer macht sich die Bahn frei. Doch dann beginnt der

Motor unruhig zu laufen. Caracciola muss an die Box und sich laut Reglement selbst helfen. Der Fahrer schraubt die Zündkerzen heraus und reicht sie Porsche, der sie mit der Lupe inspiziert, bis die verrußte gefunden ist. Als Caracciola wieder ins Rennen geht, hat der Regen nachgelassen. Ihm gelingt eine Rekordrunde, 154 km/h Durchschnittsgeschwindigkeit. Die zweite Aufholjagd des Rudolf Caracciola führt ihn am Ende zum Sieg beim Großen Preis. Der junge Mann ist auf einen Schlag reich – 17 000 Mark plus Goldpokal – und berühmt: «Caratsch», riefen prompt die Berliner, denen sein italienisch klingender Namen zu lang oder zu kompliziert war. Nur wenige gelangten in den kommenden Jahren zu gleicher Prominenz: Stuck, Brauchitsch, Rosemeyer …

Solche Berichte vom Welttheater der Motoren gehören zum Lebensbild von Ferdinand Porsche. Er hatte ein Faible für das Varieté, umso mehr, wenn er selbst mittendrin stand. Seine Freude über diese sportlichen Erfolge war jedoch inzwischen nicht mehr ungetrübt. Seine Position als technischer Direktor hatte sich gewandelt. Ende Juni 1926 waren auf Drängen der Deutschen Bank die Daimler-Motoren-Gesellschaft und die Mannheimer Benz & Cie. zur Daimler-Benz AG fusioniert. Aus einer seit 1924 bestehenden, letztlich wenig ergiebigen Zusammenarbeit in einer Interessengemeinschaft war nun ein Konzern geworden. Beide Firmen hatten mit Verlusten gearbeitet und sich von Kredit zu Kredit gehangelt. Jetzt sollte der Zusammenschluss ein gewinnträchtiges Unternehmen bilden. Massive Entlassungen, Stilllegung von Werken, aber auch weitergehende Modernisierungen der Produktion standen an. Schon Mitte 1925 war beschlossen worden, die kaufmännischen Abteilungen, die Buchhaltung und die Arbeit der Konstrukteure in Untertürkheim zusammenzufassen. Das alles wurde nun nach der Fusion in die Tat umgesetzt. Spätestens jetzt stand Hans Nibel, der langjährige

Konstruktionschef der Benz-Werke, gleichberechtigt neben Ferdinand Porsche. Nibel war kantig, eigenwillig und selbstbewusst, keiner, der sich als zweiter Mann verstand. Da zeichneten sich Konflikte ab; schon die Doppelspitze als solche musste Porsche wurmen und sein Wirkungsfeld einschränken.

Porsches Zeit bei Daimler-Benz wird in vielen Darstellungen eher *en passant* behandelt, es bleibt oft bei der Aufzählung seiner wichtigsten Konstruktionen. Dabei gerät kaum in den Blick, dass Porsche hier als technischer Direktor in einem Unternehmen arbeitete, das in besonderer Weise nach einem Weg zur Modernisierung der Produktion suchte. Schon unmittelbar nach dem Weltkrieg stieg sowohl bei Benz als auch bei Daimler der finanzielle Druck, Lohn- und Materialkosten waren zu hoch, teilweise wurden Fahrzeuge unter dem Herstellungspreis verkauft, um Positionen auf den Exportmärkten zu halten. Zu lange hatte man sich bei Daimler auf das Argument der höheren handwerklichen Qualität und auf die Eigenheiten des oberen Marktsegments berufen, um die überholte Werkstatthaftigkeit der eigenen Produktionsweise zu verteidigen. Generaldirektor Ernst Berge hatte noch 1915 verkündet: «Der Kreis unserer Kunden ist nicht der Kreis jener Kunden, auf die die Amerikaner mit ihren billigen Wagen spekulieren.»

Nach dem Krieg wirkten solche Sätze sehr bald wie das Pfeifen im Walde, auch für die Preise großer Limousinen gab es Grenzen. Die etwas schlichte Berufung auf einen prinzipiellen Gegensatz von Qualitäts- und Massenfabrikation half nicht mehr weiter, und diese Einsicht setzte sich firmenintern durch, wie der Historiker Karl Heinz Roth betont hat: «Auch hatten die Betriebsleiter und Konstrukteure inzwischen zu viele Reisen zu den ausländischen Kathedralen der Automobilproduktion unternommen, um sich über die Entwicklungsdynamik in ihrer Produktionssparte noch Illusionen zu machen.» Viele einzelne Maßnahmen sollten getroffen werden, insbesondere nach der Fusion; für den einen entschlossenen Schritt hin zur Fließproduktion nach amerikanischem Vorbild fehlte jedoch der Mut, die Einigkeit in Aufsichtsrat und Vorstand – vor allem aber das Geld. In Deutschland hatte nur ein Unternehmen radikal umgebaut. Opel hatte mitten in der Inflation in moderne Maschinen investiert und 1923/24 die Fließbandfertigung eingeführt. Mit dem «Laubfrosch» begann die jahrelange Überlegenheit der Rüsselsheimer, 1928 produzierten sie rund die Hälfte der in Deutschland verkauften Fahrzeuge und stellten in einer Werbeanzeige die ganze Luxusdebatte ums Automobil rhetorisch auf den Kopf: «Können Sie sich wirklich den Luxus leisten, *kein* Automobil zu besitzen?» Zwar bediente Opel eine andere Klientel, dennoch stand da jetzt ein Stück Amerika mitten im eigenen Land.

So erlebte Porsche bei Daimler-Benz die Anstrengungen und Querelen um die Modernisierung eines großen Konzerns mit über 16 000 Beschäftigten aus nächster Nähe. Doch als technischer Direktor war er dabei weniger involviert, als man vermuten möchte. Denn der wichtige Schritt, die Anforderungen einer kostengünstigen Produktion schon beim Entwurf der Fahrzeugtypen zu beachten, wurde nicht mit letzter Konsequenz getan. Porsche blieb in erster Linie Konstrukteur im engeren Sinn, Fragen des Produktionsablaufs interessierten ihn kaum. Das zeigt seine Grenzen zu dieser Zeit, er sah weiterhin nur die einzelne Konstruktion; verbissen kämpfte er um Details, die den Produktionsfluss mitunter hemmten. Bezeichnend, dass es ihn jetzt nicht wie so viele nach Amerika zog, wo man die großen Musterbetriebe der Rationalisierung bestaunen konnte. Erst im Laufe der kommenden Jahre sollte er sich dieses Terrain erschließen, und bei der Planung des Volkswagenwerks musste er sich ständig souverän darauf bewegen.

Nach der Fusion von Daimler und Benz gehörte die Entwicklung der künftigen großen und mittleren Limousinen zu den Hauptaufgaben der Techniker. Die Serientypen «Stuttgart» und «Mannheim» entstanden, der «Stuttgart» zunächst mit einem 2-Liter-Motor, später folgte eine 2,6-Liter-Version, der «Mannheim» mit einem 3,1-Liter-Motor, allesamt Sechszylinder. 1928 erschien der Typ «Nürburg» mit einem 4,6-Liter-Achtzylinder. Daimler-Benz verblieb also im automobilen Oberhaus. Bei den neuen Modellen griffen die ersten Änderungen im Produktionsablauf. Waren im Werk Untertürkheim bislang monatlich rund 250 Pkw hergestellt worden, so erreichte man noch 1927 eine Stückzahl von 500. Eine ähnliche Steigerungsrate strebte man nun auch für die Lkw-Produktion an, die nach der Stilllegung des Werkes in Berlin-Marienfelde im Werk Gaggenau, unweit von Stuttgart, angesiedelt war. Zaghaft kehrte man in die Gewinnzone zurück, im Jahre 1927 erwirtschaftete der Konzern einen Überschuss von 4,75 Millionen RM, im Jahr darauf waren es 26,85 Millionen.

Das war jedoch alles andere als ein Durchbruch, zumal die Halbherzigkeit der Neuerungen das Qualitätsniveau erheblich sinken ließ. Fehlermeldungen kamen aus allen Abteilungen: Hindernisse beim Produktdurchlauf, minderwertige Motorenteile, mangelhaftes Putzen der Zylinder, zurückgebliebene Gusshäute, achsiale Verschiebungen, unsachgemäße Kabelsatzmontagen, Kolbenklopfen, Ventildurchbrennen und Zylinderrisse. Bisweilen wurde es ganz schlimm: «Bei einzelnen Modellen zeigten sich bei dem Übergang zur Serienproduktion so erhebliche Mängel, daß die Produktion vorübergehend eingestellt werden mußte.» (Michael Stahlmann) Man hatte Facharbeiter entlassen und durch angelernte Arbeiter ersetzt; diese Entscheidung musste man nun angesichts der Qualitätseinbußen rückgängig machen. Und auch die Modellpolitik war nicht nachhaltig reformiert worden, die Typenvielfalt war noch immer zu groß für wirksame

Rationalisierungen. Dem war bei den Motoren und Fahrgestellen leichter beizukommen als im kostenträchtigen Karosseriebau. Daimler-Benz befand sich in einer Übergangsphase voller Schwierigkeiten, und die Kunden verlangten wie gewohnt nach Sonderanfertigungen, die «selbst bei den kleinen Personenwagentypen noch immer einen erheblichen Anteil von ca. 20 p. Ct. der Aufträge» betrafen, wie der «Börsen-Courier» vom 29. November 1927 bemerkt; das habe sich «außerordentlich störend auf die glatte Abwicklung des Produktionsganges» ausgewirkt. Reklamationen und teure Nacharbeiten häuften sich. Dass Kunden sich infolgedessen von der Marke abwandten, war angesichts des stagnierenden Marktes besonders besorgniserregend.

So waren es unruhige Zeiten voller Spannungen für Ferdinand Porsche und das Konstruktionsbüro, zumal die eifrige Entwicklungsarbeit der Ingenieure oft genug zum Nachteil der Produktion ausschlug. Die häufigen Detailveränderungen an den Modellen störten immer wieder einen reibungslosen Fertigungsablauf. Über allem lag der Streit der Modernisten und Traditionalisten. Die einen wollten den risikoreichen Weg in die «amerikanische» Richtung einschlagen, die anderen beharrten auf einem eher vorsichtigen Kurs, der geringere Investitionen erforderte. Porsche stand dabei recht eigentlich auf keiner Seite, als Konstrukteur aber gebärdete er sich wie ein Traditionalist reinsten Wassers und geriet mit den Planern der Produktion immer wieder in heftigen Streit, wenn eine seiner technischen Finessen gestrichen werden sollte. Kurzum, man fiel sich gegenseitig rechtschaffen auf die Nerven, und das klärende diplomatische Gespräch war dem technischen Direktor in solchen Situationen fremd.

Da war die Weiterentwicklung der teuren Kompressor-Sportwagen geradezu eine Erholung. Hier hatte Porsche weitgehend freie Hand, denn die Fahrzeuge der obersten Klassen standen jenseits aller Debatten um die Kosten: 1927 stieg der Hubraum auf 7 Liter und die Leistung auf 220 PS, beim SSK von 1928 holte der Kompressor bis zu 270 PS aus den sechs Zylindern. Ein solcher Wagen kostete über 30 000 RM. Aber in diesem Jahr gab es auch eine neue Produktlinie, die Porsche zu betreuen hatte. Wieder einmal arbeitete er an militärischen Aufträgen. Das Heereswaffenamt war unter dem Siegel der Verschwiegenheit vorstellig geworden und hatte die Untertürkheimer mit der Entwicklung von Panzerfahrzeugen beauftragt. Porsche entwarf einen gepanzerten Mannschaftstransportwagen mit Allradantrieb und die «Großtraktoren» I und II: schwimmfähige, 15 Tonnen schwere Kampfwagen mit Kette, angetrieben von einem Daimler-Benz-Flugmotor. Zur Erprobung wühlten sich diese Fahrzeuge durch den Sand der Lüneburger Heide – bis eine Kontrollkommission der Siegermächte die Einhaltung der Bestimmungen des Versailler Vertrages überprüfen wollte. Die Kommission hatte sich angekündigt, und in aller Eile verfrachteten die Techniker ihre Prototypen in die Sowjetunion, wo Reichswehr und Rote Armee nicht nur bei der Flugzeugentwicklung zusammenarbeiteten.

Die zwei Amphibienfahrzeuge wurden in eine Panzerschule am Kama-Stausee verbracht und ergänzten dort den arg bescheidenen Fuhrpark. Hier konnten die Deutschen unbehelligt Panzerfahrer ausbilden und Testfahrten unternehmen. Die Russen versuchten durch Einblick in deutsche Motorräume und Getriebe ihr technisches Wissen zu erweitern, eine stets von einer gehörigen Portion Misstrauen begleitete Kooperation. Eine weitere Porsche-Entwicklung im Auftrag der Reichswehr war der G 1, ein dreiachsiger Geländewagen mit Vierradantrieb, ein Off-Roader zwischen Limousine und Lkw. Porsches militärische Konstruktionen von 1926/27 markieren die Wiederaufnahme der engen Kontakte zwischen dem HWA und den Firmen Daimler und Benz, die zu den wichtigsten Rüstungslieferanten während des Ersten Weltkriegs gehört hatten. Grundsätzlich billigte man in Aufsichtsrat und Vorstand dieses verdeckte Wiederaufrüstungsprogramm. Die damals wiederbelebten Kontakte zum HWA bereiteten den Boden für den massiven Einstieg des Konzerns ins Rüstungsgeschäft nach 1933.

Ferdinand Porsche hatte also bei Daimler-Benz durchaus seine Arbeitsfelder gefunden; auf den Zwang zur Sparsamkeit wäre er angesichts von Inflation und Wirtschaftskrise überall gestoßen. Aber Porsche – man muss es betonen – war auch bei Daimler-Benz nicht nur der Mann, der sich mit seinen Mitarbeitern kostspielige Feinheiten ausdachte. Sechs Jahre nach der Sascha-Affäre in Wiener Neustadt arbeitete Porsche wieder an einem Wagen für breitere Käuferschichten, diesmal jedoch mit Unterstützung des Vorstands. Im Aufsichtsrat dagegen zeigte man sich reserviert.

Porsches neues Modell hatte einen Vierzylinder-Motor mit einem Hubraum von 1280 ccm, der bald durch einen 1,5-Liter ersetzt wurde. Er leistete 25 PS und brachte den Viersitzer auf eine Geschwindigkeit von 85 km/h. Das Auto sollte für Daimler-Benz ein neues Marktsegment erschließen. Bisher kostete das preiswerteste Modell der Marke 7000 RM, der neue Wagen sollte für 5000 RM erhältlich sein und wieder steigende Absatzzahlen garantieren. Die Prognosen für den Verkauf der größeren Modelle waren recht düster geworden, im Vorstand war die Forderung nach einem marktgerechten Modell unterhalb der bisherigen Palette laut geworden. Im August 1928 tagte der Gesamtvorstand, um den stellvertretenden Vorsitzenden des Aufsichtsrates, Dr. Carl Jahr, für den 1,5-Liter zu gewinnen.

Jahr sträubte sich, fragte nach dem Stand der Entwicklung und der Kalkulation. Porsche legte los: Fahrmeister Werner sei gerade mit mehreren Prototypen am Nürburgring und mache «in angestrengtester Fahrt Versuche mit dem Wagen». Einige Probleme mit der Kühlung, einige Brüche von Ventilfedern, mehr nicht, die Wagen liefen bereits ohne «ernstere Defekte», und die «aufgetretenen Anstände ließen sich leicht und sicher beheben». Der Vorstandsvorsitzende Wilhelm Kissel präsentierte eine detaillierte Vorkalkulation. Basis seiner Rechnung: eine Monatsproduktion von 1000 Fahrzeugen. Kissel setzte einen Herstellungspreis von 3532 RM, einen Verkaufspreis von 5000 RM und einen Nettopreis von 4000 RM an. Blieb ein Überschuss von 468 RM. Jahr nörgelte an Kissels Zahlen herum und holte laut Protokoll der Sitzung tief Luft: «Herr Dr. Jahr erklärt, dass er auf Grund der Erfahrungen mit den zuletzt herausgebrachten Typen nicht den Mut habe, den für die Fabrikation des kleinen Wagens nötigen Kredit von 10 Millionen Mark beim Bankenkonsortium zu vertreten.» Es sei fraglich, «ob man für einen 1-Liter-Wagen RM 5000,– erhalten werde, da Opel mit seinen Preisen dauernd herabgehe, und... ob sich kleine Wagen auch für die Folge so gut absetzen lassen würden wie zurzeit». Außerdem lasse sich kaum ein großer Gewinn erzielen, «wenn 1 Million Mark Zinsen pro Jahr für den aufgenommenen Kredit abgedeckt werden müssten». Der Mann war vorbereitet, es sah schlecht aus für Porsches Neuen.

Porsche, Kissel und auch Nibel versuchten alles, um den Vertreter des Aufsichtsrates zu überzeugen. Das Werk brauche den neuen Wagen, um auf längere Sicht rentabel zu arbeiten. Die Verkaufsorganisation frage ebenfalls dringend danach. Porsche verwies auf den Beschluss, das aktuelle 2-Liter-Modell bald mit einem 2,6-Liter-Motor anzubieten, umso sinnvoller sei der kleine Wagen. Es ging hin und her, Jahr bewegte sich nicht. Er erinnerte an die in jüngster Zeit aufgetretenen Probleme bei der Einführung neuer Modelle, die Produktion eines solches Wagens bedeute einen «Sprung ins Ungewisse». Seine Position war kurz und bündig: «Die Hauptforderung sei, billiger zu werden, und zwar mit den vorhandenen Typen.» Man vertagte die Entscheidung auf eine Aussprache mit dem Vorsitzenden des Aufsichtsrates, Emil Georg von Stauß. Viel Hoffnung machte sich im Vorstand allerdings wohl niemand mehr. Und es war keine Überraschung, als das endgültige Nein für das kleine Modell ausgesprochen wurde. Jahre später sollte von Stauß sich zu einem ausgesprochenen Befürworter eines Kleinwagens wandeln. Aber da arbeitete Porsche schon auf eigene Rechnung.

Porsche hat die Entscheidung «geschluckt». Und dennoch hat sie sein Ausscheiden bei Daimler-Benz beschleunigt. Ein Ja zum Kleinwagenprojekt hätte ihm neuen Aufwind gegeben, seine Stellung wieder gestärkt. Das Nein aber fügte sich in ein Mosaik aus Misshelligkeiten und Kritik. Richtig heimisch war er in der starren Hierarchie des Konzerns nie geworden. Im November 1928 wurde der technische Direktor des Lkw-Werkes in Gaggenau, Franz Kappler, während einer Sitzung gar gefragt, wer denn nun der Chefkonstrukteur bei Daimler-Benz sei. Noch wahrheitsgemäß nannte er Porsches Namen. Doch im Vorstand war man schon bemüht, seinen Einfluss zu begrenzen. Man unterbreitete Porsche das Angebot, eine Studienreise nach Amerika zu unternehmen. Der Haken an der Sache: Anschließend sollte er seinen Posten als Chefkonstrukteur räumen und in eine beratende Funktion zurücktreten. Porsche lehnte ab.

Im Winter 1929 entlud sich die Spannung in einer fast schon gespenstischen Szene. Daimler-Benz hatte eine neue Limousine herausgebracht, das Auto leistete 38 PS, sein Rufname war also der 38er. Der 38er hatte ein Problem, bei kaltem Wetter ließ er sich nur in Ausnahmefällen starten. Heftige Kritik wurde laut. Porsche wollte die Verantwortung für das Versagen des Anlassers nicht übernehmen. Generaldirektor Kissel beharrte auf seinen

Vorwürfen, Porsche wiegelte ab. Der Streit zog sich hin, bis Kissel eine perfide Versuchsanordnung ersann. Er ließ 15 Wagen des Typs 38 auf dem Werkshof auffahren und in frostiger Nacht stehen. Am nächsten Morgen überraschte er seinen Vorstandskollegen mit einer kleinen Bitte: Er führte Porsche auf den verschneiten Hof und fragte, ob es ihm gelänge, wenigstens eines dieser Exemplare zu starten. Porsche hüpfte, mit zunehmender Wut, von Fahrzeug zu Fahrzeug – nicht ein Motor sprang an. Am Ende stand er ohnmächtig im Schnee, riss sich den Hut vom Kopf, trampelte ihn flach und fegte vom Hof.

Ein Tiefpunkt. Die Szene der Demütigung im Morgengrauen wurde eifrig kolportiert. An eine Verlängerung von Porsches Vertrag mit Daimler-Benz war nicht mehr zu denken, und wegen finanzieller Verbindlichkeiten Porsches gegenüber dem Konzern kam es sogar zu einem Rechtsstreit. Selbst der Vermittlungsversuch des Porsche wohlgesinnten Aufsichtsratsvorsitzenden von Stauß scheiterte; der Prozess, in dem Anton Piëch seinen Schwiegervater vertrat, sollte erst 1930 mit einem Vergleich enden. Verbittert kehrte Ferdinand Porsche Daimler-Benz den Rücken und ging zurück nach Österreich. Schon einige Zeit zuvor hatte Otto Stahl, der Direktor der Steyr-Werke, angefragt, ob er sich nicht einen Wechsel vorstellen könnte. Das konnte er nun allerdings. Porsche wurde technischer Direktor in Steyr, in Österreichs größter Automobilfabrik, unweit von Wien gelegen. Und dort, in der «alten Heimat», freute man sich: «Unser großer Landsmann, der einst seinen ersten Ruhm hier erworben hat, kehrt nun wieder heim. Einen Mann von der konstruktiven Genialität Dr. Porsches wieder in Österreich zu wissen, darf den gesamten österreichischen Automobilismus mit Stolz erfüllen», hieß es in den Zeitungen.

Die Familie rückte wieder enger zusammen als vor Jahresfrist vermutet. Ferry Porsche wohnte in Wien bei seiner Schwester

Louise, die 1928 den Wiener Rechtsanwalt Dr. Anton Piëch geheiratet hatte. Und Ferdinand und Louise Porsche bezogen eine Villa in St. Ulrich bei Steyr an der Enns. Die schöne Villa am Feuerbacher Weg aber wurde nicht verkauft, Hans Nibel, der Vorstandskollege, mietete sie an. Weiß man, was wird ...?

Zurück in Österreich

Der warmherzige Empfang in Oberösterreich hatte Porsche fast ein wenig überrascht, und nach der Malaise im Winter waren die Perspektiven im Frühjahr hoffnungsvoll. Erst am 23. März 1929 endete offiziell sein Vertrag mit den Untertürkheimern, doch schon seit dem 1. Januar war er Mitglied im Vorstand der Steyr-Werke AG.

Porsche wurde technischer Direktor in einer Firma, die in den zwanziger Jahren zum Marktführer in Österreich geworden war. 1918/19 hatte die traditionelle Waffenschmiede vor dem Ruin gestanden. Während des Weltkriegs hatten hier 14 000 Arbeiter Gewehre, Karabiner, Maschinengewehre und diverse Waffenbauteile, schließlich auch Flugmotoren produziert. Mit dem Vertrag von St. Germain war die Waffenproduktion fast ganz untersagt. Die Steyr-Werke verlegten sich auf die Automobilproduktion und konnten 1920 einen recht erfolgreichen Sechszylinder vorstellen, dem bald noch ein Lkw mit 2,5 Tonnen folgte. Der Steyr Typ XII war dann ein einträgliches Modell, das seit 1926 bereits in einer Fließbandanlage hergestellt wurde. Der klar gestaltete Wagen war in allen erdenkbaren Varianten erhältlich, für Kommerz und Freizeit, vom Roadster bis zur Pritsche. Bis 1929 wurden über 11 000 Fahrzeuge verkauft. Nach einigen Jahren hatten die Steyr-Werke die Konkurrenz aus Wiener Neustadt überflügelt. Porsche hatte es also gut getroffen, der Eintritt bei Steyr war mehr als eine Verlegenheitslösung. Und dieser übergangslose Wechsel zeigt: Porsches Ruf als Konstrukteur mag bisweilen umstritten gewesen sein, aber er hatte sich einen Namen gemacht, seine Mitarbeit war gefragt, ja begehrt.

Ein wenig familiär wurde es sogar im Werk. Porsches Neffe Ghislaine Kaes arbeitete hier schon als Volontär ohne Lohn und durchlief alle Abteilungen, Schmiede, Gießerei, Chemielabor und Modelltischlerei. Der junge Mann war in London geboren worden und besaß daher die britische Staatsbürgerschaft. Er wurde umgehend zum Faktotum des Onkels, sein Sekretär und Begleiter: «Abends und nachts, und samstags und sonntags arbeitete ich jetzt für Dr. Porsche als alles.» Als alles – bis zu Porsches Tod. Kaes wohnt nun auch beim Onkel in St. Ulrich, in der Villa am Jägerberg. Josef Goldinger ist ebenfalls wieder zur Stelle, der Chauffeur und «Fahrmeister» aus den Austro-Daimler-Tagen. Auch er wird jetzt ein steter Begleiter. Ob lange Reisen oder Testfahrten mit den Prototypen des Volkswagens, Goldinger ist dabei.

Porsches erste Konstruktion für Steyr ist der Typ XXX. Mit diesem Kleinwagen gelang Porsche ein Schritt zum modernen Karosseriebau. Der Wagen hatte kein eigentliches Fahrgestell mehr und war damit ein Vorläufer der selbsttragenden Bauweise. Steyr war überhaupt ein Standort der Modernisierung. Vom Guss bis zur Karosserie wurden nahezu alle Bauteile im Werk produziert, es gab wenig Zulieferungen. In Porsches Zeit bei Steyr fällt die Einführung einer wichtigen Innovation, der Guss von Leichtmetall in Kokillen, mehrfach verwendbaren Gussformen, ein Verfahren, das dem Einsatz von Leichtmetall in der Großserie den Weg ebnete. Zum ersten Mal arbeiten die Ingenieure Karl Fröhlich, Josef Kales, Josef Zahradnik und Erwin Komenda hier mit Porsche zusammen am Problem des Kleinwagens. Unter den Mitarbeitern bei Steyr ist auch der junge Béla

Nach dem Ende bei Daimler-Benz ging Porsche 1929 als technischer Direktor zu den Steyr-Werken. Die ehemalige Waffenschmiede war nach dem Ersten Weltkrieg zum größten österreichischen Automobilhersteller geworden und bemühte sich um moderne Fertigungstechniken.

Barényi. Er hatte bereits 1925/26 während seiner Ausbildung bei der Maschinenbauanstalt Wien eine Arbeit vorgelegt, die einen Wagen mit «Stromlinienkarosserie in Pontonbauweise» und mit einem Zentralrahmen zeigte. Ihr Titel: «Der kommende Volkswagen».

Das auffälligste Modell aber, das Porsche für Steyr entwarf, war der Typ Austria. Ein Paradestück mit einem 5,3-Liter-Motor, der 100 PS leistete. Porsche frönte wieder der unbeschränkten Lust am Autobau. Der Austria mutet an, als solle er dem ganzen aufgeregten Jahr 1928 einfach davonfahren, mit Schnellgang und zwei Kerzen je Zylinder. Drei Fahrzeuge wurden in einer Vorserie gebaut. Und Porsche gönnte sich das Vergnügen, mit einer Cabriolet-Version durch die frische Herbstluft zum Automobilsalon 1929 nach Paris zu fahren, wo er den eleganten Luxusschlitten präsentierte. Der Austria wurde bestaunt. «Die Fachpresse leuchtet auf», wie es Sekretär Kaes unnachahmlich formulierte. Das Jahr 1929 war bestens verlaufen und schien mit einem Höhepunkt enden zu wollen.

Noch in Paris aber erreichte Ferdinand Porsche eine folgenschwere Nachricht. Die Allgemeine Österreichische Bodencreditanstalt, die Hausbank der Steyr AG, war in ernste Schwierigkeiten geraten. Porsche ahnte Böses und trat umgehend die Rückreise an. Als in den nächsten Wochen der jähe Sog des «Schwarzen Freitags» an der New Yorker Börse sich fortsetzte, war die Bodencreditanstalt am Ende. Der Zusammenbruch des renommierten Bankhauses, das auch Vermögen aus Kaiserhaus und Hochadel verwaltete, erschütterte die Wirtschaft des Landes. Bundeskanzler Schober – seine Amtszeit währte vom September 1929 bis zum September 1930 – intervenierte und drängte auf eine Übernahme des Hauses durch die Österreichische Creditanstalt, die größte Bank des Landes, Ableger des Hauses Rothschild. Mit der Übernahme war vorerst eine rettende Lösung gefunden, allerdings nicht auf Dauer. Im Mai 1931 sollte auch die Creditanstalt zahlungsunfähig sein, das gesamte europäische Bankwesen blieb auf dramatischer Talfahrt.

Für Porsche hatte das Aus der Bodencreditanstalt gravierende Konsequenzen. Denn mit dem Nachfolgeinstitut hatte nun bei Steyr ausgerechnet die Hausbank der Konkurrenz von Austro-Daimler das Sagen. Eine Neuauflage der Konflikte des Jahres 1923 mit Castiglioni bahnte sich an. Es trafen auch umgehend die ersten Direktiven aus dem Aufsichtsrat ein. Ein Auto wie der Austria dürfe in Zukunft bei Steyr nicht produziert werden, das Segment der repräsentativen Limousinen müsse Austro-Daimler vorbehalten bleiben. Solche Einmischungen und Beschränkungen waren Ferdinand Porsche bis zum Überdruss vertraut; seine erste Entscheidung scheint er recht schnell gefällt zu haben: Er kündigte den Vertrag mit den Steyr-Werken zum 23. April 1930. Alles Weitere wollte überlegt sein.

Porsche lagen rasch neue Angebote vor, von Škoda, von General Motors. Doch er zögerte – keine Fahrt nach Prag und auch keine Reise in die USA. In den Daimler-Benz-Vorstand konnte er nicht zurückzukehren, zu groß war dort der Widerstand gegen ihn, insbesondere durch Chefkonstrukteur Nibel. Im Übrigen befanden sich beide Seiten noch immer im Rechtsstreit. Porsche dachte aber ohnehin in eine andere Richtung. Der Rückblick auf die vergangenen zehn Jahre zeigte ihm gerade in diesen Tagen vielleicht auch eine gewisse Stagnation. Er hatte sich als Konstrukteur von internationalem Ruf behauptet, das Jahrzehnt war von familiärem Glück geprägt, eine Villa zu bauen oder zu kaufen bereitete keine Schwierigkeit. Der Mann mit dem tschechischen Pass mochte den gesamten österreichisch-süddeutschen Raum als seine erweiterte Heimat empfinden. Das Anwesen, das er in Zell am See erwarb, das so genannte Schüttgut, wurde in den kommenden Jahrzehnten zum Familiensitz. Aber die Position eines technischen Direktor dürfte ihm verleidet worden sein. Dreimal hatte er ein schroffes *finale furioso* erlebt, immer hatte es mit Aufsichtsräten und Vorständen zu tun, immer waren Bank- und Börseninteressen im Spiel gewesen, die er als unzumutbare Reglementierungen seiner technischen Entfaltungsmöglichkeiten erlebt hatte.

Es fällt schwer, einzuschätzen, wie nachhaltig die Erfahrungen von 1923, 1928 und 1929 auf Porsche wirkten, wie sehr sie ihn in eine innere Distanz zu den etablierten Unternehmen der Autoindustrie brachten. Sicher erleichterten sie seinen Entschluss nicht unerheblich, trotz der eskalierenden Wirtschaftskrise den Weg in die Selbständigkeit zu wagen und sein Wissen frei anzubieten. Porsches «Schwarzer Freitag in Paris» markiert so gesehen einen entscheidenden Einschnitt in seiner Laufbahn. Er will sein eigenes Konstruktionsbüro gründen, in dem er allein den Ton angibt, in dem gremienfrei an der Perfektionierung der Entwürfe gefeilt wird. Mit der Idee dazu trug er sich laut Ferry Porsche schon lange.

Zu den Ersten, mit denen Porsche sein Vorhaben besprach, gehörte Karl Rabe. Der Ingenieur, den Porsche 1913 bei Austro-Daimler engagiert hatte, war nach Porsches Weggang in Wiener Neustadt geblieben. Porsche schätzte den ausgeglichenen Rabe überaus. Rabe seinerseits war angetan von Porsches Plänen. Und auch Ferry war hocherfreut über die Entwicklung, zumal sich schnell abzeichnete, dass die Reise zurück nach Stuttgart gehen würde, wo er ein Mädchen kennen gelernt hatte, Dorothea Reitz, die er 1935 heiraten wird.

Die Villa am Feuerbacher Weg ist nur einer der Beweggründe gewesen, sich wieder in Stuttgart niederzulassen. Porsche will die zentrale Lage, er will eine Autostadt, und vielleicht will er durch die Nähe zum ehemaligen Arbeitgeber Daimler-Benz auch ein wenig provozieren. Das hindert ihn nicht daran, schon im Juni 1930 ein Schreiben an den ihm wohlgesinnten Daimler-Benz-Aufsichtsrat von Stauß zu senden, in dem Porsche ihn bittet, auf das geplante Konstruktionsbüro aufmerksam zu machen, nicht ohne gleich selbstbewusst das Volkswagen-Problem anzusprechen: «Bei den Steyr-Werken habe ich... das Problem des für die breite Masse bestimmten billigen Wagens in entsprechender Größe vollkommen gelöst.»

Angesichts der zwölf Mitarbeiter, mit denen Porsche sein neues Haus eröffnen will, ist das schon eine Art Einmarsch der Österreicher, den er da plant. Zum Team gehört auch Hermine Sieberer, die Köchin, die den Bauch des Konstrukteurs versorgt. Ihr Mann Franz soll sich um Pausen und Kopien kümmern.

Unter den handverlesenen Technikern, die Porsche um sich versammelt, ist Karl Rabe so etwas wie der Mannschaftskapitän. Ihm zur Seite stehen die Ingenieure Karl Fröhlich, der Mann für Getriebe, Josef Kales, der Motorenbauer, Josef Zahradnik, Spezialist für Achsen, und Erwin Komenda, zuständig für Karosserien. Ghislaine Kaes hat viel zu tun, er organisiert den Umzug, bis Dezember soll alles erledigt sein. Aber so lange wartet Porsche nicht. Bereits im August steht Josef Kales im provisorisch umgebauten Schlafzimmer des Chefs am Zeichenbrett. Das Büro hat die Arbeit aufgenommen. Schon als nur die Absicht Porsches bekannt geworden war, ein Konstruktionsbüro zu eröffnen, hatten sich die Wanderer-Werke aus Chemnitz gemeldet und die Konstruktion eines Mittelklassewagens in Auftrag gegeben.

Ein hoffnungsvoller Aufbruch also, mitten in der Wirtschaftskrise? Die Villa in St. Ulrich jedenfalls wird nur vermietet, dasselbe Verfahren wie beim Weggang aus Stuttgart: Porsches Nachfolger bei Steyr, der Ingenieur Willi Herbst, zieht mit seiner Familie ein. Der gebürtige Wiener, der einige Jahre zuvor von

Austro-Daimler zu Steyr gekommen war, übernimmt eine schwierige Aufgabe. Die wirtschaftliche Situation spitzt sich weiter zu, und in den kommenden Jahren werden Frontkämpfervereinigungen, Heimwehren sowie die nationalsozialistischen Formationen «Vaterländischer Schutzbund» und «Deutsche Wehr» zunehmend zu Akteuren der österreichischen Politik. Dagegen steht der «Republikanische Schutzbund» der Sozialdemokraten. Die bewaffneten Kämpfe um die Erste Republik eskalieren im Februar 1934 in Wien, in Linz – und in Steyr. Auf der Ennsleiten wehren die sozialdemokratisch gesinnten Schutzbündler sich zwei Tage lang gegen eine Übermacht aus Polizei, Bundesheer, Heimatwehr, Christlich-Deutschen Turnern und Ostmärkischen Sturmscharen. Am Montag, dem 12. Februar, steuert Direktor Herbst seinen Steyr XXX vom Werksgelände und gerät nach wenigen Metern in einen Kugelhagel aus Dum-Dum-Geschossen. Herbst ist sofort tot, das Auto steht unter Kreuzfeuer, der Motor läuft, bis der Tank leer ist. Erst am nächsten Tag kann der Leichnam des Direktors geborgen werden. Er sei «offensichtlich planmäßig ermordet» worden, schrieb die tendenziöse «Steyrer Zeitung» schon zwei Tage später, er «starb erwiesenermaßen zufällig» meinten andere.

Ferdinand Porsche war in diesem Jahr schon weit weg von derartigen politischen Eruptionen: Er arbeitete in Stuttgart an dem Problem, das er bei Steyr schon «vollkommen gelöst» hatte, am Projekt «des für die breite Masse bestimmten billigen Wagens».

IV Im Konstruktionsbüro

Drehstab und Prototypen

Hals über Kopf, «überhaps», ging es mal wieder. Noch bewohnte Hans Nibel die Villa im Feuerbacher Weg, also mietete sich die Familie Porsche für die erste Zeit in einem Haus ganz in der Nähe, in der Schoderstraße, ein. Geeignete Räume für das Büro fand Porsche in der Kronenstraße 24. Im Dezember 1930 stellte man dort die Zeichentische auf und packte die Unterlagen aus. Am 25. April 1931 wurde Ferdinand Porsches Firma in das Handelsregister eingetragen: «Dr. Ing. h. c. F. Porsche GmbH Konstruktionen und Beratungen für Motoren- und Fahrzeugbau». Jetzt galt es, den Schwung, für den die Aufträge der Wanderer-Werke sorgten, zu nutzen: «Die wenigen legen mächtig los, sie arbeiten viel und sie leisten etwas. Arbeitszeit: Montag bis Freitag von 7.00 bis 12.00 Uhr, von 14.00 bis 22.00 Uhr. Samstags von 7.00 bis 14.00 Uhr.» Und an den Sonntagen zwischen 9.00 bis 13.30 Uhr traf man sich nicht selten zu Besprechungen. Kaes erinnerte sich an die Frühzeit des Büros: «Wir lebten als Firma von der Hand in den Mund.» Anne Junkert aus Pforzheim, sie arbeitete als Sekretärin in der Kronenstraße, erzählte später: «Ich weiß noch, wie oft ich von Stuttgart noch Pforzheim gefahren bin, um 50 Mark zu holen, damit die Firma irgendeine Rechnung bezahlen konnte.»

Ferdinand Porsche um 1930. In diesem Jahr schlug er mit der Gründung seines freien Konstruktionsbüros einen Sonderweg ein.

Entsprechend schlecht war die Bezahlung der Mitarbeiter. Aber hier hatte sich eine verschworene Gemeinschaft ans Werk gemacht, eine Art Ordensbund von Technikern, denen Porsches impulsiver Arbeitsstil und die direkte Art des Paterfamilias zusagten. Das war die Kehrseite seines oft zitierten Hangs zur Tobsucht: Porsche konnte mitreißen und begeistern; er war ein unkonventioneller Konstrukteur, einer, der Experimente nicht scheute, der nicht alles vorher ausrechnen wollte, sondern immer wieder geradezu instinktiv Lösungen suchte.

Porsche, 56 Jahre alt, geht mit seiner Neugründung mitten in der Wirtschafts- und Automobilkrise kein geringes Risiko ein, wenn er auch auf seinen Ruf als Konstrukteur und die Vielzahl seiner Kontakte bauen kann. Neben ihm, der 24000 RM ins Stammkapital der GmbH einlegt, gibt es zwei weitere geschäftsführende Gesellschafter. Sein Schwiegersohn Anton Piëch bleibt zwar in Wien, beteiligt sich aber mit 3000 RM und ist Berater in allen Rechtsfragen. Ebenfalls 3000 RM bringt Adolf Rosenberger ein, jener Rosenberger, der 1926 beim Großen Preis auf der AVUS einen schweren Rennunfall überlebt und mit Mercedes viele Siege eingefahren hat; der Pforzheimer Kaufmann – Porsche kennt und schätzt ihn nicht nur wegen seiner Autobegeisterung – wird kaufmännischer Leiter und Geschäftsführer. In einem gesonderten Vertrag verpflichtet er sich, für ein monatliches Mindestfixum von 1000 RM ausschließlich für das Konstruktionsbüro tätig zu sein. Zusammen mit ihm wird Porsche nun immer wieder in den Führungsetagen der Autoindustrie vorstellig, um Aufträge zu akquirieren – eine ungewohnte Rolle für den Konstrukteur.

Derweil beginnt auch für Ferry Porsche ein neuer Lebensabschnitt. Er wird jetzt endgültig fester Mitarbeiter im Büro des Vaters. Die Kenntnisse, die ihm noch fehlen – «was ich eigentlich an der Technischen Hochschule in Wien hätte lernen sollen» –, erwirbt er in Privatstunden. Einer von Porsches Ingenieuren unterrichtet ihn in den Grundlagen der Physik und Mechanik. Als ob es der Vater so geplant hätte: Die Ausbildung Ferrys zum Techniker ist von derselben Nähe zur Praxis geprägt wie die Ferdinands. Was Egger und Lohner für den Vater waren, wird dessen Firma für den Sohn.

Zum Team in der Kronenstraße stieß auch der Kärntner Josef Mickl, der ja schon bei Austro-Daimler für Porsche gearbeitet hatte. Mickl wurde der theoretische Kopf im Hause. Schon als Schüler hatte er Lilienthals Buch über Vogelflug und Fliegerkunst verschlungen, das «nicht mehr einzudämmende Sehnsüchte nach dem Fliegen» geweckt hatte. Gleitflüge ins Glantal waren der Beginn seiner aviatischen Karriere. Als junger Diplomingenieur arbeitete er bei Edmund Rumpler in Berlin, konstruierte Flugzeuge und Großflugboote. Nach dem Ersten Weltkrieg heuerte Mickl bei Austro-Daimler an, später wurde er

Chefkonstrukteur der Ikarus-Flugzeugwerke in Neusatz (Novi Sad).

Mickl, Jahrgang 1885, war der Älteste im engeren Mitarbeiterkreis. Ihm folgte der zehn Jahre jüngere Karl Rabe, die anderen waren noch später geboren: Fröhlich 1898, Zahradnik 1900 und Kales 1901. Ein weiterer wichtiger Mann kam 1931 ins Büro, der damals 27-jährige Erwin Komenda. Er stammte aus dem oberösterreichischen Weyer, war ab 1927 in den Steyrer Werken tätig gewesen und wechselte 1930 zu Daimler-Benz in Sindelfingen. Kurz darauf hatte ihn Porsche für die Kronenstraße gewonnen.

Ferdinand Porsches Auswahl seiner engsten Mitarbeiter war sicher vorrangig von fachlichen Erwägungen geleitet, wie nebenbei scheint ihm jedoch zugleich eine glückliche Mischung der Temperamente gelungen zu sein. Während etwa Rabe ruhig und ausgeglichen war, sorgten Komenda und Mickl für lebhafte Debatten am Zeichenbrett; die beiden «konnten auch heftig beißen», erinnerte sich noch Ferdinand Piëch, der dem gesamten Team seines Großvaters Bewunderung zollte: «Jeder war für sich genial.»

Bereits im ersten Jahr seines neuen Unternehmens machte Ferdinand Porsche eine Erfindung, die entscheidende Bedeutung für den Leichtbau haben sollte; noch 1931 meldete er die Drehstabfederung zum Patent an. Ihr Prinzip ist von schlichter Raffinesse: Ein elastischer Metallstab nimmt, durch Torsion um seine Mittelachse, die Energie der Straßenschläge auf. Nach jeder Wringbewegung schnellt er kraftvoll in die Ausgangsposition zurück und hält so das Rad in ständigem Kontakt mit der Fahrbahn. Zudem werden extreme Kurvenneigungen vermieden.

Porsches elegante Alternative zur gewichtigen Blattfeder war natürlich ein ideales Bauteil für ein künftiges Volksauto. Für Porsche bedeutete die Konstruktion der Drehstabfederung gewissermaßen einen persönlichen Sieg über die Schwerfälligkeit, seit Jahren hatte er sein ceterum censeo wiederholt und über die hohen Fahrzeuggewichte geschimpft. Schneller als vermutet sollte sich eine Gelegenheit abzeichnen, die neue Erfindung einzusetzen, die vor allem Josef Mickl in vielen Versuchen bis zur Praxistauglichkeit perfektionierte. Denn 1931 wurde im Konstruktionsbüro Porsche die Geburt des Volkswagens aus dem Geist der Wirtschaftskrise eingeleitet.

Heidrun Edelmann hat in ihrer bestechenden Darstellung der «Verbreitung von Personenkraftwagen in Deutschland» die «Zerrüttung des Kraftfahrzeugmarktes» in den Jahren nach 1929 beschrieben. Die damalige Lage ist kompliziert, inmitten der Krise deutete sich zum Beispiel noch 1930 ein aussichtsreicher Markt für Kleinwagen an. Während der Absatz von Fahrzeugen der großen und mittleren Klassen einbrach, stießen Wagen mit bis zu 2 Liter Hubraum auf wachsendes Interesse. Signalwirkung hatten die Diskussionen im Vorfeld der Berliner Internationalen Automobilausstellung (IAMA) im Februar 1931. Ob das billige Auto drei oder vier Räder haben sollte und wie spartanisch es sein dürfe, wurde da noch einmal erörtert. Motto der Vehikelfraktion: Hauptsache, es fährt. Dominant hingegen waren die Stimmen, die skurrile Chaisen und Kartoffelkipper ablehnten und auf solide Autos mit hohem Gebrauchswert setzten – die Stückzahl werde den niedrigen Preis ermöglichen. Das waren letztlich die alten Debatten, die in den letzten zehn Jahren immer wieder aufgelebt waren. Jetzt aber verspürte man die Chance zu einem neuen, entscheidenden Anlauf. Und ein Blick auf den 1929 von General Motors erworbenen Musterbetrieb in Rüsselsheim zeigte, dass es nach wie vor Autokäufer gab: Opel stand nach einem Zwischentief relativ gut da, zog Nutzen aus der Krise, verkaufte seine günstigen Modelle im In- und Ausland. In der «Frankfurter Zeitung» schilderte Redakteur Siegfried Kracauer

Früher stellten viele Autobesitzer über den Winter ihre Fahrzeuge, wie hier in Berlin, in einer Großgarage ein. An der hohen Zahl der Abmeldungen und der langen Standdauer waren die Auswirkungen der Weltwirtschaftskrise auf die Autokonjunktur abzulesen.

das Klassen übergreifende Getümmel; egal, ob Jungnazi oder Altkommunist, Piefke oder Schupo: «Vor den billigen Volkswagen staut sich die Menschenmenge besonders dicht. Sie erwecken die Begehrlichkeit und werden mit einem Wohlgefallen angestaunt, das keineswegs interesselos ist.»

Das ist der Hintergrund für einen überraschenden Auftrag an das Konstruktionsbüro Porsche. Denn ausgerechnet ein Motorradhersteller wollte den Sprung in die Autoproduktion wagen. Der Markt für Zweiräder wurde enger, und Dr. Ing. h.c. Fritz Neumeyer, Generaldirektor der Zündapp-Werke in Nürnberg, hielt Ferdinand Porsche für den richtigen Mann, um einen profitablen «Volkswagen» zu konstruieren. Neumeyer hatte schon seit längerer Zeit mit dem Gedanken gespielt, ins Autogeschäft einzusteigen, 1925 hatte er zu Studienzwecken einige englische Kleinwagen bei Rover bestellt. In Moosach bei München standen bereits Hallen für die Produktion.

Von Anfang September 1931 bis zum April 1932 arbeitete die Mannschaft in der Kronenstraße an der Konstruktion des «Typ 12», wie er in der internen Zählung hieß. Es entstand der erste unmittelbare Vorläufer des späteren Käfer. Die Ähnlichkeit der beiden Fahrzeuge ist augenfällig: Motor und Getriebe im Heck, eine Karosserie mit deutlich stromlinienförmigen Zügen. Vorne mutet der Wagen recht konventionell an, hinten gemahnt er an die später berühmte «Ente» von Citroën. Vom Gesamteindruck her jedoch wirkt er wie ein ernst zu nehmendes Automobil.

Porsche sieht einen Boxermotor mit vier Zylindern vor, aber Neumeyer und seine Techniker beharren auf einem wassergekühlten Fünfzylinder-Sternmotor, der biete mehr Laufruhe. Widerwillig akzeptiert Porsche den Wunsch des Kunden, und um die schöne Stromlinie zu halten, legt er die 1,2-Liter-Maschine schräg ins enge Heck. 26 PS reichen für eine Geschwindigkeit von 80 km/h, so kalkuliert man. Als Versuchswagen sollen zwei Limousinen und ein Cabrio dienen. Die Stuttgarter Firma Reutter wird mit dem Karosseriebau beauftragt, die Herstellung der Motoren, Getriebe und Fahrgestelle übernimmt Zündapp selbst.

Im April 1932 ist «Hochzeit» in Nürnberg – die drei Wagen werden endmontiert und stehen für Testfahrten bereit. Doch schon nach wenigen Kilometern bleiben die Hoffnungsträger liegen: Hitzestau im Heck. Die Kühlung ist überfordert, in den Sternmotoren gurgelt das Öl. Ein Desaster. Neumeyer ist konsterniert, umso mehr, als er sie ja gegen den Willen Porsches durchgesetzt hat. Der Fehler ließe sich korrigieren, keine Frage. Aber Neumeyer schreckt vor weiteren Kosten zurück, die jüngsten Kalkulationen waren ernüchternd: Zündapp wäre nicht in der Lage gewesen, die Karosseriefertigung in eigener Regie aufzubauen. Und damit wäre die Gewinnspanne auf einen vagen Rest geschrumpft. Angesichts der riesigen Investitionen ein unvertretbares Risiko. Zündapp blieb beim Motorrad und lag richtig.

So stoppte Neumeyer das Projekt schnell. Unbefriedigend auch für Porsche, trotz der 85 000 RM, die der Auftrag dem Büro einbrachte, aber die Aussicht auf Nachfolgeaufträge war verloren. Und just in diesen Tagen kündigte sich ungewöhnlicher Besuch aus Russland an.

Die sowjetische Offerte

Im Frühsommer 1932 erschien die Delegation aus der Sowjetunion in Ferdinand Porsches Stuttgarter Büro. Die Herren wollten sich umsehen, bekundeten ihr Interesse an Porsches Arbeiten und lauschten seinen Ausführungen. Während Ghislaine Kaes sie anschließend durch das schöne Stuttgart führte, beriet sein Onkel sich mit Adolf Rosenberger. Der Besuch endete mit einer unverbindlichen Absprache. Doch kurze Zeit darauf erhielt der Konstrukteur tatsächlich eine Einladung in die Sowjetunion. «Zuerst kam uns diese Einladung», erinnerte sich Ferry Porsche, «so phantastisch vor, dass es uns schwer fiel, sie ernst zu nehmen. Aber sehr bald wurde uns klar gemacht, dass das alles doch wirklich ernst gemeint war.» Am 20. Juli 1932 machte Porsche sich auf den Weg nach Moskau.

Die Russlandreise ist eine merkwürdige Episode geblieben. Danach allerdings war Porsche ebenso irritiert wie fasziniert. Ghislaine Kaes gegenüber äußerte er: «Nun, man sollte es ja gar nicht sagen, aber was ich gesehen habe, war wunderbar.» Porsches Staunen ähnelt der Überraschung, die schon viele amerikanische Techniker erlebt hatten, als sie im Laufe der zwanziger

Jahre in die Sowjetunion gekommen waren. Da lag ein Riesenreich im Fieber der Industrialisierung, und die Partei verordnete in immer neuen Kampagnen einen gewaltigen Aufbruch aus der Rückständigkeit. In einer Rede vor Industriedirektoren hatte Stalin im Februar 1931 erneut gemahnt: «Wir sind hinter den fortgeschrittenen Ländern um 50 bis 100 Jahre zurückgeblieben. Wir müssen diese Distanz in 10 Jahren durchlaufen. Entweder wir bringen das zustande, oder wir werden zermalmt.» Die Partei inszenierte einen Gewaltakt, der in einer schwer durchschaubaren Mixtur aus absurden Planzielen und überhasteten Unternehmungen doch zu einer enormen Produktionssteigerung führte.

Die Sowjetunion hatte sich, mit den Worten des Historikers Alan Bullock, zu einem «Symbol der Überlegenheit kommunistischer Planung über das in der Depression offenbar gewordene Scheitern des Kapitalismus» entwickelt. Und der 1929 verabschiedete Fünfjahrplan wurde «zu einem der großen Mythen der ersten Hälfte unseres Jahrhunderts nicht nur in der Sowjetunion, sondern in der ganzen Welt hochstilisiert». Den gleichzeitig mit «administrativen Maßnahmen» geführten Krieg gegen die Bauern, Verhaftungen, Deportationen und Ermordungen entzog man fremden Blicken. «Während der Hungersnot der Jahre 1932/33 mit ihren Millionen Opfern... sorgte die Polizei dafür, dass Ausländern die Einreise in die betroffenen Gebiete versagt blieb und gleichzeitig die dort lebenden Menschen die Regionen nicht verlassen durften.» Aber diese Kontrolle durch ein internes Passsystem hatte Lücken, wie sich ein Funktionär der Partei erinnerte: «Dnjepropetrowsk war von hungernden Bauern überschwemmt. Viele von ihnen lagen teilnahmslos herum, weil sie sogar zu schwach waren, auf den Bahnhöfen zu betteln. Ihre Kinder waren Skelette mit aufgetriebenen Bäuchen.»

Nur wenige Wochen vor Porsches Reise, am 1. Mai 1932, war am Dnjepr das größte Wasserkraftwerk der Welt eingeweiht worden, nach Ansicht der Planungsbehörde eine «Reifeprüfung im Fach Technologie». Das Kraftwerk «W. I. Lenin» sollte das Zentrum eines industriellen Riesenkomplexes mit Stahlwerk, Aluminiumfabrik und Stickstoffproduktion werden. Als technischen Berater hatten die Sowjets einen Amerikaner gewonnen, den erfahrenen Kraftwerkspezialisten Hugh Cooper, der mit seinem Mitarbeiterstab in einer separierten Siedlung lebte, Pool, Golfplatz und sonstige Annehmlichkeiten inklusive – es gab genug Vorbilder für das Angebot, das man Ferdinand Porsche unterbreiten wollte.

Amerika war allenthalben präsent im Sowjetreich. Und Porsche dürfte auf seiner Reise stets und ständig auf den Namen «Henry Ford» gestoßen sein. Ford wurde – neben dem Systematiker des Arbeitsplatzes, Frederick W. Taylor – in der Sowjetunion als Lichtgestalt der Industrialisierung gepriesen, trotz seiner Ablehnung des Sowjetsystems. Seine Autobiographie «My Life and Work» war auch hier ein Bestseller, eine Bibel des Aufbruchs. Es bereitete schon Lenin keine Schwierigkeiten, Taylorismus und Fordismus in die revolutionäre Bewegung aufzunehmen. Ordnung, System und Kontrolle waren verbindende Elemente. Und Stalin prägte 1924 die Formel: «Die Kombination aus dem russischen revolutionären Schwung und dem amerikanischen Leistungswillen ist der Kern des Leninismus.»

Solche ideologischen Brückenschläge forcierten einerseits den angesetzten Sprung in die Modernisierung, zugleich sollten sie wohl anziehend auf ausländische Handelspartner und Fachkräfte wirken. Ford war der wichtigste Fahrzeuglieferant für die Sowjetunion. 1927 zog die Ford Company die frohe Bilanz, dass 85 Prozent der Traktoren und Lastwagen in Russland aus ihrer Fertigung stammten. Von über 20 000 bestellten Fahrzeugen waren rund 10 000 bereits ausgeliefert worden. In manchen Dörfern blühte die Ford-Folklore mit festlichen Umzügen und Feiertagen.

Die Fordson-Traktoren pflügten für den Fortschritt und tuckerten die Trostmelodie zum Elend der Getreidekrisen; sogar Ortschaften wurden nach ihnen benannt. Das Schlagwort von der «Industrialisierung des Dorfes» sollte keine bloße Floskel bleiben, der Traktor war das Symbol für das Verlassen der alten bäuerlichen Welt, den Erfolg der Zwangskollektivierung und die «grundlegende Wende des Dorfes zum Sozialismus». So formulierte es Stalin, der 1929 die Zukunft voller Pathos beschworen hatte: «Wir werden zu einem Lande des Metalls, zu einem Lande der Automobilisierung, einem Lande der Traktorisierung.»

Aber die preisgünstigen Ford-Traktoren waren zu leicht für den russischen Boden. Außerdem mangelte es an fachgerechter Wartung und Versorgung mit Ersatzteilen. Ein amerikanischer Berater gab resigniert zu Protokoll: «Ich kann gar nicht sagen, wie die Russen ihre Maschinen misshandeln.» Und die Umsetzung der Lehren Taylors kam bisweilen über einfachste Regeln nicht hinaus: «Wenn du Alkohol getrunken hast, arbeite nicht!» Bildplakate in den Leningrader Putilow-Werken mahnten: «Wenn du stehend arbeitest, sitze in der Pause, wenn du sitzend arbeitest, erhole dich stehend!»

1928 begann der Import schwererer Schlepper von John Deere, Allis Chalmers, International Harvester aus Amerika. Mit der Ausrufung des Fünfjahrplans jedoch wollte die Partei die Produktion im eigenen Land vorantreiben. Das geschah ebenfalls unter der Leitung amerikanischer Fachleute. Im Mai 1929 schloss der Oberste Wirtschaftsrat der Sowjetunion einen Vertrag mit der Ford Motor Company über den Bau einer Automobilfabrik bei Nischni Nowgorod, dem späteren Gorki. Nach dem Willen der Planer sollten hier jährlich 100 000 Fahrzeuge des Modells A und des Lkw-Modells AA vom Band laufen. Leon A. Swajian hatte den Bau des berühmten Ford-Werkes von River Rouge geleitet, jetzt half er in Leningrad bei der Erweiterung der

Putilow-Werke und bei der Errichtung einer neuen Fabrik in Charkow. Und von Albert Kahn, dem Industriearchitekten, der River Rouge entworfen hatte, stammten die Pläne für die Traktorenfabrik in Stalingrad. Mit Hilfe von fast 400 amerikanischen Technikern und Vorarbeitern ging sie schon 1930 in Betrieb. Das Werk wurde schnell bekannt – für schlechte Qualität und schleppende Produktion. In Moskau stellte man ebenfalls 1930 ein Montageband fertig, auf dem A-Modelle von Ford zusammengebaut wurden. Die Sowjets wollten bei all diesen Projekten auch die Kenntnisse erwerben, die ihnen zu einer eigenständigen Fahrzeugproduktion fehlten.

Ferdinand Porsches russische Reise führte in ein Land, das für Techniker und Konstrukteure eine einzigartige Anziehungskraft besaß. Anfang der dreißiger Jahre sollen etwa 6000 ausländische Spezialisten in der Sowjetunion gewesen sein. Zwischen hochfahrendem Gigantismus und kläglicher Schlamperei lockten riesige Arbeitsfelder. Natürlich waren deutsche Techniker und Firmen, beispielsweise Siemens, ebenfalls auf der Großbaustelle Sowjetunion aktiv. Nicht zuletzt durch die Zusammenarbeit von Reichswehr und Roter Armee war eine entsprechende Tradition entstanden. So seltsam, wie es Porsche noch einige Wochen vorher erschienen war, war der Auftritt der russischen Delegation in der Kronenstraße also nicht.

Zu den größten Projekten der Sowjets gehörte der Aufbau eines industriellen Zentrums um Magnitogorsk, hinter dem Ural. Der Frankfurter Architekt Ernst May reiste im Oktober 1930 mit einer Gruppe von Kollegen an. Die Modernisten erhielten sogleich den Auftrag, eine neue Stadt für 700 000 Menschen zu planen und zu bauen. Doch schon die erste Siedlung, eine mit Grünflächen aufgelockerte Anlage aus 50 bunten Häusern, die den Geist des Bauhauses in der kirgisischen Steppe aufleben lassen sollte, erweckte nicht nur Freude bei den Sowjets. Für die Feinheiten der Moderne waren die Fabriken von Magnitogorsk nicht die passende Kulisse.

Porsches Reise begann wenig erfreulich. Er hatte sich den Fuß verletzt und musste ein Moskauer Hotelbett hüten. Aber er wurde entschädigt: Die Russen legten sich ins Zeug und präsentierten ihm ihre technischen und industriellen Errungenschaften: Porsche besichtigte Flugzeug- und Automobilwerke, sah die Standorte der Panzerproduktion; in Stalingrad zeigte man ihm die Traktorenfabrik, lange Eisenbahnfahrten führten ihn ans Kaspische Meer, durch den Süden des großen Reiches und zur Krim.

Noch vor Antritt seiner Reise hatte Porsche mit seinem Oberingenieur Rabe spekuliert, dass die Russen wohl jemanden suchten, der ihre Traktorenproduktion voranbringen sollte. Die Überlegung war nicht falsch. Das Interesse der Sowjets allerdings ging sehr viel weiter – sie wollten ihn ganz, Ferdinand Porsche sollte ihr oberster Motorenmann werden, sie suchten quasi einen Generaldirektor für den automobilen Sozialismus. Der Neue Mensch brauchte neue Fahrzeuge. Selbst an den Planungen für einen Kleinwagen bekundeten die Russen Interesse und zogen gar eigene Entwürfe aus der Schublade. Porsches Vielseitigkeit und sein technisches Können mussten ihn als erste Wahl für diesen Posten erscheinen lassen. Pünktlich zum Beginn des neuen Fünfjahrplans hätte er im Lande sein können.

Porsche sollte mit der Familie nach Russland kommen. Weitreichende Vollmachten wurden ihm zugesichert, zum Paket der Anwerbung gehörte eine Villa auf der Krim. An Geld sollte es nicht scheitern, und auch bei der Wahl seiner Mitarbeiter sicherte man Porsche völlige Freiheit zu. Im Gegenzug allerdings sollte Porsche sich verpflichten, auf immer und ewig in Stalins Reich zu bleiben, ein Engagement auf Gedeih und Verderb.

Porsche hat nach der Rückkehr ernsthaft über das Angebot

nachgedacht. Die Stockungen und Defizite der russischen Unternehmungen wird er erkannt haben, aber genau darin lagen ja die Herausforderung und das unendliche Arbeitsfeld für einen wie ihn. Es war eben der «erregende Kontrast» (Bullock), der dieses Land für viele so anziehend machte. Und dennoch fiel die Entscheidung nach der Rückkehr recht schnell: Porsche lehnte ab. Er war 57 Jahre alt und sollte alle gewachsenen Verbindungen kappen? Eine Zumutung. Er sprach kein Wort Russisch und sollte Technikern und Arbeitern technische Abläufe erklären? Ein Unding. Und seine Leidenschaft für höhere Geschwindigkeiten wäre auch auf der Strecke geblieben. Gab es überhaupt Autorennen in Russland?

Ein Stück ungeschehener Geschichte – abwegig ist die Vorstellung nicht: Ferdinand Porsche im Rausch der Planerfüllung, statt dem gewohnten «Gehmma, gehmma» ein permanentes «Raboti, raboti». Hitler ohne «KdF-Wagen» und Deutschland ohne Käfer? Hätte er es lange ausgehalten im Paradies der brutalen Gigantomanie, oder wäre er 1933/34 wie so viele andere ausländische Techniker dem Sowjetreich wieder entflohen? Oder hätte man ihm irgendwann den Prozess als «Volksfeind» gemacht? Porsche entschied sich gegen die Reise in die Diktatur und verschrieb sich bald schon einer anderen.

Ghislaine Kaes hat Porsches Entschluss zur Absage ganz auf das zentrale Argument der Sprachbarriere zurückgeführt. Vielleicht hätte aber nicht einmal das den Pionier abgehalten, wäre nicht noch vor dem Antritt seiner Reise eine gute Nachricht für das Konstruktionsbüro eingetroffen. Nach dem Rückzug von Zündapp wollte sich nun ein anderer Motorradhersteller unter Porsches technischer Leitung an die Herstellung eines Volksautos wagen. Fritz von Falkenhayn, der Generaldirektor von NSU, hatte einen Entwicklungsauftrag erteilt. Trotz der Wirtschaftskrise also ging die Geschichte mit dem Kleinwagen weiter.

Im Jahr 1932 hielt die Krise in der Autobranche an, auch wenn Ende des Jahres die Absatzzahlen wieder leicht anstiegen. So blieb Porsches Büro weiterhin, trotz einiger Aufträge, ein gefährdetes Unternehmen. Das Elitestudio in der Kronenstraße lavierte sich noch immer mehr schlecht als recht durch die Wirtschaftskrise.

Schon bald nach Porsches Russlandreise trat eine bemerkenswerte Situation ein: Zwei scheinbar gegensätzliche Projekte beherrschten jetzt fast zeitgleich die Arbeit. Einerseits ging – nun im Auftrag von NSU – die Suche nach einer überzeugenden Lösung für einen Volkswagen weiter, andererseits begann im Herbst die Arbeit an einem Rennfahrzeug, das ebenso legendär und erfolgreich werden sollte wie das der Konkurrenz aus Untertürkheim.

Das Startsignal zur Entwicklung des Rennwagens gab die internationale Sportkommission, als sie im Oktober 1932 eine neue Formel für Grand-Prix-Fahrzeuge beschloss. 750 Kilogramm durften die Autos nur noch wiegen, ohne Öl, Kühlwasser, Sprit und Reifen – kein Kilo mehr. Alles andere wurde der Phantasie der Konstrukteure überlassen. Die Begrenzung des Gewichts würde, so glaubte man, die schweren, starken Motoren verdrängen und eine Tempodrosselung auf den Rennstrecken bewirken. Aber die Rechnung ging nicht auf, im Gegenteil – gespartes Gewicht brachte erhöhtes Tempo. Möglich wurde das durch die Fortschritte im Leichtbau.

Die neue Formel war wie geschaffen für einen Ferdinand Porsche. Der beriet sich gleich mit seinen Technikern, und am 8. November wurde offiziell ein Tochterunternehmen des Konstruktionsbüros gegründet, die Hochleistungs-Fahrzeug-Bau GmbH (HFB). Von den Rennfahrern, unter ihnen Hans Stuck, hatte es bereits drängende Anfragen gegeben, ob Porsche ihnen nicht ein konkurrenzfähiges Fahrzeug nach der neuen Formel bauen könne. Adolf Rosenberger war sofort engagiert bei der Sache und legte Geld ein. Man dachte an eine Spendenaktion, wollte ADAC und AvD für die Sache gewinnen und musste bald einsehen, dass die nötige Summe so allein nicht aufzubringen wäre. Dennoch begannen die Arbeiten am Typ 22. Karl Rabe koordinierte sie. Kales entwarf den Motor, Zahradnik Achsen und Lenkung, Fröhlich das Getriebe und Komenda die Karosserie. Und Mickl? Klarer Fall: «Mickl rechnet» (Kaes).

Was Porsche sich da ausgedacht hatte, machte schon auf den ersten Zeichnungen einen verwegenen Eindruck. Der Typ 22 wirkte wie ein nervöses Insekt, kurze Nase, der Fahrersitz dicht hinter der Vorderachse und dann das lang gestreckte Heck, in dem der Motor saß. Eine 4,5-Liter-Maschine sollte es sein – mit Kompressor und 16 Zylindern! Das Auto war von ungewohnter Schönheit und vermittelte auf den ersten Blick, schon durch die vorgeschobene Fahrerposition, einen enormen Vorwärtsdrang, eine Ungeduld der Kraftentfaltung.

Es rumorte in der deutschen Rennszene. Unschwer zu erraten war, dass auch Daimler-Benz sich an eine ehrgeizige 750-Kilogramm-Konstruktion machen würde. Das ließ Baron Klaus-Detlef von Oertzen, dem Generaldirektor der Auto Union, keine Ruhe. Die sächsische Firma musste sich profilieren. Erst 1932 war sie aus der Fusion von DKW, Audi, Horch und Wanderer entstanden. In ihren Werken in Zschopau, Zwickau, Berlin-Spandau und Siegmar beschäftigte sie 4500 Arbeiter. Von Oertzen war selbst Rennen gefahren und sah nun im Rennsport die beste Möglichkeit, für das neue Unternehmen zu werben und die Konkurrenz aus Untertürkheim herauszufordern. So kam es, dass er den Weg in die Kronenstraße fand. Porsche legte ihm die

Entwürfe für den Typ 22 vor, von Oertzen war sofort Feuer und Flamme. Umgekehrt erkannte Porsche, welche Chance sich ihm da bot. Doch die Finanzierungsfrage war noch offen, innerhalb der Auto Union gab es Widerstand gegen die kostspieligen Rennsportpläne des Generaldirektors. Die Suche nach Geldgebern ging weiter.

Erst mit Hitlers Ernennung zum Reichskanzler schien der Weg zu großzügigen staatlichen Subventionen frei. Hans Stuck war in Sachen Rennsportförderung früher bereits bei ihm vorstellig geworden und dabei nicht auf taube Ohren gestoßen. Aber Reichskanzler müsse er vorher schon noch werden, hatte Hitler ihm damals mitgeteilt. Daimler-Benz hatte ohnehin beste Kontakte zur NSDAP, denn Vorstandsmitglied Jakob Werlin war zugleich Hitlers Berater in Automobilfragen. Und so begann zwischen den beiden Konzernen das Rennen um den nationalen Fördertopf. Auf eine Million Reichsmark hatte der Vorstand des Reichsverbands der Deutschen Automobilindustrie (RDA) die Kosten für ein erfolgreiches Rennwagenprojekt veranschlagt. Das Reichsverkehrsministerium hatte jedoch vorerst eine jährliche Förderung des Rennsports von insgesamt 450000 RM beschlossen. Und auf einen solchen Betrag hofften nun angesichts der bekannten Automobilfreude des neuen Reichskanzlers beide Kontrahenten. Aber im Wettbewerb um dessen Gunst hatte Daimler-Benz seit Jahren schon die Nase vorn.

Inzwischen hatte sich in der Geschäftsführung der Porsche GmbH eine wichtige Änderung ergeben. Adolf Rosenberger drängte auf sein Ausscheiden aus dem Unternehmen. Die genauen Gründe dafür sind nicht bekannt; vermutlich spielte der sich Anfang der dreißiger Jahre in Deutschland verstärkende Antisemitismus eine Rolle, den Rosenberger als Jude in seiner exponierten Stellung zu spüren bekam. Und so hatte bereits 1932 die Suche nach einem Nachfolger für ihn begonnen. Anton Piëch konnte schließlich den österreichischen Baron Hans von Veyder-Malberg gewinnen, der die Anteile Rosenbergers kaufte und Anfang 1933 geschäftsführender Gesellschafter wurde. Rosenberger blieb dem Konstruktionsbüro jedoch durch sein Engagement für den Rennwagen weiter verbunden, der, kaum ein Jahr später, gewissermaßen in Diensten des antisemitischen Reichskanzlers fahren sollte.

Rosenberger arbeitete weiter für Porsche, er vertrat jetzt das Büro im Ausland. Seinen Pforzheimer Wohnsitz behielt er bei – noch war er Miteigentümer des dortigen UFA-Palastes. 1935 (nicht, wie meist behauptet, 1933) wurde Rosenberger verhaftet und am 23. September in das Konzentrationslager im ehemaligen Schloss Kislau in der Nähe von Karlsruhe gebracht; als «Grund der Inschutzhaftnahme» wurde in seiner Akte «Rassenschänder» angegeben. Es gelang Porsche jedoch recht schnell, ihm zu helfen. Nach vier Tagen kam Rosenberger frei, unter der Auflage, Deutschland umgehend zu verlassen. Er flüchtete nach Frankreich und fungierte dort weiterhin als Vertreter Porsches, was dem Konstruktionsbüro allerdings bald untersagt wurde. Rosenberger ging nach England, und nach Ausbruch des Kriegs emigrierte er 1939 in die USA. 1943 nahm er die amerikanische Staatsbürgerschaft an, legte den Namen «Adolf» ab und nannte sich nun Alan A. Robert.

Die Geschichte hatte eine bemerkenswerte Fortsetzung: Alan A. Robert ließ sich in Los Angeles nieder und hielt sich mit Gelegenheitsarbeiten über Wasser. Im Jahre 1950 heiratete er im New Yorker Stadtteil Queens Anne Metzger, geborene Junkert, jene Anne Junkert also, die in der Stuttgarter Kronenstraße als Schreibkraft und Sekretärin für ihn tätig gewesen war. Sie war 1939 mit ihrem ersten Mann ausgewandert, der 1946 verstarb. Nach dem Krieg kehrte Robert nach Pforzheim zurück und stand vor dem zerstörten Elternhaus. Sein Vater Simon war 1942 im

Exil gestorben. Einen Teil seiner in den zwanziger Jahren errungenen Pokale ließ Robert nun einschmelzen und setzte sie zur Finanzierung des Wiederaufbaus seines Elternhauses ein. Den Rest der Sammlung nahm er mit zurück nach Kalifornien. Ein jüdischer Rennfahrer und seine Erinnerungsstücke, noch immer füllten sie eine Vitrine. Mit der Firma Porsche aber kam es nun zum Streit. Robert forderte eine Entschädigung für sein Engagement in der Frühzeit des Unternehmens. Ehe die Auseinandersetzung eskalierte, einigte man sich auf eine Summe, die durch einen Volkswagen aufgebessert wurde.

Nach einem langen Verfahren um Wiedergutmachung wurde Robert schließlich eine monatliche Rentenzahlung bewilligt. Im Dezember 1967 starb der erste kaufmännische Geschäftsführer des Porsche-Konstruktionsbüros in Los Angeles. Und 1982 besuchte Anne Robert Pforzheim und übergab der Stadt die Sammlung ihres Mannes, Pokale, Münzen, Ehrenurkunden.

Am 11. Februar 1933 hielt Hitler seine programmatische Rede über die Zukunft des deutschen Straßenverkehrs anlässlich der Eröffnung der Berliner Automobilausstellung, die in den kommenden Jahren so etwas wie ein ritualisiertes automobiles Hochamt werden sollte. Porsche nutzte die Gelegenheit, und nach der Mittagspause tickerte sein Telegramm an den Reichskanzler in Berlin: «Als Schoepfer vieler und namhafter Konstruktionen auf dem Gebiete des deutschen und oesterreichischen Kraft- und Luftfahrwesens und mehr als 30 Jahre mitkaempfend an dem heutigen Erfolg beglueckwuensche ich Euer Exzellenz zur tiefgruendigen Eroeffnungsrede der deutschen Automobilausstellung Stop Ich hoffe dass es mir und meinen Mitarbeitern weiterhin und in erhoehtem Masse vergoennt bleibt: Dem deutschen Volke unser Wollen und Koennen zur Verfuegung zu stellen = Dr Ferdinand Porsche». Eine Stunde später hakte ein zweites Telegramm der HFB gleich nochmal nach, verwies auf die in Arbeit befindliche «ueberragende Rennwagenkonstruktion des Bueros Dr Porsche» und äußerte unverblümt die Hoffnung, «bei unseren Bestrebungen Eurer Exzellenz Beachtung und Foerderung teilhaftig zu werden».

Der telegraphische Doppelschlag zeigt, wie entschieden Porsche und seine Mitstreiter das Projekt inzwischen verfolgten. Für das Konstruktionsbüro war der Typ 22 ebenso wie für die Auto Union ein eminenter Imageträger. Der Erfolg dieses Autos, das schon im Entwurf Aufsehen erregend war, konnte den Durchbruch fürs Büro bringen, viel eher als das Projekt des kleinen Wagens, denn ob der je in Serie gehen würde, war nach den Erfahrungen mit Zündapp fraglich.

Kaum zwei Wochen später kam die Nachricht, dass Hitler bereit sei, Porsche, von Oertzen und Stuck zu empfangen: 1. März, Reichskanzlei, Wilhelmstraße. Am Vorabend fuhr Porsche zu Hans Stuck, um in dessen Charlottenburger Wohnung letzte Einzelheiten ihres Auftritts zu bereden.

Am nächsten Tag begrüßte Hitler Porsche mit den Worten: «Wir kennen uns, Dr. Porsche.» Das stimmte, war aber Porsche längst nicht mehr in Erinnerung. 1926, am Rande eines Rennens auf der Stuttgarter Solitude, waren die beiden einander vorgestellt worden. Von Oertzen ergriff nach dieser freundlichen Einleitung das Wort, doch Hitler signalisierte nun frostige Ablehnung. Was er dem Reichskanzler vortrug, konnte seine Stoßrichtung gegen Daimler-Benz ja nicht verleugnen. So wurde Porsche die Schlüsselfigur der Szene.

Man kann nur spekulieren, was den Ausschlag dafür gab, dass Hitler sich von ihm aus der Reserve locken ließ. Vielleicht war es die Melange aus österreichischer Mundart und einer Kaskade technischer Details, vielleicht das forsche Sprechtempo des Konstrukteurs, der gleichzeitig mit der Hand rasant über die

Zeichnungen fuhr und den Eindruck erweckte, das Auto sei schon so gut wie startbereit. Möglicherweise fühlte der Reichskanzler sich gebauchpinselt, weil der ältere Herr ihm ein derartiges technisches Verständnis zutraute, als wüsste Porsche von Hitlers Zahlenbegeisterung und einstiger Lektüre der Autofachpresse. Und noch eine Kleinigkeit kam ja hinzu: Der da so temperamentvoll redete, hatte ebenjene Kompressorwagen von Mercedes konstruiert, in denen Hitler sich so gern umherchauffieren ließ. Porsche trug seine Suada so einnehmend und unbefangen vor, dass dem Reichskanzler offenbar ganz wohlig zumute wurde wie sonst nur bei den architektonischen Lagebesprechungen mit Albert Speer. Er hinterließ einen nachhaltigen Eindruck und hatte fortan bei Hitler den Ruf der Genialität weg. Für das andere Auto, den Wagen fürs Volk, half so schon diese Begegnung im Zeichen des nationalen Rennsports die Bahn zu ebnen. Hitler entließ die Delegation schließlich mit einem deutbaren: «Sie hören von mir.» Im Jahr darauf sollte man sich wiedersehen.

Natürlich erfuhr man bei Daimler-Benz – wenn nicht anders, dann über Jakob Werlin – schnell vom gegnerischen Vorstoß in die Reichskanzlei. In einem vierseitigen Schreiben wandte sich die Direktion am 15. März an Hitler und formulierte etwas säuerlich, fast vorwurfsvoll: «Es ist uns bekannt, dass eine andere Firma, die sich mit dem Bau von Rennwagen noch nicht befasst hat, die aber öffentliche Mittel in erheblichem Ausmaße ohnedies beansprucht, die Forderung erhebt, aus diesen Geldern und aus weiteren Beihilfen einen Anteil zu bekommen, um sich mit dem Bau von Rennwagen und der Beteiligung an Rennen befassen zu können.» Das Schreiben verwies auf die Erfolge des Hauses Daimler-Benz und erklärte, aus eigener Kraft sei man zur Entwicklung eines neuen Typs nicht in der Lage. «Wir wären Ihnen, hochverehrter Herr Reichskanzler, sehr verbunden, wenn Sie eine Entscheidung dahin träfen, dass uns das Reich unterstützt» – wollte heißen: uns allein. Der voraussichtliche Aufwand werde sich auf «nicht erheblich unter RM 1000000,–» belaufen, und man erwarte «schon recht bald eine Zuwendung», da man bereits Mittel investiert habe und weiterhin «ungestört» arbeiten wolle, «für die Förderung des Ansehens des deutschen Namens».

Es war eben eine ärgerliche Sache mit diesem Porsche: Kam zurück nach Stuttgart, machte hier seinen eigenen Laden auf und baute nun auch noch einen vielversprechenden Rennwagen für die Konkurrenz. Emil Georg von Stauß, der Aufsichtsratsvorsitzende von Daimler-Benz, hatte so etwas geahnt. Er hatte 1930 sehr dazu geraten, Porsche nach dessen Abschied von Steyr an das Unternehmen zu binden, um ihn so «von der Konkurrenz fernzuhalten», was Wilhelm Kissel und Hans Nibel jedoch abgelehnt hatten. Da kamen nun die Querelen um Porsches Entlassung und den anschließenden Prozess noch einmal hoch. Und die Sache mit dem Zuschuss für den Rennsport zog sich in die Länge.

Im April schrieb daher die Direktion von Daimler-Benz nochmals an den Beauftragten für das Kraftfahrwesen beim Reichsverkehrsminister, Herzog Carl Eduard von Sachsen, Coburg und Gotha, den «hochverehrten Ehrenführer» des Nationalsozialistischen Kraftfahrerkorps (NSKK). Kissel verwies nachdrücklich auf die Tradition des Hauses und betonte, man sei «bisher auf eigene Kosten ohne jegliche fremde Hilfe den schweren Weg der Sportbeteiligung gegangen», und so müsse auch «die andere Firma, die sich ebenfalls angemeldet hat, ... zunächst einmal aus eigener Kraft beweisen ..., dass sie Rennwagen überhaupt bauen kann, bevor sie einen Anspruch, einen Anteil zu erhalten, erhebt». Worauf gleich eine Spitze gegen Porsche folgte: «Bei uns ist es und war es nicht nur eine Persönlichkeit, auf deren Schulter der Glaube an einen Erfolg allein ruht; die Vergangenheit zeigt, dass es unser ganzes Haus und der Geist ist, welche die

Voraussetzungen des Erfolges in sich tragen.» Deshalb seien etwaige Zuschüsse des Reiches für die «andere Firma» – man blieb demonstrativ bei der preziösen Formel – eine ungleich riskantere Investition in künftigen Rennruhm.

Die Untertürkheimer waren in die Defensive geraten. Und unglücklicherweise war Hans Nibel mit dem neuen W 25 noch lange nicht so weit wie Porsche mit dem Typ 22. Hitler hatte sich irgendwann mit dem Gedanken angefreundet, zwei nationale Konzerne ins Rennen zu schicken. Er teilte kurzerhand die wesentlich erhöhte Fördersumme, und der Daimler-Benz AG blieb Ende Mai nur übrig, für die «gütige Unterstützung» von 500 000 RM zu danken. Die «andere Firma» erhielt 300 000 RM. Besser als nichts.

Am 17. März war der Vertrag zwischen der Porsche GmbH und der Auto Union AG unterschrieben worden. Porsche hatte ursprünglich 300 000 RM für Konstruktion und Entwicklung gefordert, die Auto Union hatte die Rechte aber für nur 75 000 RM erworben. Für beide Seiten kam also der staatliche Zuschuss überaus gelegen. Im Jahr darauf bezogen Auto Union und Daimler-Benz jeweils 300 000 RM. Ab 1935 erhöhte sich der Betrag auf 400 000 RM, der durch Erfolgsprämien sogar noch aufgestockt wurde. Bis 1939 flossen die Zuschüsse.

Die Arbeit am Typ 22 intensivierte sich in der zweiten Hälfte des Jahres 1933. Gebaut wurde das Auto bei Horch in Zwickau, in der neu eingerichteten Rennabteilung. Sein gut 200 Kilogramm schwerer Motor hatte 4,4 Liter Hubraum, war aber so ausgelegt, dass er auf bis zu 6 Liter vergrößert werden konnte. Zwei Achtzylinderblöcke aus einer hochwerten Aluminiumlegierung standen sich im 45-Grad-Winkel gegenüber. Die in der Mitte liegende Nockenwelle wurde über eine Königswelle angetrieben, die auch den Roots-Kompressor und die Zündmagnete von Bosch steuerte. Der Motor leistete ca. 250 PS bei 4500 U/min.

Porsche überwachte auch in der Werkstatt jedes Detail. Hier steht er mit einem Mechaniker am Cockpit des Auto-Union-Rennwagens. Seine Konstruktion mit Mittelmotor bot einen damals ungewohnten Anblick.

Angesichts der niedrigen Drehzahl und der moderaten Verdichtung von 7:1 war die Tendenz nach oben deutlich vorgegeben: «Bald», so Ferry Porsche, «steigerten wir die Leistung auf 350 PS, später auf 400 PS, was so ziemlich das äußerste war, was von einem 4,5-Liter-Motor erwartet werden konnte.» Und aus dem 6-Liter-Motor ließen sich dann über 600 PS herausholen.

Im Spätherbst war ein Prototyp fertig. Ferry Porsche gehörte zu den Ersten, die den Wagen fuhren. Auf einer Landstraße nahe Zwickau katapultierte ihn das Gefährt mit dem Geräusch einer Turbine mitten ins Erstaunen. Doch der Vater beendete die Liaison des Sohnes mit dem neuen Rennwagen recht bald. Ferry solle sich auf die Autotechnik konzentrieren: «Ich habe genügend Fahrer, aber nur einen Sohn!» Außerdem war dieses Auto nun wirklich nicht für die Landstraße gebaut, die weiteren Testfahrten unternahm man auf der Südschleife des Nürburgrings. Eines wurde schnell klar: Beim Gasgeben musste man vorsichtig dosieren, sonst wurde das Auto ungestüm und begann wild zu schwänzeln. Mit den späteren stärkeren Motoren war es leicht, die Reifen noch bei 140 km/h radieren zu lassen.

Als Hans Stuck im Januar 1934 den Wagen über die AVUS lenkte, bestätigte sich dessen Potenzial. Auf der Berliner Automobilausstellung wurde der revolutionär konzipierte Rennwagen die Publikumsattraktion. Ende Februar fuhr man nach Monza und drehte dort einige Testrunden. Porsche stoppte die Zeiten, beäugte kritisch die Zündkerzen. Der Auto-Union-P-Rennwagen – das eingeschobene Kürzel stand für den Namen des Konstrukteurs – war einsatzbereit. Und da ein wenig Geheimniskrämerei zum Geschäft gehört, packte man wieder ein und fuhr nach Hause.

Wesentlich schlechter erging es Rennleiter Alfred Neubauer und dem Team von Daimler-Benz. Ende April wollten sie ihr neues Fahrzeug – ebenfalls auf der AVUS – erstmals testen. Hans

Nibel hatte einen Achtzylinder mit 3,4 Liter Hubraum und 354 PS konstruiert. Ein Vorsprung an Leistung, aber der Kraftprotz hatte noch seine Macken. Und zu allem Unglück platzte Manfred von Brauchitsch auch noch ein Reifen bei über 200 km/h. Das Auto war ein Haufen Schrott, doch von Brauchitsch stand ohne Blessur vor dem fassungslosen Neubauer. Für die Rennsaison 1934 war das ein Vorzeichen. Die Auto Union dominierte, groß allerdings war der Abstand zum Rivalen nicht. Das Duell zwischen den beiden deutschen Marken sollte den Verlauf der internationalen Rennen bis 1939 bestimmen. Erst nach und nach konnten auch Alfa Romeo, Bugatti, Maserati und die anderen hin und wieder ein Rennen für sich entscheiden.

Den Auftakt zu einer Serie von Erfolgen bildete im März 1934 Hans Stuck mit einem überlegenen Sieg auf der AVUS. Ein wenig neidisch der Blick zur Seite, mit dem Alfred Neubauer seinen ehemaligen Chef aus Austro-Daimler-Zeiten beäugte. Aber vielleicht ist sein Erinnerungsbild eher eine freie Komposition nach der Natur: «In einem Gebüsch hockt ein Mann mit zerfranstem Schnauzbart und nestelt nervös an dem Bindfaden, der eine Stoppuhr an seiner Weste festhält. Der Mann läßt keinen Blick von den kreisenden Zeigern. Jedes Mal, wenn der Wagen vorüberbraust, nickt er zufrieden und sein Gesicht wird einige Grade freundlicher.» Da zeigte sich Porsches stets wacher Sinn für die Statistik: 1 Stunde mit 217,106 km/h, 200 km mit 217,085 km/h und 100 Meilen mit 216,869 km/h. Drei Stellen hinter dem Komma, solche Zahlen schrieben die Auto Union und Daimler-Benz dann auch in ihrem bald einsetzenden Duell um die absoluten Geschwindigkeitsrekorde, das mit speziell hergerichteten Varianten der Grand-Prix-Fahrzeuge ausgefochten werden sollte.

Hans Stuck beendete die Saison 1934 als der erfolgreichste Fahrer, er kam mit Porsches Heckmotor am besten zurecht. Beim ADAC-Eifelrennen im Mai allerdings hatte er sich Manfred von

Brauchitsch geschlagen geben müssen, Mercedes holte auf dem Nürburgring den ersten Sieg. Vor diesem Rennen soll sich die berühmte Szene abgespielt haben, die die Wagen zu «Silberpfeilen» werden ließ. Der W 25 habe 751 Kilogramm gewogen und somit ein Kilo Übergewicht gehabt. Nur das Abschleifen des Lacks in der Nacht vor dem Rennen – eine spontane Idee von Neubauer – habe den Wagen auf das zulässige Gewicht gebracht. Rudolf Caracciola meldete sich nach schwerer Verletzung wieder zurück und setzte Stuck bereits auf dem Nürburgring unter Druck, am Klausenpass und in Monza konnte er ihn schon besiegen.

In der kommenden Saison gewann Mercedes die Oberhand, konnte fünf der sieben Grand-Prix-Klassiker für sich entscheiden und feierte den Europameister Caracciola. Doch die Zwickauer konterten umgehend: Die Auto Union engagierte neue Fahrer, Achille Varzi, der sich rasch an den Heckmotor gewöhnte, und den Draufgänger Bernd Rosemeyer, den die Zeitungen zum «Jung-Siegfried am Volant» stilisierten; in seinem Debütrennen für die Auto Union setzte er sich frech und forsch an die Spitze des Feldes. Erst kurz vor dem Ziel rettete Caracciola die Ehre der alten Kämpfer und zog vorbei. Der Rennzirkus der dreißiger Jahre hatte begonnen.

Das von Neubauer kolportierte Porsche-Bild findet sich in ähnlichen Varianten immer wieder. Ferdinand Porsche im Boxenbereich, mit Stoppuhr, mit Schmalfilmkamera, beim Studium des Kerzenbildes, zwischen den Monteuren oder, wie ihn ein Foto von 1936 zeigt, mit einem bauchigen Bierseidel in der Hand – in seinem Trenchcoat wirkt er fast wie ein Tourist, der sich zwischen die Techniker verirrt hat. Die alte Rennleidenschaft war durch die jüngsten Erfolg wieder entfacht worden. Und bei näherem Hinsehen war Porsche ja auch ein Geniestreich gelungen: Für Mercedes hatte er einst die Kompressorwagen gebaut, die

Bernd Rosemeyer 1936 im Silberpfeil der Auto Union beim ersten Training zum Großen Preis in Barcelona. Auf dem von Porsche konzipierten Wagen errang er viele Siege. Seine Duelle mit dem Mercedesfahrer Caracciola gehörten zu den Höhepunkten zahlreicher Rennen in den dreißiger Jahren.

den Rennsport der zwanziger Jahre prägten, und jetzt hatte er den ehemaligen Arbeitgeber düpiert und wiederum ein Fahrzeug in die erste Startreihe gestellt, ein Erfolg, der sein Konstruktionsbüro zu einer begehrten Adresse der deutschen Autoindustrie machen sollte. Und eingebettet ins arbeitsreiche Jahr war jener «diplomatische» Erfolg in der Reichskanzlei, der Porsche einen folgenreichen Sympathiebonus bei Hitler bescherte.

Darüber hinaus aber verfolgte Porsche in dieser Zeit konsequent sein Hauptprojekt. Auf den 17. Januar 1934 datiert ist sein «Exposé betreffend den Bau eines deutschen Volkswagens».

V Vorstoß zum Volkswagen

Vom «Kaiserhof» bis nach Detroit

Der Auftrag von NSU war wirklich Gold wert. Doch das ließ sich zunächst allenfalls ahnen. Der Generaldirektor von NSU, Fritz von Falkenhayn, hatte Porsche für die Konstruktion eines Volkswagens weitgehende Freiheiten eingeräumt. Das hatte Folgen. Ferry Porsche, der bei der Entwicklung und insbesondere bei der Erprobung dieses Typs 32 eine wichtige Rolle spielte, betonte im Rückblick, «daß alle Verbesserungen, die später im Volkswagen eingebracht wurden, zu nahezu einhundert Prozent auf die Erkenntnisse zurückzuführen waren, die bei der Erprobung des NSU-Wagens gewonnen wurden». Das Auto, das 1933 in der Kronenstraße entworfen wurde, sorgte, wie schon der Auftrag von Zündapp, für Kontinuität bei der Beschäftigung mit dem Problem des Volkswagens. Und das, wie sich erweisen sollte, zum denkbar besten Zeitpunkt.

Im Vergleich mit seinem Vorgänger, dem Typ 12, wirkte das Auto, von dem wiederum drei Prototypen angefertigt wurden, eher unförmig, die winzigen Frontscheinwerfer waren kaum mehr als zwei peinliche Funzeln. Aber trotzdem, das alles ein wenig zurechtgedrückt und -gezogen, dann sieht man schon mehr vom späteren Käfer. Außerdem verfügte der Wagen für NSU über einige technische Innovationen. Er hatte einen Zentralrohr-

Plattformrahmen, Einzelradaufhängung, Stoßdämpfer und Trommelbremsen an allen vier Rädern und – endlich – die Drehstabfederung. Eingebaut wurde ein luftgekühlter 1,5-Liter-Boxermotor. Der leistete bis zu 28 PS und ließ den Wagen flotte 100 km/h laufen, sogar 115 km/h sind bezeugt. Die ersten Testfahrten verliefen weitaus besser als beim 12er, wenn auch die neuen Torsionsstäbe bisweilen unter schrillem Getöse brachen und der Boxer-Motor die Insassen mit unerträglichem Lärm quälte. Von Falkenhayn war jedenfalls schon recht zufrieden mit den ersten Exemplaren und dachte an die Aufnahme der Produktion.

Das jedoch war, wie bei Zündapp, das Problem. Zehn Millionen Reichsmark wollte er investieren – eine Menge Geld, ob es allerdings reichen würde, um eine moderne Fertigungsstraße aufzubauen, war mehr als fraglich. Und so schreckte der zweite Motorradhersteller schlussendlich ebenfalls zurück: Auch NSU zog es vor, das Büro Porsche auszuzahlen. Dabei waren die Aussichten für die Autohersteller freundlicher geworden. Schon 1933 lief das Geschäft im Vergleich zum flauen Vorjahr spürbar besser. Gleichzeitig aber hatte sich der Motorradmarkt gewandelt. BMW und Zündapp erhielten bereits verstärkt Rüstungsaufträge, und für NSU wuchsen somit die Absatzchancen auf dem zivilen Markt. Statt eines Volkswagens brachte das Unternehmen die «NSU Quick» an den Mann, ein «Volksmotorrad».

An geplatzten Kleinwagenprojekten hatte Porsche mittlerweile genug aufzuzählen. Gerade das Ende des NSU-Auftrags jedoch hat die Mannschaft in der Kronenstraße wohl mehr frustriert, als die meisten Darstellungen glauben machen wollen; nur W. H. Nelson spricht von einem «heftigen Schock». Viel Arbeit und Energie hatte man in die zwei Aufträge gesteckt und dabei eine Menge Know-how gewonnen. Außerdem hatten sich die politischen Rahmenbedingungen geändert, man hatte die Rede des neuen Reichskanzlers gehört, der nicht nur den Motorsport fördern wollte, sondern auch den gesamten automobilen Kraftverkehr, zunächst vor allem durch Steuerentlastungen und Straßenbauprogramme. Porsche hielt die Zeit für gekommen, das niederzuschreiben, was seiner maßgeblichen Meinung nach – «Habe die Frage des Volkswagens eingehend studiert» – über den Wagen für die breite Masse zu sagen war, eine Zwischenbilanz, ein Anforderungskatalog, ein operatives Papier. Das «Exposé betreffend den Bau eines deutschen Volkswagens» vom 17. Januar 1934 wurde dem Reichsverkehrsministerium übersandt und enthielt den forschen Vorschlag: «Die Regierung möge mir den Bau eines Volkswagens als Studienobjekt übertragen.»

Wenn die Regierung Rennwagen finanziell förderte, warum dann nicht auch die Entwicklung eines Volksautos? Porsche brachte sich ins Gespräch, mit einem erstaunlichen Gespür für die neue Stimmungslage. Das zeigt schon die Terminierung seiner Eingabe. Nur eine Woche zuvor war der P-Rennwagen auf der AVUS von Hans Stuck vorgeführt worden – vor illustrem Publikum. Der Testfahrt wohnten Hitlers Chefadjutant Major Wilhelm Brückner, NSKK-Führer Adolf Hühnlein, Oberregierungsrat Eras vom Reichsverkehrsministerium, Sportpräsident Kroth, einige Herren vom Reichspropagandaministerium und Kronprinz Wilhelm von Preußen bei. Generaldirektor von Oertzen, Auto-Union-Rennleiter Willy Walb und Ferdinand Porsche wachten über den reibungslosen Ablauf der PS-Schau, für Mundpropaganda auf höchster Ebene war gesorgt. Vielleicht ließen sich ja die möglichen Rennerfolge für die Realisierung des Volkswagens nutzen.

Ganz aufgehellt sind die allerersten Anfänge des Volkswagenprojekts bis heute nicht. Zwischen RDA und Reichsverkehrsministerium gab es seit Februar 1933 enger werdende Kontakte. Die erklärte Absicht der neuen Regierung, die Untermotorisierung im Land von Otto, Diesel, Daimler und Benz zu beenden, war deutlich geworden. Es lag auf der Hand, dass das nicht nur durch Rennsiege geschehen konnte. Und seit Hitler im September 1933 den ersten Spatenstich für die Reichsautobahn bei Frankfurt am Main getan hatte, war weiterer Handlungsbedarf entstanden. Die neuen Straßen durften ja nicht leer bleiben, doch «autobahnfest» waren vorerst vor allem die teuren, hubraumstarken Limousinen. Insofern hieß es der Gefahr vorzubeugen, dass die «Straßen des Führers» am Ende als «Straßen für die Reichen» erscheinen würden und der gemeine Volksgenosse mit Kolbenfresser auf der Strecke blieb. Der Bau der Reichsautobahnen wurde propagandistisch als «Volksprojekt» inszeniert und verlangte geradezu danach, dass der «Führer» dem Volk ein «zweites großes Geschenk» machte, einen entsprechenden Wagen, der die imposante Eintönigkeit der «blaßgrauen Bänder» belebte. Und so wie man bei den Autobahn-Plänen auf Konzepte und Vorarbeiten der zwanziger Jahre zurückgriff, sollte nun endlich auch der lange schon postulierte, aber nie verwirklichte Wagen für jedermann gebaut werden. Kurz, die Sache lag in der Luft.

1934 überschlugen sich die Ereignisse dann. Da man um Hitlers Autobegeisterung wusste, war Bewegung in die Amtsstuben des Propaganda- und des Reichsverkehrsministerium gekommen. Am 20. Januar wandte sich der Reichsverkehrsminister an den RDA mit der Frage, was man bei den Autobauern davon halte, einen Wettbewerb auszuschreiben, in dem die Konstruktion eines Kleinwagens ausgelobt werden könnte; im März forderte Hitler in seiner Eröffnungsrede zur Berliner Automobilausstellung den Volkswagen; im Juni wurde zwischen Porsche und dem RDA der Konstruktionsvertrag für dieses Auto abgeschlossen. So schnell ging nun alles. 1934 – selbst für Porsche ein Schlüsseljahr.

Was da nun initiiert wurde, war in der Tat ein merkwürdiges Unternehmen. Drei Parteien gab es, vereinfacht gesagt, bei dem Projekt. Da war Hitler, der dieses Auto schnell um jeden Preis haben wollte, nein, nicht um jeden Preis, sondern für 1000,– Reichsmark pro Stück. Das machte die Sache nicht eben einfacher. Zweite Partei waren die deutschen Autohersteller, von denen er das Fahrzeug forderte. Sie waren alles andere als erfreut darüber, dass sie auf dem eigenen Absatzmarkt einen Volkswagen platzieren sollten. Und da war Ferdinand Porsche, der endlich seine Chance gekommen sah, ein solches Auto zu bauen, das er seit dem Sascha-Wagen immer wieder im Kopf hatte. Um Hitler nicht zu brüskieren, musste schließlich der RDA Porsche beauftragen, der Autoindustrie ein solches Kuckucksei ins Nest zu legen. So sah die konfliktträchtige Ausgangslage aus.

Für Porsche war es eine glückliche Mechanik der Umstände, dass er sein konkurrenzlos dastehendes «neutrales Konstruktionsbüro», wie er im Exposé betonte, ins Spiel bringen konnte. Die 1930 noch riskante Gründung fand jetzt einen neuen, großen Auftraggeber, den Staat Hitlers. Porsche schickte sich an – wie sich im Laufe der kommenden drei, vier Jahre herausstellen sollte –, zum größten Konkurrenten der etablierten Hersteller zu werden. Und er zählte dabei immer stärker auf die Unterstützung Hitlers. Kaum zu überschätzen ist die Schlüsselszene in der Reichskanzlei, als Porsche über seinen Rennwagen referierte. Dem Eindruck, den er bei Hitler hinterlassen hatte, maß er instinktiv die richtige Bedeutung bei.

Zu den ersten konkreten Anfängen des Projekts gehörte eine Besprechung am 12. Februar 1934, auf der Vertreter des RDA, des Reichswirtschafts-, des Propagandaministeriums, NSKK-Chef Adolf Hühnlein und ein Offizier der Reichswehr Grundsatzfragen diskutierten. Auffälligerweise stand schon hier der Verkaufspreis von 1000,– RM im Raum und sorgte prompt für

Blick in eine Halle der Berliner Automobilausstellung im Jahre 1934. In seiner Eröffnungsrede bekräftigte Hitler seinen autofreundlichen Kurs und forderte einen «geeigneten Kraftwagen für das deutsche Volk». Als Beispiel für erfolgreiche Massenproduktion nannte er den «Volksempfänger».

BUNGARTZ
STANDARD TEMPO
GOLIATH 59
PUCH TEMPO
GOLIATH
AUSTRO-DAIMLER-STEYR 36
56
59
BUNGARTZ
37
37A
AUSTRO-DAIMLER-STEYR
36

falsche Vorstellungen: Ein derart billiges Auto könne ja wohl nichts taugen, befanden sowohl die RDA-Vertreter als auch Hühnlein und der Verbindungsoffizier; sie sprachen sich gegen den Bau eines Volksvehikels aus, dem jeder militärische Beiwert fehle. So blieb das Ergebnis dieser Zusammenkunft etwas diffus, sie brachte aber vielleicht gerade darum die Zustimmung der RDA-Vertreter zum Beschluss, einen «hervorragenden Konstrukteur» mit einer Stellungnahme zu betrauen.

Die Autobauer plädierten für einen ausgewachsenen Viersitzer und lagen damit auf der Linie, die Porsche kurz zuvor in seinem Exposé vertreten hatte: «Ich verstehe unter einem Volkswagen kein Kleinfahrzeug, das durch künstliche Verringerung seiner Abmessungen, seiner Leistung, seines Gewichts usw. die Tradition der bisherigen Erzeugnisse auf diesem Gebiete nach der Storchschnabelmanier weiterführt.» Porsche wollte vielmehr ein «vollwertiges Gebrauchsfahrzeug» liefern, das «durch grundlegend neue Maßnahmen» in puncto Fahreigenschaften, Lebensdauer, Höchstgeschwindigkeit und Bergsteigefähigkeit auf der Höhe der Zeit sei, das mit Karosserievarianten auch als Lieferwagen oder Militärfahrzeug dienen könne. Dezidiert lehnte Porsche eine «Kompromißlösung mit Rücksicht auf einen bestimmten Preis» ab; die «grundlegend neue konstruktive Lösung» müsse sich zu einem «für breite Volksschichten erträglichen Preis» realisieren lassen. Und den nannte er in seinem Katalog der möglichen Fahrzeugdaten dann auch: 1550 RM. Das war die Größenordnung, an die die RDA-Vertreter ebenfalls gedacht haben mochten, und diese Summe orientierte sich nicht zuletzt an den vergleichbaren Modellen von Opel – der P 4 war für 1650 RM zu haben.

Das Projekt Volkswagen war in Gang gekommen, den nächsten und entscheidenden Impuls aber gab Hitler. Als er am 7. März 1934 seine Rede zur Eröffnung der Berliner Automobilausstellung hielt, verkündete er den neuen Kurs seiner Verkehrspolitik: «Wenn wir wirklich die Kraftwagenbesitzer in Deutschland in die Millionenzahl steigern wollen, dann kann dies nur gelingen, wenn wir seinen Preis anpassen dem finanziellen Leistungsniveau der hierfür in Frage kommenden Millionenmasse der Käufer.» Und gleich darauf deutete er an, welche Schlüsse die Autoindustrie daraus zu ziehen habe: «Wenn die deutsche Regierung wünscht, daß das deutsche Volk lebendigen Anteil am Kraftwagen nimmt, dann muß aber die Wirtschaft für das deutsche Volk auch den geeigneten Kraftwagen schaffen und bauen.» Hitler erinnerte an die Fabrikation des Volksempfängers und nahm ihn als Analogie zum Massen-Pkw. Interessant ist das Beispiel schon deshalb, weil Porsche mit ebendiesem Vergleich sein Januar-Exposé eröffnet hatte; kaum versteckt zitierte Hitler Porsche. Umgekehrt hatte aber auch der schon Hitlers Tonlage getroffen: «Denn diese Entwicklung [des Volkswagens] ist mehr denn je Sache des ganzen Volkes, insbesondere dessen Jugend, die nicht nur in körperlicher, sondern auch in technischer Tüchtigkeit herangezogen werden will.»

Vom «Volkswagen» oder «Volkstyp» sprach Hitler noch nicht, lediglich von der bedeutenden Aufgabe, «immer mehr den Wagen zu konstruieren, der ihr [der Kraftwagenindustrie] zwangsläufig eine Millionenschicht neuer Käufer erschließt». Damit sorgte Hitler für Betriebsamkeit hinter den Kulissen. Zunehmend wichtiger wurde jetzt der Mann, der seit 1924, seit Hitlers Entlassung aus der Landsberger Haft, dessen engster Berater in Autoangelegenheiten war: Jakob Werlin nutzte die Gunst der Stunde. Der Leiter einer Daimler-Benz-Vertretung in München war 1932 der SS und der NSDAP beigetreten und im Juli 1933 wieder in den Vorstand von Daimler-Benz berufen worden, nachdem man ihn kurz zuvor entlassen hatte; nun sollte er seine «guten Verbindungen zum Regime und dessen Behörden im Sinne des Konzerns … nutzen». Werlin war über die Arbeiten in Porsches Büro gut informiert. Er hatte ihn dort im Herbst 1933 schon einmal besucht. Porsche hatte damals schnell alle Skizzen zum Auto-Union-Rennwagen vom Tisch geräumt, damit der Vertreter der Konkurrenz ihm ja keine Geheimnisse abluchsen konnte, freimütig aber hatte er über seine Kleinwagenentwürfe berichtet, ohne zu ahnen, dass gerade das den Besucher interessierte, denn bei Daimler-Benz hatte man ein eigenes Kleinwagenprojekt auf den Weg gebracht.

Nach Hitlers Rede auf der IAMA avancierte Werlin zum wendigen Mittelsmann in der Sache Volkswagen. Sein erster großer Erfolg war ein Arrangement auf höchster Ebene: Anfang April 1934 kam es in seinem Beisein zu einem erneuten Treffen zwischen Porsche und Hitler im Berliner Hotel «Kaiserhof». «An einem Tisch in der Ecke der Halle», notierte Ghislaine Kaes, «entwickelte der Führer erstmalig Porsche gegenüber seine Gedanken über einen Wagen für das Volk. Dabei erwähnte er auch die Interessen des Militärs bei so einem Wagen.» Werlins Notizen nach der Zusammenkunft deuten ebenfalls darauf hin, dass Hitler hier eigene Vorstellungen kundtat und dem Konstrukteur mit auf den Weg gab: Ein leichtes Fahrzeug mit 30 PS, einem luftgekühlten Dreizylinder-Dieselmotor und Allradantrieb wünschte er sich – auch die Wehrmacht sollte schließlich ihre Freude an dem Wagen haben. Offen blieb bei dem Treffen die Frage einer möglichen staatlichen Unterstützung. Was allerdings den Verkaufspreis anging, hatte Hitler eine fixe Idee: Er hatte sich unwiderruflich auf die 1000-Mark-Grenze festgelegt. Darüber ging nichts. In dieser Hinsicht sollte der «Volkswagen» ein Rekordfahrzeug werden. Der Amoklauf gegen eine solide Kalkulation hatte begonnen.

Mit dem Treffen im «Kaiserhof», erinnerte sich Ferry Porsche, «war eine grundsätzliche Entscheidung gefallen, und unser Büro begann sofort mit der Arbeit, obwohl noch kein schriftlicher Vertrag vorlag». Jetzt lief alles auf eine Entscheidung für Porsches zu, der offensichtlich Hitlers Plazet hatte. Wer ihn nun noch umgehen wollte, musste mit der Missgunst des «Führers» rechnen. Werlin hatte den Konstrukteur präzise lanciert. Der Erfolg scheint zwar, angesichts der Vorgeschichte des Jahres 1933, kaum überraschend, dennoch ist Werlins Hilfsleistung nicht zu unterschätzen, denn innerhalb des RDA war der Widerstand gegen Porsche nach wie vor groß.

Nur eine Woche nach dem Treffen zwischen Hitler und Porsche lud das Reichsverkehrsministerium zu einer Besprechung in Berlin ein. Vertreter aus dem Wirtschafts-, dem Propagandaministerium und dem RDA berieten am 11. April über das Thema «Volkswagen». Der RDA war in eine missliche Lage geraten: Einerseits hätte man das Projekt am liebsten fallen gelassen, andererseits musste man mitziehen, um die Kontrolle zu behalten.

Ministerialdirektor Brandenburg und sein Sachreferent warteten gleich mit einer Überraschung auf: Im Wirtschaftsministerium hatte man sich ein Volksauto mit drei Rädern ausgedacht, todschick, «2 Räder vorn und 1 Rad hinten». Wenig Rollverlust und obendrein geländegängig, ausgestattet mit einem Heckmotor und selbstverständlich in «natürlicher Stromlinienform» gestaltet. RDA-Vertreter Dr. Scholz wies einigermaßen entnervt darauf hin, dass es kaum ratsam sei, «der Industrie konstruktive Vorschriften zu geben»; er sprach vom Risiko, das die Autohersteller mit dem Projekt eingingen. Der Vertreter der Reichskanzlei hingegen meinte, die Industrie baue ohnehin «viel zu teure Autos», und Dr. Küke vom Reichspropagandaministerium hielt die Idee mit den drei Rädern für «unbedingt wertvoll». Schöne Bescherung – jetzt war es der RDA, der auf eine Führerweisung hoffte, mit der die automobile Notlösung aus der Welt zu schaffen wäre. In einer Anfrage vom 5. Mai, «ob der Herr Reichskanzler den Bau eines 3- oder 4rädrigen Wagens für zweckmässig halte», erbat man eine Entscheidung. Antwort kam postwendend: Der «Führer» wollte vier Räder. Die Sache war vom Tisch.

Der RDA setzte konsequent auf ein vollwertiges Gebrauchsfahrzeug und sprach sich wiederholt gegen kleine Lösungen aus. Dabei spekulierte man jedoch darauf, dass ein solches Auto sich für den vorgegebenen Preis nicht verwirklichen lasse und das Projekt schließlich daran scheitern werde. In einer Denkschrift fasste RDA-Präsident Robert Allmers Anfang April die Gründe zusammen, die für eine Mitwirkung seines Verbandes sprachen. Er wies unter anderem auf die Gefahr hin, dass die Adam Opel AG einen Alleingang wagen könnte. Opel mit seinen modernen Fertigungsmethoden hatte vom Aufschwung nach dem Krisenjahr 1932 besonders profitiert und beherrschte den Markt der preisgünstigen Fahrzeuge, nur DKW war in der Lage, mitzuhalten. Die Angst, Opel werde seinen Modernisierungsvorsprung nutzen und – mit dem Kapital des amerikanischen Hausherrn – den deutschen «Volkswagen» schon bald in eigener Regie herstellen, war nicht unbegründet. Während der gesamten Entwicklungsphase des Volkswagens sorgten Opel und DKW mit neuen Modellen und günstiger werdenden Preisen für Konkurrenzdruck.

Darüber hinaus verfestigte sich innerhalb des RDA die Auffassung, dass es wenig opportun sei, Hitlers Wunsch zu ignorieren. Der Generalsekretär des Verbandes, Wilhelm Scholz, argumentierte politisch und mahnte, es gebe für die Autoindustrie mittlerweile «eine Dankverpflichtung gegenüber dem Führer», darum seien die Bedenken gegenüber dem Projekt zurückzustellen, «jeder Schein einer Skepsis oder Bremsung» müsse vermieden werden. Wilhelm Kissel, der Vorstandsvorsitzende von Daimler-Benz, war derselben Ansicht. Er empfahl, das Konstruktionsbüro Porsche mit der Entwicklung eines solchen Fahrzeugs zu beauftragen. Zähneknirschend rang man sich im RDA zu dieser Entscheidung durch. Carl Hahn, Direktor der Auto Union, fand das konsensfähige Motto dafür: Das Beste sei es, «den Mund zu halten, nach oben zu erklären, daß an der Erreichung des Ziels gearbeitet wird, dies aber längere Zeit in Anspruch nehmen würde». Am 8. Mai entschied man sich beim RDA für Porsche, und Ende des Monats nahm man die Verhandlungen mit ihm auf.

Porsche selbst, offensichtlich stets gut über den Fortgang jener Gespräche informiert, war inzwischen nicht untätig geblieben. Mitte Mai konnte er dem RDA eine Denkschrift zum Volkswagen vorlegen, in der er seine Ausführungen vom Januar aktualisierte und ergänzte. Statt von 26 PS war nun von 30 PS die Rede, eine Zahl, die ja auch Hitler genannt hatte. Porsche unterstrich erneut den hohen Standard, den das Auto insbesondere in den Fahreigenschaften erreichen müsse. Betrachtungen zu Absatzchancen und Produktion ergänzten das neue Papier. Überraschend ist allerdings, dass Porsche sich in der Preisfrage nicht bewegen wollte. Er nannte wiederum 1500 RM; lediglich durch spätere Rationalisierungen ließen sich die Kosten senken, dazu aber sei eine «Zusammenfassung aller Kräfte der gesamten Automobilindustrie» vonnöten. Porsche beharrte auf einer soliden Kalkulation, obwohl er wissen musste, welchen Dollpunkt Hitler aus der schönen Zahl 1000 machte; aber für 1500 RM, da bekäme man ein wirklich anständiges Auto, eine «Neuschöpfung» mit allen technischen Finessen – das musste sich doch auch in der Propaganda wesentlich besser verkaufen lassen als ein Karren, der nur für Heiterkeit auf den Bürgersteigen sorgte, statt Stolz und Wohlgefühl «breitester Käuferschichten» hervorzurufen.

Einige Sparmöglichkeiten jedoch bot Porsche an. Die Händler etwa könnten «in durchaus anzustrebender Weise zum Dienst am Volke erzogen» werden und ihre Provisionen senken. Porsche dachte an Ratenzahlungssysteme und eine Beteiligung der Rohstofflieferanten am Startkapital für das große Projekt. Er schlug eine einheitliche Vertriebsgesellschaft vor, die «unter Führung einer hierzu vom Reich designierten Persönlichkeit mit entsprechender Vollmacht» stehen könnte. Sicherheitshalber legte Porsche der Denkschrift zwei Kalkulationen bei, eine mit 1490 RM und eine optimistisch getrimmte mit 1190 RM. Alles andere wäre denn doch zu halsstarrig gewesen.

Zu Porsches Forderungen gehörte die Finanzierung einer ausgiebigen Erprobungsphase, denn für mindestens zehn Jahre sollte die Konstruktion verbindlich sein, mit Rücksicht auf die aufzubauende Fließbandfertigung. Die nämlich dürfe durch nachträgliche Änderungen nicht gestört werden. Gerade das werden die Vertreter des RDA mit Erstaunen gelesen haben – ausgerechnet der berüchtigte Dauertüftler Porsche mahnte diese Tugend an und berief sich dabei auf Henry Fords Credo des technischen Stillstands. War der Mann vernünftig geworden?

Am 2. Juni saß Chefkonstrukteur Karl Rabe in der Stuttgarter Kronenstraße und brütete über einer «Vorkalkulation» des Typ 60. Der Preis musste korrigiert werden. Zwar dürfte allen Beteiligten klar gewesen sein, wie unrealistisch die Vorgabe von 1000 RM war, aber der RDA bestand – keineswegs ungern – darauf. Selbst wenn er ernsthaft am Bau des Volkswagens interessiert gewesen wäre, er hätte gar keine andere Wahl gehabt – das «Lieblingsprojekt des Führers» (Carl Hahn) war nur sinnvoll, wenn auch Hitlers Wunschpreis im Paket blieb. So wurde aus der Kalkulation ein Zahlenspiel auf 1000. Die «Vorkalkulation» vom 2. Juni enthielt noch zwei Modellrechnungen. Eine setzte die Gestehungskosten für die Karosserie auf 300, die für das Fahrgestell auf 800 RM fest, machte 1100 RM; mit einer Händlerspanne von 150 RM ergab sich der Verkaufspreis von 1250 RM. Noch zu viel: Die zweite Version ging von 250 RM für die Karosserie und

600 RM für das Fahrgestell aus, Summe der Kosten also 850 RM, mit Händlerspanne kam man auf einen Verkaufspreis von exakt 1000 RM.

Zwei Wochen später fand in Frankfurt eine «grundlegende Besprechung» mit dem RDA statt. Danach musste Rabe nochmals ran. In einer «Zusammenstellung lt. Sitzung Frankfurt» ermittelte er nun aus einer Kombination 250/650 RM die Gestehungskosten mit 900 RM. Die Spalte für den Verkaufspreis blieb ohne Eintrag. Da ließ sich nun eine auf 100 RM reduzierte Händlerspanne hinzudenken, und erneut stünden 1000 RM auf dem Papier.

Es ging doch. Aber war das nicht eine Gleichung mit zu vielen Unbekannten? Bei allen Erwägungen, Entwürfen und Denkschriften dieses Halbjahrs fällt auf, dass sich die Überlegungen stets um das Auto drehten: Wie der Volkswagen aussehen sollte, welche Besonderheiten die Konstruktion aufweisen musste, das wurde immer wieder diskutiert. Sein Preis stand fest, nur wo er produziert werden sollte, das geriet kaum in den Blick. Und lediglich am Rande war von nötigen Stückzahlen oder Absatzchancen im Ausland die Rede. Welche Bedeutung eine moderne Fertigungsstätte für ein derart günstiges Fahrzeug haben musste, dieses Thema wurde vernachlässigt, auch wenn Porsche es in seiner Denkschrift wenigstens angeschnitten hatte. So gesehen hatte man die Lektion von Henry Ford, auf den sich alle gern beriefen, nicht gelernt. Sie lautete: Die Konstruktion des Autos selbst ist wichtig, zweifellos, am Ende aber ist es die Fabrik, die seine Massenproduktion ermöglicht. Wie das jetzt beim deutschen Volkswagen vonstatten gehen sollte, blieb vorerst offen.

Es gab schließlich niemanden, dem daran gelegen war, die Fertigungsfrage aufzuwerfen. Hitler interessierte das nicht, er drängte und mit ihm seine Ministerien. Die im RDA vertretenen Hersteller engagierten sich ohnehin nur halbherzig und hofften, der Wagen werde nie gebaut. Warum also sollte Porsche vehement auf das Problem hinweisen? Er war gar nicht in der Position dazu, kämpfte er doch zunächst um den Auftrag zur Konstruktion von Prototypen. Das war der erste Schritt, auf den er sich jetzt zu konzentrieren hatte. Dann konnte man über den nächsten nachdenken. Und außerdem glaubte er wohl – wollte, musste er glauben –, dass er und seine Mitarbeiter das Preiswunder schon irgendwie vollbringen würden.

Deutlich ausgesprochen hat das Fertigungsproblem jedoch Franz Josef Popp, der Generaldirektor von BMW. Am 5. Juni noch wandte er sich an den RDA-Präsidenten Allmers und in einem weiteren Brief an Wilhelm Kissel. Popp fürchtete, «dass in der ganzen Angelegenheit Opel der lachende Erbe wird», denn nur Opel könne einen solchen Wagen produzieren. «Man müsste mindestens 100 Millionen Mark in die Hand nehmen, um eine gleich leistungsfähige Kleinwagenfabrik wie Opel zu errichten.» Das aber sei «volkswirtschaftlich ein Unsinn», der deutsche Markt sei gar nicht aufnahmefähig genug dafür. Popp war daher der Meinung, die Entwicklung der letzten Wochen führe in die Irre: «Ich halte es für völlig unrichtig, wenn der RDA sich in der Weise mit dem Problem belastet, dass er Herrn Dr. Porsche oder sonst irgend jemand mit der Konstruktion eines Wagens beauftragt; denn damit würde die deutsche Automobilindustrie zugeben, dass sie bisher geschlafen hat und nicht die richtigen Kleinwagen konstruiert hätte.» Das aber treffe nicht zu, die Konstruktion sei nicht das Problem, sondern der Absatz; um ihn zu fördern, müssten «die Betriebskosten gesenkt werden, und dies ist die Aufgabe der Regierung. Wir müssen also der Regierung den Ball zuwerfen …»

Im jetzigen Vorgehen sah Popp eine große Gefahr. Unter der Ägide des RDA werde nun ein neues Auto konstruiert, und letztlich werde mit Opel diejenige Firma davon profitieren, «die diesen Wagen am billigsten und schnellsten herstellen kann. Es würde dann der geradezu groteske Zustand entstehen, dass dieser Opel-Wagen nicht mehr als Opel-Wagen auf den Markt käme, sondern als ‹deutscher Volkswagen›, der eine besondere Förderung durch die Behörden und durch die öffentliche Meinung bekommen würde.» Weder Allmers noch Kissel werden das gern gelesen haben. Aber für derartige Erwägungen war es zu spät. Popp stemmte sich gegen die inzwischen eingetretene Situation, indem er schrieb: «Wir müssen den Mut aufbringen, den Behörden und damit auch dem Führer reinen Wein einzuschenken; denn sonst ist die Automobilindustrie diejenige, auf welche das Odium der Unfähigkeit fällt.»

Zum Vertragsabschluss zwischen dem RDA und dem Konstruktionsbüro Porsche kam es am 22. Juni 1934. Die Vereinbarung umfasste vier Seiten mit allerhand Kautelen. Porsche verpflichtete sich, in «etwa sechs» Monaten Entwurf und Konstruktion vorzulegen und nach «etwa vier weiteren, insgesamt 10 Monaten… Detaillierung und Versuchswagen» fertig gestellt zu haben. Ein enger Zeitrahmen; am 22. April 1935 sollte der Auftrag abgeschlossen sein. Grundlage der Kalkulationen wurde der «Gestehungspreis von 900 Mark je Wagen bei einer Serie von 50000 Stück». «P» – so das Vertragskürzel für Ferdinand Porsche und die Porsche GmbH – hatte den Vertretern des RDA «jederzeit Einblick in die Arbeiten» zu gewähren und wurde «zu jeder Auskunftserteilung an den RDA verpflichtet». Der RDA zahlte mit Vertragsbeginn einen Vorschuss von 25000 RM und sodann regelmäßige Beträge, «jedoch im Gesamtdurchschnitt nicht über 20000 Mark je Monat». Mit der Aufnahme der Produktion sollte die Porsche GmbH eine «Erfolgsprämie von RM 1,– je gebauten Wagen für den Zeitraum von vier Jahren» erhalten. Der RDA sicherte sich ausdrücklich dagegen ab, dass Arbeitsergebnisse in «fremde Hände» gelangten: Falls das Projekt eingestellt würde oder die Vertragspartner sich trennen sollten, hatte Porsche das «von ihm bearbeitete Material» an den RDA zu übergeben – selbst dann, wenn «aus übergeordneten nationalen Gründen eine Einforderung des gesamten Materials durch die Reichsregierung oder deren Beauftragte in Frage kommen sollte».

Zweifach wird eine bezeichnende Szene kolportiert, die sich unmittelbar nach der Vertragsunterzeichnung ereignet haben soll. Der Autor Horst Mönnich erzählt, Wilhelm von Opel habe im Gespräch mit Porsche frohgemut geäußert: «Was wollen Sie, Porsche, ein wundervoller Auftrag! Sie werden zehn Monate darüber brüten, Sie kriegen das gut bezahlt, und dann werden Sie einsehen, daß es nicht geht, und eine lakonische Mitteilung nach oben machen!» Den Erinnerungen Ferry Porsches zufolge war es ein «Industrieller», unschwer als Franz Popp zu identifizieren, der gesagt haben soll: «Herr Porsche, wenn Sie das Geld verbraucht haben und sagen, die Aufgabe ist unlösbar, dann ist es genau das, was wir von Ihnen erwarten!» Porsche aber, so sein Sohn, habe gleich gekontert: «Da haben Sie dem Falschen den Auftrag gegeben, denn sie ist lösbar!»

Jetzt also stand die Arbeit am Volkswagen für Porsche an allererster Stelle. Wie beschränkt die Mittel des Konstruktionsbüros in dieser Zeit noch waren, zeigt ein Blick in die Werkstatt, in der Porsches Mitarbeiter die Prototypen zusammendengelten; das nationale Großprojekt begann als Garagenunternehmen: Im Anbau der Porsche-Villa am Feuerbacher Weg wurden die Autos montiert, Bohrmaschine und Fräse standen schon da, zwei Drehbänke wurden angeschafft, so begann es.

Zuvor hatten die Ingenieure noch einmal ihre ungezügelte Autolust ausleben können. Da wurde der Typ 52 entworfen, ein Wagen auf der technischen Grundlage des Auto-Union-Rennwagens mit drei Sitzen nebeneinander, der Fahrer in der Mitte. Ein

V-16-Zylindermotor, gedrosselt auf 200 PS, sollte für 200 km/h Reisegeschwindigkeit sorgen. Ein leicht verruchter Autobahntraum in Stromlinienform, ein Gefährt wie aus einem Zukunftsroman. Es wurde nie gebaut, denn jetzt ging es um die halbe Geschwindigkeit und automobile Realität.

Der lange Weg zur ersten Testfahrt

Die Entwicklung des Volkswagenprojekts nach dem Abschluss des Vertrags zwischen Porsche und dem RDA gedieh, wie kaum anders zu erwarten, zu einem konfliktreichen Hin und Her zwischen den Parteien. Unter dem verordneten Preisdruck wurde aus der Konstruktion des Volksautomobils ein technisches Abenteuer «im Dienste der Nation». Porsche hatte gleichwohl einen Coup gelandet, der alle früheren, vergeblichen Anläufe vergessen ließ. Anders als die Vorstände und Aufsichtsräte hielt er es nicht für ein Ding der Unmöglichkeit, ein solches Auto für diesen Preis zu bauen.

Hitler hatte inzwischen erfahren müssen, dass sein neuer Automann nicht einmal Reichsdeutscher war, sondern tschechischer Staatsbürger. Ein solcher Makel musste beseitigt werden. Vom Reichssportkommissar Hans von Tschammer und Osten kam kurz vor dem Weihnachtsfest der Brief an Porsche, der den deutlichen Hinweis enthielt, «der größte deutsche Automobilkonstrukteur» möge bitte umgehend … Porsche beauftragte Sekretär Kaes: «Da wer'n ma ja nix machen können. Tust mir das erledigen.» Zum tschechischen Konsul in Stuttgart musste er sich dann aber schon persönlich bemühen, um die Ausbürgerungserklärung zu unterschreiben. Kaes schilderte rückblickend die Szene. Porsche bemühte sich um einen «freundlichen Ton», doch das schlug nicht an: «Der Konsul aber blieb eiskalt verschlossen.» Nach der Prozedur trotten die beiden davon, Porsche sei ein wenig in Gedanken gewesen und habe dann gemurmelt: «Der hat uns aber nicht mögen.» Ein kurzes Innehalten, doch kaum mehr als ein Kleiderwechsel. «Jetzt zog er stillschweigend die deutsche Uniform an», resümierte der Neffe den eiligen Staatsakt.

Ferdinand Porsche kämpfte jetzt an allen Fronten für «sein» Auto, an der konstruktiven, an der politischen und an der wirtschaftlichen. Seine strikte Hinwendung zu Hitler hatte ihre Ursache nicht zuletzt in seiner Befürchtung, dem RDA gehe es ohnehin nur um den Nachweis, dass es selbst einem renommierten Konstrukteur wie Porsche nicht gelingen könne, einen Volkswagen für 1000 RM zu entwerfen. Porsches Sorge also war, dass nach Beendigung der Testfahrten das ganze Unternehmen stillschweigend begraben würde. In Hitler suchte er also auch den Garanten für die Fortsetzung seiner Arbeit. Die halb scherzhaft vorgetragenen Äußerungen Popps oder Opels nach der Unterzeichnung des Vertrags mögen stärker nachgewirkt haben, als man es auf den ersten Blick annehmen würde. Porsche musste sich dadurch ebenso verletzt wie provoziert fühlen. Allerdings waren sie keineswegs leichthin dahergeredet. Namentlich Popp hat immer wieder, auch 1938 noch, seine tiefe Skepsis zum Ausdruck gebracht. Ironischerweise sollte gerade er zu denen gehören, die 1937 dem Volkswagen aus der Sackgasse halfen.

Dass die ausgetüftelte Konstruktion des Wagens für eine radikale Einsparung der Kosten sorgen würde, glaubte allerdings auch Porsche nicht, und so begann er früh, in Verhandlungen Druck auf die Zulieferer und die Rohstofflieferanten auszuüben, durch Preissenkungen ihren Beitrag zum automobilen Nationalprojekt zu leisten. Noch im Juli 1934 stellte er Listen mit 44 Material- und 55 Fertigteillieferanten zusammen.

Fieberhaft lief die Arbeit in der Kronenstraße, Zeichnung auf

Zeichnung entstand. Porsche selbst war viel unterwegs und seltener im Büro als gewöhnlich. Vor allem sonntags hinterließ er Spuren: «An Montagen fanden die Konstrukteure auf ihren Zeichnungen violette Striche, die oftmals kaum zu deuten waren.» Die Entwürfe und weitere Kalkulationen wurden dem RDA noch im Sommer 1934 vorgelegt. Im Dezember wurde auf Porsches Wunsch hin vereinbart, dass – anders als im Vertrag festgelegt – nicht nur ein, sondern drei Versuchswagen hergestellt werden sollten. Das bedeutete nicht, dass man gut in der Zeit lag. Vielmehr suchte Porsche verbissen nach dem richtigen Motor für das Auto. Frustriert notierte Kaes: «Die eingeschlagene Richtung war auf primitiv und billig. Der Schiebermotor will nicht. Der C-Motor von Kales, bei dem bricht bei 18 PS die Kurbelwelle. Der D-Motor von Engelbrecht, ein 2-Zylinder-Gegenläufer, entspricht auch nicht.»

Mit Franz Xaver Reimspiess nahm im September ein wichtiger Konstrukteur seine Arbeit für Porsche auf, der maßgeblich dazu beitrug, die Motorenfrage zu lösen. Auch Reimspiess war ein alter Bekannter: 1915 hatte der 15-Jährige bei Austro-Daimler als Laufbursche angefangen und rasch auf sich aufmerksam gemacht; er konnte virtuos zeichnen und besaß ein ungewöhnliches räumliches Vorstellungsvermögen. Bald setzte man ihn dort in die technische Abteilung, wo er gleich an Zeichnungen für Porsches C-Zug arbeiten durfte.

1936 kann Reimspiess Josef Mickl und Porsche für seinen Entwurf eines luftgekühlten Boxermotors überzeugen. Ihm gelingt ein großer Wurf: Zunächst spotten die Kollegen noch über den vermeintlich aufwendigen Motor, doch dann kommt Kalkulator Kux mit froher Botschaft: «4 Kolben von Reimspiess sind billiger als 2 Kolben der anderen VW-Motoren.» Prämie für Reimspiess: 100 RM! Doch, wie gesagt, bis dahin war's ein weiter Weg.

Bereits zur Jahreswende 1934/35 war abzusehen, dass die Arbeiten bis zum April nicht beendet sein würden. Beide Seiten einigten sich auf den Juni. Hitler ließ in seiner Rede zur Eröffnung der IAMA in Berlin schon seine Ungeduld durchblicken, als er verkündete, «daß es der Fähigkeit eines glänzenden Konstrukteurs und der Mitarbeit seines Stabes gelungen ist, die Vorentwürfe für den deutschen Volkswagen fertigzustellen und die ersten Exemplare ab Mitte dieses Jahres endlich erproben zu können». Porsche bemühte sich um einen erneuten Termin bei Hitler, um ihm die bisher gemachten Fortschritte darstellen zu können.

Die Begegnung, die Anfang März zustande kam, ist lediglich durch Notizen von Otto Schirz dokumentiert, dem Porsche darüber am 15. März berichtete. Oberingenieur Schirz führte für den RDA die technischen Verhandlungen mit dem Konstruktionsbüro. Hitler habe, so Porsche, erklärt, dass «der Volkswagen unbedingt herausgebracht werden müsse und, wenn es notwendig sei, sogar entsprechende Verordnungen erscheinen würden, die alle Wege zur Durchführung des Plans ebnen sollten». Porsche scheute sich also nicht, mit dem Zaunpfahl zu winken. In einem Schreiben vom 17. Mai 1935 an den RDA wurde er noch deutlicher. Im Streit um die Vertragsverlängerung wies er ungeniert darauf hin, dass das Reich bereit sei, die Regie über das Projekt zu übernehmen, falls der RDA nicht weiter könne oder wolle. Hatte es ohnehin schon Auseinandersetzungen über die monatlichen Zahlungen und hohe Nebenkosten wie etwa Reisespesen gegeben, so lud nun Porsches offensives Verhalten die Stimmung weiter auf. Er spielte gezielt mit einer Möglichkeit, die der RDA ja bereits befürchtete, nämlich der staatlichen Intervention. Der RDA antwortete in einem scharfen Gegenschreiben und verwahrte sich entschieden gegen jede Art von «Legendenbildung» und die damit einhergehende Herabsetzung bei Hitler.

Porsche steigerte sich hinein in seinen Kampf mit der deutschen Autoindustrie. So verstand und empfand er die Situation. Dabei war natürlich Hitlers Preisdiktat das größte Hindernis. Blickt man zurück auf die Entwicklungen für Zündapp und NSU, lässt sich der große Unterschied erkennen. Freilich, beide Projekte waren nicht verwirklicht worden, doch das Konstruktionsbüro hatte jeweils in recht kurzer Frist die Prototypen auf die Testfahrt schicken können. Ein zügiges und aufgeräumtes Arbeiten war das gewesen. Jetzt knirschte es an allen Ecken und Enden, und das Büro Porsche geriet in Verzug. Enervierend regelmäßig fiel der Satz: Technisch gesehen schön und gut, aber immer noch zu teuer.

Dabei gab es durchaus Fortschritte, von denen sich auch Otto Schirz bei seinen Inspektionsbesuchen in der Kronenstraße überzeugen konnte. Als er Anfang Juni Pläne und Zeichnungen einsah, kam er zu dem Ergebnis, die Konstruktion sei «fabrikationsreif» und besteche durch «einfachen Aufbau und die leichte Montage der einzelnen Aggregate». Porsche und seine Konstrukteure hatten zweifellos etwas geleistet, Schirz zögerte nicht, das anzuerkennen. Umgekehrt bedeutete das allerdings, dass bei der Konstruktion nun wirklich das Optimum dessen erreicht war, was man zur Kostensenkung tun konnte.

Im Juni wurde die große Zwischenbilanz gezogen. Ende des Monats tagten die RDA-Mitglieder und stellten fest, Porsche habe die Aufgabe nicht erfüllt. Die jüngste Kalkulation der einzelnen Komponenten hatte gerade erst wieder bestätigt, dass der Endpreis bei 1450 RM liegen würde. Der RDA bildete, sehr zum Unwillen Porsches, eine Technische Kommission, aber auch deren erneute Überprüfung der Zahlen erbrachte kein anderes Ergebnis. Jetzt standen alle Beteiligten recht gequält da. «Das Ende vom Lied wird wohl sein, daß man wieder eine ganz neue Konstruktion ins Auge fassen muß», fürchtete Daimler-Vorstand Kissel in einem Schreiben an Aufsichtsrat von Stauß sogar. Der

Ferdinand Porsche 1935 in seinem Stuttgarter Konstruktionsbüro. Noch stand beim Reichsverband der Deutschen Automobilindustrie (RDA) unter Vertrag.

antwortete, ihn überrasche das nicht, und äußerte unverhohlen seine Ansicht, «daß dieser Wagen eher etwas für uns wäre». Von Stauß war bei Daimler-Benz ein entschiedener Förderer der Kleinwagenentwicklung geworden, Ende 1934 hatte er mit Gustav Röhr einen ausgewiesenen Spezialisten auf diesem Gebiet engagiert. Der Mercedes 130 oder auch der Mercedes 150 mit Heckmotor von 1934 sind die auffälligsten Ergebnisse seiner Bemühungen. Ganz eingestellt wurde das «Röhr-Programm» erst 1936.

In der verfahrenen Situation trafen sich die Vertreter der Technischen Kommission am 3. Juli mit Porsche in dessen Stuttgarter Büro. Man dachte daran, Karosserie, Motor, alles kleiner zu machen. Dass so von den Vorzügen der bisherigen Konstruktion kaum etwas übrig bleiben würde und man obendrein den Preis nicht nennenswert würde senken können, wurde jedoch schnell klar. So kam man nicht weiter. Porsche erwog, Teile der Karosserie in Kunstharz anzufertigen. Auch das brachte nichts. Die Lage spitzte sich zu. Der RDA signalisierte immer offener seinen Unwillen, die Finanzierung des Projekts weit über den vertraglich vereinbarten Zeitraum hinaus zu tragen, ohne konkrete Zusagen von Porsche zu erhalten.

Im August legte Porsche dem RDA «Bericht und Arbeitsprogramm» vor: «Wir müssen leider zugeben, daß die uns vom RDA übertragene Aufgabe den seinerzeit in Frankfurt festgelegten finanziellen und zeitlichen Rahmen in sehr beträchtlichem Ausmaß überschritten hat.» Er versprach, die Konstruktion nunmehr in zwei Monaten und die Anfertigung der Prototypen in drei Monaten abzuschließen. Ende August informierte Jakob Werlin Hitler persönlich über den Stand der Dinge und schrieb am 2. September an Porsche, dass «die Situation nun allmählich etwas brenzlig» werde – nicht zuletzt weil Anton Piëch zwischenzeitlich die Fertigstellung eines Prototyps bis zum 15. September zugesagt und damit Hitlers Erwartungen geschürt hatte, er könne den ersehnten Wagen endlich zu Gesicht bekommen. Werlin drängte auf eine solche Vorführung, wenigstens noch vor Jahresende. Als dann daraus nichts wurde, verfiel man auf die Notlösung, Hitlers Ungeduld mit einem schönen Volkswagen-Album – Fotos, Skizzen, Zeichnungen – zu besänftigen.

In dieser ohnehin prekären Lage kündigten dann auch noch Opel und DKW an, demnächst die Preise für ihre Massenmodelle senken zu wollen. Anfang 1936 senkte Opel den Preis für den erfolgreichen P 4 um 200 RM auf 1650 RM, im September desselben Jahres nochmals auf 1450 RM. Das wirkte wie ein trockener Kommentar zum Stand des Volkswagenprojekts. Zwar war Opel Mitglied im RDA, doch dieser hatte schon im August 1935 die Aushändigung von Konstruktionszeichnungen für den Volkswagen an die Firma Opel verweigert. Jakob Werlin – in seiner Funktion als Reichsbeauftragter in spe – war nicht untätig geblieben. Er hatte weiter gedrängelt, und in der «Werkstatt» im Feuerbacher Weg hatten die Monteure endlich einen Probewagen gebaut, der Hitler Anfang 1936 vorgeführt wurde – den RDA unterrichtete man davon gar nicht erst. Robert Allmers stellte Porsche zur Rede, der aber hatte nur Ausflüchte parat. Am 5. Februar 1936 formulierte Allmers einen Bericht an den Vorstand, in dem er verärgert resümierte: «Ich kann mich des Eindrucks nicht erwehren, daß P[orsche] sich in dem Traum wiegt, der technische Direktor eines zu errichtenden großen Spezialwerkes für den Bau des Volkswagens zu werden.» Das war nun eine hellsichtige Beobachtung. Allmers erfasste Porsches Aggregatzustand in diesen Tagen wie nur wenige. Der Konstrukteur emanzipierte sich vom Auftraggeber RDA und suchte konsequent nach einem eigenen Weg. Immer mehr stand für Porsche der Entschluss fest, selbst dafür zu sorgen, dass sein Auto wirklich gebaut wurde. Und immer deutlicher wurde für ihn, dass man dazu das Problem der Fertigungsstätte angehen musste. Porsche begann, in den Kategorien eines Unternehmers zu denken. Angesichts der Malaise mit den Planungen für das Auto, angesichts der Rückschläge und Konflikte mit dem Auftraggeber RDA ist zu betonen, mit welcher Spannkraft und inneren Überzeugung Porsche in jenen Monaten agierte.

Und er bekam Oberwasser. Vergeblich bemühte sich der RDA-Präsident um einen Termin bei Hitler noch vor der Automobilausstellung, um seine Sicht der Dinge vorzutragen. Während Werlin und Porsche fast wie selbstverständlich in der Reichskanzlei ein und aus gingen, blieben die Türen für die Vertreter der Autoindustrie verschlossen. Über Hans Heinrich Lammers, den Chef der Reichskanzlei, gelangte am 13. Februar immerhin noch Allmers' «Interner Bericht» an Hitler. Da konnte der «Führer» dann wenig Erbauliches über Porsche lesen: «Gewiß ist seine Konstruktion bestechend schön und überraschend einfach im Aufbau, aber wir brauchen keine Gazelle, sondern ein robustes Pferd.» Allmers verdächtigte Porsche, er spekuliere mit der Verlängerung seiner Arbeit nicht zuletzt auf die monatlichen Zahlungen des RDA und werde am Ende gar keinen eigentlichen Volkswagen liefern, sondern lediglich einen preisgünstigen Mittelklassewagen. Der aber sei bereits auf dem Markt.

Aus Allmers' Worten klang der Wunsch nach Aufgabe des Projekts heraus – eine denkbar ungeeignete Lektüre für Hitler; Allmers hatte einen Fehler gemacht. Zwei Tage später, in seiner Rede auf der IAMA, zögerte Hitler nicht, seine Unterstützung für Porsche klarzustellen: «Ich zweifle nicht, daß es der Genialität des damit betrauten Konstrukteurs sowie der späteren Produzenten in Verbindung mit höchster national-wirtschaftlicher Einsicht aller der daran Beteiligten gelingen wird, die Anschaffungs-, Betriebs- und Erhaltungskosten dieses Wagens in ein tragbares Verhältnis zum Einkommen dieser breiten Masse unseres Volkes zu bringen, wie wir dies in Amerika in einem so glanzvollen Beispiel bereits als gelungen gelöst sehen können.» Er sagte auch gleich, wie er die weiteren Arbeiten für die «Schaffung des deutschen Volkswagens» durchführen lassen wollte – «mit rücksichtsloser Entschlossenheit» nämlich, «und zwar, meine Herren, zum erfolgreichen Abschluß». Zwei bis drei Millionen Käufer für den Volkswagen sah Hitler sehnsüchtig warten und versprach sich und seinen Zuhörern einen Anschubeffekt für die gesamte Automobilbranche: «Der Ford-Wagen hat nicht die besseren und teureren Automobile Amerikas verdrängt, sondern im Gegenteil; er hat die enormen Massen amerikanischer Käufer erst aufgelockert und mobilisiert, die später gerade auch den teureren Fabrikaten zugute gekommen sind.» Das aber war für die Autohersteller gar nicht die entscheidende Frage, sie fürchteten vielmehr die Konkurrenz innerhalb des unteren Marktsegments. Über mangelnde Aufmerksamkeit konnten sich die Autobauer freilich nicht beklagen. Hitler ließ es sich nicht nehmen, die IAMA am 27. Februar erneut zu besuchen und nach einem nächtlichen Rundgang von 23 Uhr bis 1 Uhr befriedigt zu festzustellen: «Jetzt ist die deutsche Automobilindustrie wieder auf der Höhe.»

Das galt nun auch für Ferdinand Porsche, der seine Verhandlungen mit den möglichen Zulieferern forcierte und unter Hinweis auf den «Wunsch des Führers» deutliche Preisnachlässe anmahnte. Insbesondere mit den Aluminiumherstellern und dem Feinblechverband wollte er eine Einigung erzielen. Aber die Herren bewegten sich kaum, verwiesen auf die angespannte Rohstofflage und die Anforderungen des Vierjahresplans. Was sie anboten, lag deutlich unter den 20 Prozent, die etwa Allmers, Kissel und auch Porsche – in diesem Punkte dann doch recht einmütig – erwartet hatten.

Dafür hatte Werlin einen neuen Höhepunkt der Käferentwicklung vorbereitet. Für den 11. Juli 1936 hatte er einen Termin bei Hitler ergattert: Präsentation der Prototypen auf dem Obersalzberg! Eine bessere Kulisse hätte man sich gar nicht wünschen können, und man durfte Hitler hier in aufgeräumtester Stimmung erwarten. Der RDA blieb wieder einmal außen vor.

In Stuttgart wurden zwei Wagen der Serie V-3 für den Besuch auf dem Berghof hergerichtet. Porsche und Werlin erläuterten die Konstruktion, Hitler, Hermann Göring und Fritz Todt, Generalinspekteur für das deutsche Straßenwesen, waren ganz Ohr. In der Mittagspause wurde einem der Fahrzeuge in der Daimler-Werkstatt in Berchtesgaden die Karosserie demontiert, sodass man nach Tisch das Innenleben besichtigen konnte. Und tatsächlich gediehen in der Höhenluft auch gleich hochfliegende Pläne. Hitler fragte Porsche nach dem Preis, der Konstrukteur druckste herum und nannte 940 RM Gestehungskosten und einen daraus resultierenden Verkaufspreis von 1200 RM. Hitler reduzierte kurzerhand die Händler- und Vertriebsspanne auf illusorische 50 RM und kam so auf einen Endpreis von 990 RM. Das Problem war also erledigt. Blieb die Frage nach der Produktionsstätte. Auch hier geriet Hitler ins Schwärmen und setzte prompt einige Eckdaten in die Welt: Selbstverständlich müsse ein eigenes Werk her, das würde so um die 80 bis 90 Millionen Reichsmark kosten. Vielleicht an der unteren Elbe, das wäre strategisch und transporttechnisch eine gute Lage. Bauzeit? Neun Monate. Und schon bald könnten 300 000 Fahrzeuge im Jahr produziert werden. Beginn der Fahrzeugauslieferung, nun ja, bitte pünktlich zur Automobilausstellung 1938.

Porsche konnte vollauf zufrieden den Berghof verlassen. Er war sich seines Rückhalts bei Hitler sicherer denn je. In ihrer grundlegenden Studie über «Das Volkswagen-Werk und ihre Arbeiter» haben Hans Mommsen und Manfred Grieger betont, wie

Hitler musste lange auf den versprochenen Volkswagen warten. Er wünschte sich den Produktionsbeginn für 1938. Am 20. April dieses Jahres bekam er immerhin ein Modell des serienreifen Wagens von Ferdinand Porsche (links) und Jakob Werlin (rechts) geschenkt. Zwischen Hitler und Werlin der Führer des NSKK, Adolf Hühnlein.

charakteristisch diese Episode und zahlreiche vergleichbare Situationen für Entscheidungsprozesse innerhalb des NS-Systems sind: «Für die Formlosigkeit des Hitlerschen Regierungsstils ist es aufschlußreich, daß über diese Unterredung keine amtliche Aufzeichnung angefertigt wurde, obwohl Werlin und Porsche sich höchst wirkungsvoll darauf beriefen.» Bemerkenswert ist auch, wie offen jetzt über ein eigenständiges Werk für den Volkswagen gesprochen wurde. Nach dem krisenhaften ersten Halbjahr fügten sich die Dinge offensichtlich wieder. Aus dem August ist eine Äußerung Porsches gegenüber dem Reichswirtschaftsminister Hjalmar Schacht überliefert, der zufolge Jakob Werlin im

Auftrag des «Führers» verhindern solle, dass der Bau des Volkswagens «von der Industrie sabotiert» werde.

In diesen Wochen kursierte eine folgenreiche Denkschrift. Ende Juni hatte BMW-Generaldirektor Popp seine Auffassungen zum Volkswagen-Problem zu Papier gebracht. Popp, der mehr oder weniger regelmäßig im Austausch mit Kissel stand, blieb ein konsequenter Kritiker des Projekts. Mit seiner Schrift aber, die Kissel, von Stauß, Werlin und dem RDA-Präsidenten Allmers zugesandt wurde, wies er den Ausweg aus der Misere und bereitete gekonnt den Abschied der Autoindustrie vom Volkswagen vor. Popp beharrte darauf, dass angesichts des Einkommens der Deutschen «der Volkswagen unmöglich ist». Sein Gegenentwurf ironisierte die Utopie vom automobilen Volk: «Ein Volkswagen in diesem Sinne, nämlich für alle Volksgenossen bestimmt, ist nur der Omnibus. Nur diesem gebührt daher der Name Volkswagen.»

Nach seinen einleitenden Bemerkungen stellte Popp ein Modell vor, wie Hitlers Wunsch, den Fahrzeugbestand in Deutschland auf drei Millionen zu steigern, sich dennoch erfüllen ließe: Die «normale Höchstziffer» an Fahrzeugen, die Deutschland aus seiner industriellen und volkswirtschaftlichen Entwicklung heraus erreichen könne, liege bei 1,5 Millionen Stück. Bleibe also eine Differenz von 1,5 Millionen, eine «Sonderbestandsziffer» für billige Kleinwagen, sprich: für den Volkswagen und artverwandte Automobile. «Es ergibt sich hiermit klar, dass nur durch ausserordentliche Massnahmen dieses Problem gelöst werden kann, dass aber durch den unbedingten Wunsch des Führers auch die Möglichkeit gegeben ist, das Problem zu lösen.» Es sei nämlich kein wirtschaftliches, sondern ein politisches Problem. Und jetzt zögerte Popp nicht länger: «In diesem Sinne sehe ich eine Lösungsmöglichkeit darin, dass die Arbeitsfront zum wirtschaftlichen Träger des Volkswagen-Problems gemacht wird und zwar aus ideellen und aus materiellen Gründen.» Das war die zukunftsträchtige Idee, denn die Deutsche Arbeitsfront (DAF) verfügte über «grosse Finanzbeträge, die ihr dauernd zufliessen». Darüber hinaus konnte sie den Vertrieb des Volkswagens selbst übernehmen und so die leidige Händlerspanne beseitigen. Die Autoindustrie sollte, so Popp, bei der Planung und dem Betrieb des neuen Werks beteiligt bleiben und diesem ihre Patente kostenlos überlassen; mehr könne man von ihr nicht verlangen.

Was Popp da festhielt, war ein Vorschlag zur Güte. Der BMW-Direktor versuchte, die überspannten Erwartungen zu dämpfen und einen Schuss Realismus ins Gerede um den Volkswagen zu bringen, etwa mit der Definition, dass man darunter «nicht eine bestimmte Konstruktion verstehen darf, sondern den Sammelbegriff alter und neuer Wagen, die billig in Anschaffung und Betrieb sind». Popp verwies damit auf den noch fehlenden Gebrauchtwagenmarkt in Deutschland. Der aber werde, wie das Beispiel Amerika zeige, unweigerlich kommen und mit vielen «Altvolkswagen» bestückt sein, ob von Opel, von DKW oder vom zukünftigen Werk der Arbeitsfront, gleichviel. Ungefähr die Hälfte der gewünschten 1,5 Millionen Volkswagen würde dieser Markt stellen. Damit sinke der Restbedarf auf 750 000. Die verteilte Popp dann noch auf zehn Jahre und errechnete so eine Jahresproduktion von 75 000 Stück. Das klang schon weniger bedrohlich als die Zahl von 300 000, die auf dem Obersalzberg gefallen war, und dennoch kam Hitler zu seinem Autobestand. Elegant erdacht, und obendrein musste Popp niemandem wehtun: «Diese Volkswagenfabrik ist somit nach Vorstehendem keine Konkurrenz für Opel, DKW oder die übrige deutsche Automobilindustrie, sondern sie setzt deren Existenz und volle Kapazitätsausnutzung voraus.» Es sollte allerdings noch einige Zeit dauern, bis Popps Vorschlag aufgegriffen wurde.

Auf einer Sitzung des RDA am 27. Juli in Koblenz erfuhren die Teilnehmer kurz und bündig von den Vorstellungen Hitlers. Im kleineren Kreis hatte Jakob Werlin den Präsidenten Allmers zuvor, im Beisein Porsches, über die neue, auf dem Obersalzberg entstandene Sachlage informiert. Allmers war konsterniert und forderte im Gegenzug eine baldige Erprobung der Porsche-Konstruktion durch unabhängige Gutachter. Porsche lehnte das rundweg ab; er gebe die Wagen nicht frei, ehe die Arbeiten zu seiner Zufriedenheit abgeschlossen seien. Werlin und Porsche demonstrierten ihr neues Selbstbewusstsein. Das zeigte sich auch daran, dass zur Koblenzer Sitzung auf Werlins Betreiben hin kein Vertreter der Adam Opel AG mehr geladen wurde. Die «nach Amerika orientierten Fabriken» mussten seiner Meinung nach nicht länger über eine «rein nationale Angelegenheit» unterrichtet werden. Auto-Union-Chef Carl Hahn sah für seinen Konzern eine erhebliche Gefahr für das Kleinwagengeschäft heraufdämmern. Viel entspannter reagierte natürlich Wilhelm Kissel, dem – wie Popp – eine Herauslösung des Volkswagenprojekts aus der etablierten Autoindustrie sehr recht war, daher gehörte Kissel neben Popp zu den maßgeblichen Initiatoren der neuen Lösung.

Für Kissel hatte sich im Laufe des Jahres mit der endgültigen Aufgabe der Kleinwagenambitionen von Daimler-Benz die Lage grundlegend geändert. Er hatte von der Konkurrenz durch einen Volkswagen nun tatsächlich nichts mehr zu befürchten. Gleichwohl blieb man in Untertürkheim engagiert bei der Sache. Schon vier Tage vor der Koblenzer Konferenz hatte Kissel sich um den Bau einer Volkswagen-Testreihe von 30 Fahrzeugen bei Daimler-Benz bemüht und mit Porsche Kontakt in Sachen Zeichnungen, Lieferantenlisten und so weiter aufgenommen. Als man bei Adler und bei der Auto Union Wind von diesem Alleingang bekam, gab es heftigen Protest auf einer RDA-Sitzung im Oktober. Kissel flüchtete sich in die abstruse Auskunft, Hitler sei der persönliche Auftraggeber für die Prototypen, und er werde sie auch bezahlen. Das ließ sich schwer belegen, aber Werlin gelang es schließlich, Hitler eine entsprechende Äußerung zu entlocken.

Porsche mussten die internen Auseinandersetzungen im RDA nicht mehr sonderlich interessieren. Für ihn änderte sich vorerst ohnehin nur wenig. Der RDA zahlte weiter für die laufenden Arbeiten am Volkswagen. Zwei Prototypen waren endlich fertig, eine Limousine und ein Cabrio. Die Porsche-Ingenieure begannen im August mit längeren Probefahrten, mal nach Berlin, mal nach Oberitalien. 23,5 PS leisteten die luftgekühlten Vierzylinder-Boxermotoren. Vorder- und Hinterräder waren drehstabgefedert, die Autos hatten keine Stoßstangen, weder Heckfenster noch Trittbretter. Die Türen waren an der B-Säule angeschlagen. Wegen des buckligen Dachs wirkten die ersten Käfer unförmig und täppisch. Vom rigiden Sparzwang kündete die Innenausstattung der Wagen, denen im Herbst eine provisorische Heizung eingebaut werden musste. Viel Wärme verströmte sie zum Leidwesen der Testfahrer nicht. Daran änderte sich leider auch in den folgenden Jahrzehnten nichts.

Am 12. Oktober 1936 wurden die Wagen endlich dem RDA übergeben. 50 000 Kilometer sollten sie jeweils zurücklegen. Ferry Porsche vertrat das Konstruktionsbüro bei den Testfahrten. Die Garagenwerkstatt im Feuerbacher Weg war der Ausgangspunkt der täglichen Touren: «Von dort aus ging es über Pforzheim zum Dobel, dann nach Baden-Baden – in das Rheintal bis Offenburg, nach Biberach – Harmersbachtal – Oppenau – Alexanderschanze – Freudenstadt – Horb – Tübingen und durch das Neckartal nach Stuttgart zurück.» Nachmittags fuhr man auf der Landstraße nach Bruchsal und weiter auf die neue Reichsautobahn bis Bad Nauheim.

Ferdinand Porsche erlebte die Anfänge der Testfahrten nicht

mit. Am 1. Oktober war er zusammen mit seinem Neffen Ghislaine Kaes auf Reisen gegangen, ins Land der Autobauer, in die Vereinigten Staaten. Das Auto würde schon laufen. So sicher war er sich seiner Sache.

Zu Besuch bei Ford

«Wenn man im dichtesten Gewühl New Yorks nicht nur weißhaarige Herren, sondern ebensosehr junge fünfzehnjährige Girls forsch am Steuer ihrer Cars sieht, dann fühlt man: Der Amerikaner saugt die Technik mit der Muttermilch ein!» Hingerissen ist der deutsche Ingenieur Otto Moog von der Neuen Welt – «Der Osten von Amerika macht auf den, der ihn durchreist, mit der Wucht und dem Schwung des gesamten Lebens einen so gewaltigen Eindruck, daß das Gesamte, das völlig Neue, das völlig Andere zunächst viel wichtiger erscheint als die technischen Einzelheiten». Im Kontrast dazu erscheint die Heimat schwach und siech: «Deutschland schläft, und unsere Industrie liegt im Sterben.»

Moogs Reisebericht «Drüben steht Amerika...» von 1927 fällt in die Hochzeit der Debatten um Taylorismus und Fordismus. Die Lehr- und Wanderfahrten deutscher Ingenieure durch das Land der gigantischen Fabriken gehörten damals fast schon zum letzten Schliff ihrer Ausbildung. Das musste man eben gesehen haben. Die Konservenfabrik in Pittsburgh zum Beispiel mit ihren 10000 Beschäftigten, «überall Fließarbeit, die Fabrikaufmachung glänzend, sogar ein eigenes Kino ist vorhanden. Die Mädchen, welche die Früchte und Konserven mit den Händen berühren müssen, werden täglich von besonders dazu angestellten Personen manikürt». Oder gar der nächste Schritt zur Automatisierung – «bei Heinz fast menschenleere Säle».

Im Anhang seines Buches stehen gesammelte Zitate von

Henry Ford, und Moog nennt den Grund für seine tiefe Verehrung: «Für den, der wie ich amerikanische Werke und die Fabriken von Ford mit den Augen eines Ingenieurs durchwandert hat, sind seine Sätze geradezu eine Erlösung von einem uns in Deutschland belastenden unheimlichen Druck.» Deutschlands Elend spiegelt sich im Glanze Amerikas, aus Moogs Reisebericht wird auch eine Sammlung heimatlicher Missstände. Doch immer überwiegt die Bewunderung für das transatlantische Vorbild. So ist Moogs Bericht ein symptomatisches Zeugnis aus dieser Phase technischer Pilgerfahrten nach Amerika.

Porsche kommt später, zehn Jahre später. Da ist, Ford sei Dank, das Staunen durchaus noch erlaubt, doch der neue deutsche Stolz muss seinen Platz behaupten, die Bewunderung wird gemäßigter skaliert. Porsches Begleiter Ghislaine Kaes berichtete Ende Januar 1937 vor ausgewähltem Publikum von den Stationen ihrer Reise. Seinem Vortragsmanuskript ist ein verdruckstes Motto vorangestellt: «Es ist dafür gesorgt, daß die Wolkenkratzer nicht in den Himmel wachsen.» Als Deutscher brauche man «den Yankee ... keineswegs für einen Zauberer [zu] halten». Nach dem Krieg hat Kaes dem amerikanischen Autor Walter Henry Nelson gegenüber erklärt, sein Vortrag sei von einem Zensor durchgesehen und um einige Sätze «bereichert» worden. Das beschränke sich jedoch im Wesentlichen auf die abfälligen Bemerkungen über den kurzen Aufenthalt in Frankreich. Mag sein, dass der Zensor auch das Amerikabild ein wenig retuschiert hat, aber es sind andere Gründe, die an die Stelle der Amerikabegeisterung hier einen freundlich-sachlichen Respekt treten lässt: Porsche wollte sich gezielt Fabriken, Produktionsweisen und Werkzeugmaschinen ansehen, es ist in erster Linie eine Arbeitsreise mit ganz bestimmten Fragen. Eine Reise zudem, die eingezwängt ist in die enge Terminplanung der Volkswagen-Entwicklung.

Ghislaine Kaes ist Porsches «Reisesekretär» und Dolmetscher. Die beiden fahren mit der «Bremen» – zusammen mit ihrem Schwesterschiff «Europa» der Stolz der deutschen Linienschifffahrt. «Schnellster Weg nach New York», lautet der Slogan eines Werbeplakats des Norddeutschen Lloyd. Am 3. Oktober abends sticht das Schiff in Cherbourg in See und macht am 8. Oktober um die Mittagszeit in New York fest. Auf ihrer Jungfernfahrt im Juli 1929 war die «Bremen» etwas schneller gewesen: Nach 4 Tagen, 17 Stunden und 42 Minuten erreichte sie New York und holte sich das Blaue Band.

Porsche ist auch auf Schiffen nicht zu bremsen, eilt von Deck zu Deck, von Bug zu Heck und will natürlich auch den Maschinenraum sehen. Und Ghislaine muss alles notieren: «Der Schnelldampfer Bremen ist mit einer Dampfturbinenanlage ausgestattet, die aus vier gleich großen Getriebe-Turbinen-Aggregaten besteht. Jeder einzelne Turbinensatz setzt sich aus einer Hochdruck-, einer Mitteldruck- und einer Niederdruck-Turbine zusammen.» Folgt der ganze Datensatz des Ozeanriesen, 286 Meter Länge, 51 656 BRT, 105 000 PS, vier Schrauben, Doppelboden und 15 wasserdichte Querschotte, 990 Mann Besatzung für 2147 Reisende. Und in der großen Halle – sie misst 40 mal 18 Meter – hängen zwei Reliefs von Professor Walderschmidt aus Stuttgart. Am 4. Oktober «herrlicher Anblick, als die rassige Europa, mit einer hohen Bugwelle, an uns vorbeizog». Heulender Sirenengruß der Schwesterschiffe, wer nicht fotografiert, winkt den anderen zu. Dem folgt eine distanziertere Begegnung: «Einige Stunden später fuhr weit am Horizont die Normandie, das größte Schiff der Franzosen, an uns vorüber.»

Es wird eine ruhige Reise, man liest die Nachrichten in der «Lloyd-Post-Zeitung», will aber eigentlich «gar nichts von ihnen wissen», so «verlockend» ist das tägliche Programm. Selbst Porsche scheint sich etwas beruhigt zu haben und verschont seinen

Sekretär mit Aufträgen. Ghislaine genießt die Fahrt, und der Zensor passt nicht auf: «Ich lebte wie der Herrgott im alten Frankreich.» Oder ist das eine spitzfindige Unterscheidung zum neuen Frankreich?

Im Hafen von New York geht es, ruck, zuck, von Bord, «mit großem Schwung» erledigen die Zollbeamten ihre Arbeit. Und dann die Einfahrt in die große Stadt: «Wenn man zum ersten Male durch die Straßen von New York fährt, die mehr einer Schlucht ähneln und nicht so sauber sind wie die Stuttgarts, fallen einem gleich die Menschen auf. Ich glaube alle Mischungen der Erde leben hier; vorwiegend aber Negermischlinge.» Wo die Straßen nicht so reinlich sind, geht es natürlich auch sonst chaotisch zu; das vorbestellte Zimmer im Hotel «Commodore» ist nicht reserviert. Doch das Haus hat ja 2000 Betten, das Problem lässt sich beheben. Porsche und Kaes stehen im Aufzug und wundern sich über die Landessitten: «Sobald eine mistress oder miss den Aufzug betritt, nehmen alle Herren stillschweigend den Hut ab und halten ihn in der Hand.» Fremdes Land eben, Kaes mokiert sich: «Sooft eine Dame vom Tisch aufsteht, stehen auch alle Herren, die am gleichen Tisch sitzen, auf. Kommt die Dame an ihren Platz zurück, stehen wieder alle Herren, wie ein Mann, auf.»

Überall sind diese Damen – im Bürogebäude von General Motors hat «jeder Stock eine Auskunftei in Form einer jungen Dame». Wenn die einen Schwatz halten, gebietet es die Höflichkeit des *gentleman*, sie nicht zu unterbrechen; «Herrn Dr. Porsche fiel dies sichtlich schwer». Und erst die *girls* in ihren *cars*: «Auch in Amerika sind Selbstfahrerinnen der Schrecken der Landstraße, doch sind 45 v. H. der Führerscheinbesitzer in New York weiblichen Geschlechts und man muß sich dareinfinden.» Doch schließlich siegt die Fairness: «Die meisten fahren … wirklich einwandfrei.»

Am Sonntag nach ihrer Ankunft unternehmen Porsche und Kaes eine Autotour nach Long Island. Das geht ganz wunderbar, lauter Kavaliere am Steuer: «Sofort fiel mir das ritterliche Verhalten der Menschen im Verkehr auf. Verursacht einer eine Verkehrsstörung, dann wird er sich beim Polizisten entschuldigen und dieser anerkennt die Entschuldigung mit einem Lächeln und mit den Worten Oh Kay, was soviel wie ‹alles in Ordnung› besagt.» Doch die können auch anders: «Die Überwachung des Verkehrs erfolgt durch Polizei auf Krafträdern. Sie sind die eigentlichen Herren der Landstraße. Mit List und Tücke verfolgen und fangen sie ihre Opfer.» Denn unter den Ordnungshütern herrscht – wie überall im Lande – die Bestechlichkeit: «Ersteht in den Staaten einmal ein Mann, der der Wahrheit und der Gerechtigkeit zum Sieg verhelfen will und dank seines Einflusses und seiner Energie und Ausdauer auch einigermaßen verhelfen könnte, dann wird er rechtzeitig um die Ecke gebracht, wobei die Polizei mithilft.» Man befindet sich also nicht gerade im Heimatland des «Führerprinzips».

So entdecken Porsche und Kaes New York und Amerika in den ersten Tagen ihrer Reise, manchmal verkniffen, mit Vorurteil oder pflichtschuldiger Nörgelei, doch die Neugier überwiegt. Sie besuchen das Lichtspieltheater, natürlich das größte, die Music Hall im Rockefeller Center, und fahren aufs höchste Gebäude der Welt, das Empire State Building: 102 Stockwerke, 385 Meter, 63 Personen- und vier Lastenaufzüge, täglich 40 000 Besucher. Zu einem Gesamtbild aber fügt sich all das nicht, die Stadt des Tempos und Gewühls bleibt den beiden Deutschen fremd und rätselhaft.

Als der vornehme Hangar-Club, eine Vereinigung New Yorker Herrenfahrer, zu Ehren des bekannten Konstrukteurs einen Empfang veranstaltet, ist man wieder auf sicherem Terrain, fachsimpelt zum Beispiel mit Herrn Manning von Duesenberg, Amerikas Schmiede für hubraumstarke Nobelkarossen. Manning berichtet gleich von Lagerproblemen bei einem Boxermotor, Porsche weiß Rat, und Graf Trossi aus Italien äußert den Wunsch, im nächsten Jahr in Monza mit dem Auto-Union-Rennwagen anzutreten. Lässt sich arrangieren.

Am 12. Oktober besucht Porsche das Rennen um den Vanderbilt-Cup auf Long Island. «Von allen Seiten wurden Klagen laut, warum Herr Dr. Porsche ohne seine Rennwagen gekommen war.» Darüber aber freut sich Tazio Nuvolari, der auf seinem Alfa Romeo souverän den Sieg einfährt. «Die Amerikaner, mit ihren nach alten Mustern gebauten Wagen, hatten nichts zu melden.» Eine verpasste Gelegenheit: «Die Rennbahn ist nicht so schlecht wie sie von einigen gemacht wird, und die Auto-Union-Rennwagen mit, sagen wir, Rosemeyer, Stuck und von Delius, hätten leicht siegen und dabei für Deutschland werben und Devisen beschaffen können.»

In den kommenden zwei Wochen besichtigen Porsche und Kaes die Hochburgen der amerikanischen Industrie. Lincoln, Packard, Chrysler und General Motors, der Karosseriehersteller Fisher Body, Ex-Cell-O, eine Fabrik für Spezialmaschinen, die Bendix Aviation Corporation und die Cincinnati Milling Machine Corporation. Der Höhepunkt dieser Tournee aber liegt gleich am Anfang – die Ford-Werke am River Rouge.

Im Verwaltungsgebäude werden Porsche und Kaes von Herrn Spring empfangen. Er spricht deutsch, seine Urgroßmutter kam aus Deutschland. Spring macht eine Rundfahrt durchs Werk und erzählt von Henry Ford und seinen Fabriken. Dann übergibt er die Gäste an Herrn Fischer aus Esslingen, die systematische Erkundung des Molochs beginnt. Porsche will das alles zu Fuß machen, und so laufen die drei «tagelang in allen Ecken des riesigen Unternehmens» herum. Kaes muss umso mehr notieren, als

1936 reiste Ferdinand Porsche in die USA. In Detroit besichtigte er die führenden Betriebe der Autoindustrie. Das Ford-Werk River Rouge, das in den frühen zwanziger Jahren entstanden war, beeindruckte ihn nachhaltig durch seine Größe, Sauberkeit und logistische Perfektion.

«man jetzt auch in amerikanischen Fabriken keine Aufnahmen mehr machen» darf.

Rund zehn Jahre zuvor war der Aufbau der Fabrik am River Rouge abgeschlossen worden. Sie trat an die Stelle der ersten Ford-Fabrik in Highland Park und setzte neue Maßstäbe, River Rouge wurde die Kathedrale der amerikanischen Industrialisierung: Seit 1925 rollte hier alle 30 Sekunden ein Model T aus der Halle, bis 1927 das Model A erschien. Als Otto Moog damals die Ford-Werke besichtigte, kannte das Staunen noch keine Grenze. Ein «ungeheures Titanenwerk», das unablässig, Stück um Stück, ein so komplexes technisches Gebilde wie ein Automobil ausspuckt: «Keine Symphonie, keine Eroika kommt an Tiefe, Inhalt und Wucht der Musik gleich, die uns in den Ohren hämmert und dröhnt, wenn wir Fords Arbeitshallen durchwandern.» Und diese Wucht ist wundersam, bisweilen wirkt der Schöpfungsakt wie ein graziler Tanz: «Es ist im Anfang ganz unscheinbar; zwei lange Blechstreifen, ein paar Stangen dazwischen. Nun hat es schon zwei blanke Schenkel, jetzt sitzt ein Rad daran, jetzt zwei, weiter hinten vier. Da läuft ein Motor von der Seite herein (wo kommt er nur her?), bleibt fest darauf sitzen, da der Kühler, da das Getriebe und nun schwebt herunter von oben ein Wagenaufsatz, blitzblank mit Spiegelscheiben. Benzin läuft ein, Wasser in den Kühler – und nun ein Surren! Der Motor brummt, der bis dahin lebloses Metall war – und mit dem Lenker rollt Wagen auf Wagen aus der Halle, in den Eisenbahnwaggon mit eigener Kraft fahrend.»

Es kann nicht überraschen, dass eine solche Frische des Staunens bei Porsches Besuch im Werk nicht mehr vorherrscht, der Respekt aber ist geblieben. Dass die Ford-Werke für Porsche noch immer als erste Adresse gelten, ist sogar bemerkenswert. Denn längst schon hatten die amerikanischen Konkurrenten, allen voran General Motors, Fords Methoden übernommen und perfektioniert. General Motors hatte das Fließband genutzt, um den Kunden eine variantenreiche, jährlich überarbeitete Modellpalette für jeden Anspruch anzubieten. Henry Ford jedoch blieb hartnäckig bei seinem Erfolgskonzept der rigorosen Vereinfachung. Er wehrte sich strikt gegen die Modernisierungsvorschläge selbst engster Mitarbeiter. Als sein Sohn Edsel und der Chefingenieur einmal einen neuen Sechszylindermotor entwickelten, ließ Henry Ford, nachdem er Wind von der Sache bekommen hatte, den Hoffnungsträger einfach auf das Schrottband setzen und verschwinden. Reformer wurden verächtlich zu «Experten» ernannt und entlassen – Ford war, wie sein Freund Edison, ein passionierter Expertenhasser, «denn niemand, der sich in seinem Fachgebiet wirklich auskennt, hält sich für einen Experten». Um den Vater der Motorisierung rankten sich mittlerweile die Legenden des Altersstarrsinns, als Despot erschien er, als Zerstörer seines Lebenswerks. So verlor er zumindest seine besten Leute und die Marktführerschaft.

Aber es war nicht die Dynamik des amerikanischen Marktes, die Porsche vorrangig interessierte. Er wollte ja gerade dem Exempel des Model T folgen, das war sein Lehrbeispiel, also hielt er sich an Ford. Dass die Amerikaner die «Blechliesel» schon vor Jahren mit Spott überzogen hatten, kümmerte ihn wenig. Und das Werk von River Rouge umgab nach wie vor die Aura des Originals, es war das Zentrum eines weit ins Land greifenden industriellen Organismus: «Das Rohmaterial kam aus den Erzminen und Sägewerken im oberen Teil der Halbinsel, aus den Kohlebergwerken Fords in Kentucky und West Virginia und den firmeneigenen Glasfabriken in Pennsylvania und Minnesota. Ein großer Teil dieses Materials wurde auf eigenen Schiffen und über eigene Eisenbahnlinien transportiert. Die Herstellung von Teilen war ausgeweitet worden – eigene Fabriken stellten Anlasser und Lichtmaschinen, Batterien, Reifen, Kunstleder, Bezugsstoffe und Leitungsdraht in immer größeren Mengen her. Das Werk River Rouge erzeugte Koks, Eisen, Stahl, Fahrgestelle, Gußstücke, Motoren und andere Bauteile für Highland Park und die Montagewerke. Hier wurden auch alle Fordson-Traktoren gebaut.»

Der Reisebericht wechselt ständig ohne den Hauch einer Überleitung vom landeskundlichen Report zum technischen Protokoll: «Die Kurbelwellen- und Nockenwellen-Vorbohrmaschine war von der Firma Natco. Die Kurbelwelle-Schmierlöcher-Bohrmaschine war von der Firma Leyland Clifford, Worcester Mass. Eine Bohrmaschine von der Firma Footburst. Die Bohrungen werden gehont.» So geht das ohne Unterlass, gerade bei den

Werkzeugmaschinen will der Chef den Amerikanern über die Schulter schauen. Und was die Straßen New Yorks nicht bieten konnten, hier wird's Ereignis; «... rein ist es im Fordwerk, daß einem das Herz lacht... 5000 Menschen sind Tag und Nacht nur mit dem Reinigen des Werkes beschäftigt. Sie beziehen zusammen einen Tageslohn von $ 30 000,– (RM 75 000,–). Sie verbrauchen je ein Monat 5000 Besen, 64 300 Ltr. Farbe und 69 000 kg Seife.»

Natürlich ist das Fließband Gegenstand aufmerksamer Beobachtung. Morgens läuft es langsam an und steigert seine Geschwindigkeit bis 11 Uhr um 30 Prozent. Nach der Mittagspause wiederholt sich das Procedere. Dabei machen die Arbeiter «durchaus keinen abgespannten Eindruck. Von der amerikanischen Hast sahen wir hier, und übrigens auch in den meisten anderen Fabriken, nichts.» Die Gesamtlänge des Bandes im Werk River Rouge beträgt 130 Kilometer, an einem 300 Meter langen Teilstück stehen im Schnitt 250 Arbeiter. Es ist eben ein Werk der Superlative, 75 000 Menschen sind hier beschäftigt – der Parkplatz ist groß genug für 25 000 Autos. 405 Hektar misst allein die bebaute Werksfläche. Mehr als genug für endlose Erkundungsgänge. Hin und wieder aber sind der Wissbegier Grenzen gesetzt: «Über Fords Werkstoffe konnten wir nicht viel erfahren, denn er stellt alles selbst her... Die Kolbenlegierung wird streng geheim gehalten.»

Am 16. Oktober sieht sich Porsche das Lincoln-Werk an, in dem Ford luxuriösere Wagen produziert. Und den Abschluss der Expedition ins Ford-Reich macht der Besuch in Greenfield Village, dem Museumsdorf Henry Fords. Da stehen als Nachbauten «allerlei Häuser, die irgendwie geschichtlich bedeutend sind», Geburtshäuser von Dichtern, Abraham Lincolns Courthouse, Henry Fords ehemaliges Schulgebäude, Sklavenwohnungen. Porsche und Kaes setzen sich in eine Kutsche – Autoverkehr ist hier untersagt – und lassen sich alles zeigen. Immerhin bietet Greenfield Village für Ferdinand Porsche noch eine Attraktion, die kleine Tour führt ihn zu einem Idol seiner Kindheit und Jugend. Denn die Laboratorien von Menlo Park, die Thomas Alva Edison 1876 in dem kleinen Ort unweit von New York errichtet hatte, um dort «praktische Erfindungen» zu machen, sind hier im musealen Reich seines Schülers und Freundes Henry Ford aufgebaut worden.

Hüter dieser Schätze ist Francis Jehl, einer von Edisons Mitarbeitern. Er war dabei, als 1879 endlich, endlich die Kohlefaden-Glühlampe funktionierte, «Edisons Licht», 40 helle Stunden lang. Jehl war zudem Edisons Vertreter in der k. u. k. Monarchie, und noch immer spricht er «gut Österreichisch». Da muss der Neffe sich in Geduld üben, die zwei Alten kommen unweigerlich auf die «gute alte Zeit» zu sprechen, erinnern sich an den seligen Kaiser Franz Joseph, den sie beide mehrfach persönlich trafen. Dann zeigt Jehl Edisons Originale, die Batterien, den Fernsprechsender, das Sprechgerät, die erste Glühbirne und die Vervielfältigungsmaschine. Von Letzterer bekommt Porsche zum Andenken einen Abzug, der Edison und Ford im Gespräch zeigt. Beiden konnte Porsche sich verbunden fühlen, denn beide sind ungeheuer erfolgreiche Protagonisten eines technischen Pragmatismus, Verächter bloßer Theorie und Ikonen des Learning by Doing. «Industrie-Wissenschaftler» nannte Edison sich, ergebnisorientiert wollte er sein – «Jeden zehnten Tag eine kleinere Erfindung, und eine große Sache alle sechs Monate», lautete sein Programm. Porsche repräsentiert denselben Typus, seine gesamte Ausbildung war praxisnah, viele seiner Fähigkeiten hatte er sich autodidaktisch angeeignet, und dem entsprach seine Abneigung gegen Spezialisierung jeder Art. So konnte er sich an diesem etwas nostalgischen Tag in Menlo Park als Dritter im Bunde fühlen.

Der Besuch der Packard-Fabrik am 20. Oktober fand Porsches besonderes Interesse. Hier sah er eine «einfache aber gut eingerichtete Erzeugungsstätte», die dem geplanten Volkswagenwerk von der Größe her entsprach. 10000 Arbeiter sind bei Packard beschäftigt. Und Porsche rechnet wieder, will «in das Geheimnis der hohen Löhne und niedrigen Verkaufspreise in den Vereinigten Staaten einzudringen versuchen». Eigentlich hatte Porsche sich einen Ford neuen Typs kaufen wollen. Als der nicht rechtzeitig geliefert werden kann, greift er zum Packard Six für 1000 Dollar, rund 2500 RM.

Als Nächstes stehen zwei Riesen – Chrysler und General Motors – auf dem Programm. Mit Herrn Hunt von General Motors sitzt man im größten Bürohaus der Welt beisammen. «Als Herr Dr. Porsche einen Mercedesmotor erwähnte, zückte Herr Hunt eine Mappe und präsentierte Leistungs- und Verbrauchskurven, ganz nach Wunsch.» Man achte schon darauf, was die Europäer so bauen, im Übrigen habe man erst kürzlich Unterlagen über einige Porsche-Patente angefordert, die aber noch nicht eingetroffen seien.

Weiter geht's – bei Fisher Body, einem großen Karosseriebauer, sehen die beiden eine riesige Hamilton-Presse bei der Arbeit. Das stampfende Monstrum produziert Bodenbleche. Zwölf Sekunden dauert der eigentliche Pressvorgang, dann übernehmen drei weitere Maschinen das Ausschneiden und Abgraten. Mit einer gewissen Andacht schauen Porsche und Kaes da zu. Jede Einheit stellt pro Stunde 35 Bleche her, inklusive der aufgeschweißten Versteifungen. Tagesleistung der Fabrik: 3000 Stück. Einfach vorbildlich: «Immer wieder ist uns die sorgfältige Schichtung der Preßteile und die bis ins Kleinste gehende Abfallverwertung aufgefallen.» In Fishers Hallen für die Herstellung von Schweißgeräten stoßen die zwei auf eine deutsche Kolonie, 90 Prozent der Arbeiter sind Deutsche. Auch der Bruder des Porsche-Ingenieurs Karl Fröhlich arbeitet hier. Abteilungsleiter ist Joseph R. Lex, ein gebürtiger Münchner, der gern verrät, was er im Jahr verdient: 15 000 Dollar, das sind sage und schreibe 37 500 RM. Die Abteilung produziert im Jahr 2,5 Millionen Schweißgeräte.

Mit dem Zug fahren Porsche und Kaes nach Chicago, in die «schönste Stadt der Vereinigten Staaten». Wieder logieren sie in einer Bettenburg; «The Stevens» hat Platz für 3000 Gäste und ist das größte Hotel der Welt. Vor der Besichtigung des Bendix-Werkes haben sie eine Stunde Zeit. Sie machen einen Spaziergang rund ums Werksgelände und finden sich inmitten einer fremdartigen Landschaft – die Kehrseite der Massenproduktion. Die Gegend ist «trostlos» und «abstoßend», zwischen den Häusern liegen «ausgeschiedene Waggons, alte Kraftwagen und ähnlicher Abfall». Bendix ist ein führender Hersteller von Bremssystemen. Verwundert erleben die Besucher aus Deutschland, «mit welcher Ungezwungenheit und Höflichkeit höchste Vorgesetzte mit niedersten Arbeitern verkehren und umgekehrt». Bei Bendix arbeiten auch Frauen: «Fast alle tragen Seidenstrümpfe und Bubikopf mit Dauerwellen. Viele haben sogar polierte Fingernägel.» Hier strebt man ebenfalls nach dem Ideal der tadellos sauberen Fabrik. Und auch sonst ist für alles gesorgt, wie man auf großen Tafeln lesen kann: «In diesem Betrieb muß niemand einer Gewerkschaft oder einem Verein angehören, um seine Stellung zu erhalten.»

Wieder zurück in Detroit, übernimmt Porsche seinen neuen Packard Six und gönnt sich und dem Neffen eine schöne Landpartie rund um den Eriesee, zu den Niagara-Fällen. Abends kommen die beiden dort an und sind einigermaßen erstaunt – es sieht aus wie am Broadway, die Fälle werden illuminiert, alle zehn Minuten wechseln sogar die Farben. Kaes wird ganz kulturkritisch zumute: «Selten wird einem die Vergewaltigung der Natur durch Menschenhand so bewußt wie beim Anblick dieses künstlich beleuchteten Wassers.» Glücklicherweise ist der Spuk am nächsten

Morgen vorbei, und der Blick fällt ungetrübt aufs Naturschauspiel.

Über Albany geht die Fahrt zurück nach New York, auf «gut gepflegten und numerierten Betonstrassen». Und dann geschieht etwas Seltsames; an diesem Abend werden die beiden Reisenden in ihrem Packard für einen Augenblick doch noch fast zwei Amerikaner. Kaes jedenfalls spürte den *thrill* des fremden Landes und der großen Stadt: «Gewaltig schön war die Einfahrt in die Millionenstadt, von der zur Nachtzeit wirklich ein Meer von Licht ausstrahlt.» Über die George-Washington-Brücke fahren sie auf den Broadway, dann etwa 60 Straßen weiter und gleich links in die Park Avenue, zum Hotel «Waldorf Astoria», wo sie «zum ersten Mal» seit ihrer Ankunft «mit der Unterkunft zufrieden» sind. Na bitte.

Die Tage in New York, mitten im Wahlkampf um Roosevelts Wiederwahl, beenden Porsches Amerikafahrt. Die Rückreise nach Europa will er unbedingt auf der «Queen Mary» antreten, dem Stolz der Briten. Das Schiff, mit dem die Cunard-Linie die «Bremen» und «Europa» ausstechen wollte, war erst im Mai 1936 fertig gestellt worden. Im August hatte es sich das Blaue Band geholt und für Furore gesorgt.

Am 9. November fährt das Schiff in den Hafen von Cherbourg ein. Dort ist die Studienreise noch nicht beendet. Porsche nutzt die Gelegenheit zu einem Abstecher in die Austin-Werke in Longbridge. Lord Austin begrüßt die Herren persönlich. Was sie dort sehen, ist alles ganz interessant, aber im Vergleich zu den «Herstellungsstätten in den Vereinigten Staaten von Nordamerika und da wiederum mit Ford, ist Austin ein armes altes Werkl». So frisch und drastisch äußert sich nun doch die beeindruckende Amerika-Erfahrung: Wenn einer eine Reise tut…

VI Neue Dimensionen

An der Arbeitsfront und auf der Autobahn

Nach seiner Rückkehr aus den USA stürzte Porsche sich umgehend wieder ins Projekt. Am 17. November setzte er ein Schreiben an den RDA auf und wandte sich vehement gegen die Versuche, den Bau der neuen Testserie von 30 Fahrzeugen auf mehrere Hersteller zu verteilen. Der «Führer» wünsche, dass ausschließlich Daimler-Benz diese Aufgabe übernehme. Er, Porsche, sei «ebenso überrascht wie bestürzt», dass der RDA sich dagegen sträube, was «für alle Beteiligten schwerste Folgen» haben könne. Finanzielle Forderungen fügte er gleich mit an.

Porsches Ungeduld hatte sich durch die Besichtigung der amerikanischen Vorbilder noch gesteigert. Gegenüber Jakob Werlin mahnte er nun an, «dass die Planungsarbeiten für die Fabrik und den Bau des Volkswagens in Angriff genommen und schnellstens gefördert werden müßten». Werlin war die richtige Adresse für einen solchen Appell, in seiner doppelten Funktion als Bote zu Hitler und als Vorstandsmitglied bei Daimler-Benz blieb er für Porsche eine zentrale Figur. Die Daimler-Benz AG, neben Werlin besonders der Vorstandsvorsitzende Wilhelm Kissel, verfolgte das Volkswagenprojekt sehr genau. Kissel hatte, nachdem die eigenen Kleinwagenpläne seines Hauses ausgegeben worden waren, ein ganz neues Interesse daran und spielte zeitweise wohl sogar mit dem Gedanken einer Beteiligung bei Produktion und Vertrieb.

Daimler-Benz stand seit 1935 ohnehin in Verhandlungen mit Porsche. Sie hatten in erster Linie das Ziel, Porsche als Konstrukteur und Berater in Sachen Rennsport von der Auto-Union abzuziehen. Allerdings gab es innerhalb des Konzerns noch immer eine starke Abneigung gegen Porsche, die Kissel, von Stauß und Werlin auszuräumen suchten. Werlin etwa wies im Vorstand darauf hin, dass eine engere Verbindung zwischen Daimler-Benz und Porsche sicherlich ganz im Sinne Hitlers sei und von diesem mit Wohlwollen aufgenommen würde. Kissel versprach sich nun von einem Vertrag mit Porsche zusätzlich eine größere Nähe zum Volkswagenprojekt. Am deutlichsten zeigte sich das daran, wie sehr man darauf pochte, die 30 Prototypen herzustellen.

Das gesamte Projekt steckte in einer Phase der Ungewissheit, Hitlers direkter Einfluss nahm in dem Maße ab, in dem konkrete Entscheidungen erforderlich wurden. Porsche spürte das, ließ sich aber in seinem grundsätzlichen Optimismus nicht mehr beirren. Während seiner Abwesenheit im Oktober hatte das Arbeitswissenschaftliche Institut (AWI) der Deutschen Arbeitsfront im Auftrag von deren Leiter Robert Ley ein Gutachten erstellt. Darin verwarf das Institut den Vorschlag, den Popp in seiner Denkschrift gemacht hatte. Die DAF würde mit der Übernahme der Volkswagenfabrik «unübersehbare finanzielle Belastungen» auf sich nehmen und ihr Ansehen als «weltanschauliche Truppe» aufs Spiel setzen. Es sei unnötig, ein eigenständiges Volkswagenwerk zu errichten, das Fahrzeug könne in den Fabriken der Autoindustrie produziert werden. Die DAF dürfe «der immer weiter um sich greifenden Flucht aus der Unternehmerverantwortlichkeit» nicht auch noch Vorschub leisten. Robert Ley war mit diesem Ergebnis ganz und gar nicht einverstanden. Er bestellte unverzüglich ein neues Gutachten, das dann wunschgemäß positiv ausfiel.

Unterdessen liefen noch die Testfahrten mit den drei Volkswagen. Kurz vor Weihnachten wurden sie abgeschlossen. Alle drei Wagen hatten je 50 000 Kilometer zurückgelegt. Pannen und Defekte waren aufgetreten, die Prototypen steckten voller Macken. Es gehört zu den Absonderlichkeiten der Volkswagengeschichte, dass man einerseits Europas modernste Autofabrik herbeischwärmte, andererseits aber das Produkt, um das es ging, unter behelfsmäßigen Bedingungen in einer Garage entwickeln ließ.

Der vom RDA entsandte Prüfingenieur Wilhelm Robert Vorwig unterschied zwar sauber zwischen den daraus resultierenden Mängeln und denen konstruktiver Art. Aber sein 100-seitiger Testbericht wirkte äußerst reserviert; lapidar fasste er zusammen: «Das Fahrzeug hat demnach Eigenschaften gezeigt, die eine Weiterentwicklung empfehlenswert erscheinen lassen.» Natürlich kannte Vorwig die ablehnende Haltung seines Verbandes – ein offenes Lob wollte er da kaum riskieren. Später hat er behauptet, dem Auto von Anfang an wohlgesinnt gewesen zu sein. Nicht alle haben ihm das geglaubt.

So wichtig war das technische Votum des RDA inzwischen wohl ohnehin nicht mehr. Porsche hatte sich längst um die Weiterentwicklung des Autos gekümmert, und die nächste Testserie sollte mit den 30 bei Daimler-Benz herzustellenden Fahrzeugen endlich die Produktionsreife des Volkswagens erweisen. Wichtiger als das Auto war jetzt die Fabrik. Am 15. Januar 1937 fuhr Porsche mit Hitler im selben Zug von Berlin nach München. Der «Führer» ließ ihn in sein Abteil bitten, und Porsche nutzte die Chance, um seine «neuen Ideen» vorzutragen. Ein Durchbruch jedoch gelang ihm da nicht, es blieb bei einer vagen Ermutigung durch den Diktator.

Viel wichtiger war in diesen Wochen und Monaten, dass Robert Ley eine Gelegenheit sah, den Machtbereich der DAF zu erweitern. An ebendiesem 15. Januar notierte Joseph Goebbels in seinem Tagebuch, er habe mit Ley Fragen der Finanzierung und des zukünftigen Vertriebs des Volksautos erörtert. Bereits im Spätherbst war der Finanzexperte Strauch mit der Prüfung des VW-Projekts beauftragt worden. Der wiederum besprach die Angelegenheit mit Bodo Lafferentz, dem Leiter der DAF-Abteilung «Reisen, Wandern, Urlaub». Außerdem wandte sich die DAF an Fritz Todt, der in der Reichskanzlei sondieren sollte, was man dort von einer Übernahme halte. In welchem Ausmaß Porsche über all diese Aktivitäten informiert war, ist nicht bekannt. Selbst Werlin fiel es zu dieser Zeit nicht leicht, zu Hitler vorzudringen.

Erst mit der Automobilausstellung in Berlin im Februar 1937 endete die Ungewissheit. Hitler verkündete im Hotel «Kaiserhof» vor 400 geladenen Gästen, die Arbeitsfront werde nunmehr übernehmen, was der Autoindustrie nicht gelungen sei – die Produktion des Volkswagens. In den Tageszeitungen aber wurde diese Nachricht nicht gedruckt. Noch bis zur Grundsteinlegung des Volkswagenwerks im Mai 1938 galt eine Order zur Geheimhaltung, die allerdings auch Ley nicht befolgte, als er in einer Rede am 2. Mai 1937 stolz auf seine Eroberung hinwies. Leys Bemerkung wurde umgehend aus den Pressefassungen der Rede gestrichen. Was man jetzt am wenigsten wollte, waren überzogene Erwartungen, zumal die Entscheidung ohne solide Kalkulationen gefallen war. Selbst für die zuständigen Stellen innerhalb der DAF war es denn auch noch völlig offen, in welchem Ausmaß die Organisation zum Autounternehmen werden sollte.

Porsche machte unbeeindruckt weiter wie bisher. Wegen der Finanzierung des anstehenden Großversuchs mit den 30 Prototypen schrieb er – sicher ist sicher – Mitte März gleich zwei Briefe, einen an den RDA, einen zweiten an Werlin. Natürlich war man beim RDA nicht mehr bereit, für die entstehenden Kosten aufzukommen. Es reichte allmählich, der letzte große Posten, den man übernahm, war die Bezahlung der drei Testwagen. Aber Porsche streckte seine Fühler in alle Richtungen aus. Am 11. März unterzeichnete er den Vertrag mit Daimler-Benz. Und schon im Februar hatte er einen weiteren möglichen Partner angesprochen. Zusammen mit Baron von Malberg schrieb er an Heinrich Himmler und fragte an, ob die SS den Großversuch nicht unterstützen könne. Porsche meinte, auf diese Weise zuverlässige, versierte Fahrer zu gewinnen. Das war ein Irrtum, viele der Männer waren Bruchpiloten. Aber die Verbindung zur SS, die sich später intensivieren sollte, zeigt, dass Porsche nicht daran dachte, allein auf eine Kooperation mit Ley zu setzen. Vielmehr spielte er seine Rolle als «unpolitischer» Techniker aus und legte Wert darauf, sich eine «neutrale» Sonderstellung zu bewahren. Später war man nur allzu gern bereit, daraus seine deutliche Distanz zum Regime abzuleiten.

Im April 1937 waren die 30 Fahrzeuge bei Daimler-Benz fertig gestellt und wurden in einer Panzerkaserne in Kornwestheim stationiert. Nach dem Osterfest lief der Großversuch mit den Vorserienwagen VW 30 an, ein halbes Jahr sollte er dauern und rund 1,7 Millionen RM kosten. Ferry Porsche koordinierte ihn, SS-Untersturmführer Liese war der Fahrleiter. 60 SS-Männer wurden als Fahrer bei der Porsche KG eingestellt. Die Wagen waren mit Tachographen ausgerüstet, die auch Schalt-, Kupplungs- und Bremsvorgänge erfassten. Eine Reihe von Fahrzeugen legte 100 000 Kilometer zurück, auf Landstraßen, auf Autobahnen, im Schwarzwald und in den Alpen. Porsches große Testfahrt setzte neue Maßstäbe und illustrierte eindrucksvoll seinen Perfektionismus. Und die fabrikmäßig hergestellten Prototypen, die mit ihrem fensterlos sich wölbenden, nur durch Lüftungsschlitze verzierten Buckel recht finster daherkamen, erwiesen sich als zu-

Nach Ostern 1937 begannen die aufwendigen Testfahrten mit den Volkswagen der Vorserie VW-30. Insgesamt fast zweieinhalb Millionen Kilometer legten die Autos innerhalb eines halben Jahres zurück. Porsche ließ durch spezielle Tachographen alle Schalt- und Bremsvorgänge erfassen.

verlässig und belastbar. Das Ergebnis der «Rundumdieuhrfahrt» (Kaes) lautete in aller Kürze: Das Auto war fertig, produktionsreif.

Beim RDA atmete man auf, als Präsident Robert Allmers, noch unter dem Siegel der Verschwiegenheit, in einer Sitzung Anfang Mai mitteilte, die Deutsche Arbeitsfront werde das Projekt Volkswagen übernehmen, für den RDA sei der «Schlußpunkt» endlich markiert. Porsche machte in diesen Tagen eine Reise nach Norwegen. Zusammen mit Werlin und Lafferentz ging er auf dem KdF-Schiff «Sierra Cordoba» in Klausur, um die «endgültigen VW-Pläne» zu besprechen. Die drei Männer berieten sich, wie Hitlers Erwartungen am schnellsten zu erfüllen seien. Nach der Rückkehr der neuen VW-Troika wurde der RDA offiziell aus seiner Verantwortung entlassen. Eine Woche später, am 28. Mai 1937, wurde die Gesellschaft zur Vorbereitung des Deutschen Volkswagens mbH aus der Taufe gehoben, die unter dem energischen Kürzel «Gezuvor» ihre Arbeit aufnahm. Das klang nach klaren Verhältnissen und neuem Aufbruch. Das Gegenteil war der Fall. Was sich bei der Entwicklung des Autos im Gerangel um den Verkaufspreis abgespielt hatte, sollte sich beim Aufbau des Werkes in großem Maßstab wiederholen, Planung und Finanzierung gerieten zu einem Potpourri aus Ad-hoc-Entscheidungen. Porsche, so scheint es bisweilen, kam das durchaus entgegen, er blieb, trotz der Uniformträger Werlin und Lafferentz an seiner Seite, die zentrale Figur und gründete sein neues Autoreich.

Die Gezuvor war eine in vielerlei Hinsicht merkwürdige Organisation, die das Ungefähre zum Programm erhob. Schon das im Vertrag festgesetzte Unternehmensziel, «die Planung und technische Entwicklung des Volkswagens», war vage und eigentlich erledigt. Von Produktion, Werksaufbau und Vertrieb stand dagegen nichts im Text. Zwei Holdinggesellschaften der DAF, die Treuhandgesellschaft für die wirtschaftlichen Unternehmungen der Deutschen Arbeitsfront mbH (TWU) und die Vermögensverwaltung der Deutschen Arbeitsfront GmbH (VV), stellten das Stammkapital von 480 000 RM. Ansonsten war von einer Einflussnahme der DAF wenig zu spüren. Die Gezuvor blieb sogar ohne Aufsichtsrat. Porsche, Werlin und Lafferentz, die drei Geschäftsführer, operierten mit außergewöhnlicher Freiheit, Porsche besaß nicht einmal einen Vertrag, der seine Aufgaben festgelegt hätte, und damit war er überaus zufrieden. Er bezog ein entsprechendes Gehalt und stockte es immer wieder mal durch die Forderungen des Konstrukteurs auf. Bis 1943 gab er dem Drängen der DAF auf vertragliche Regelung nicht nach.

Ohnehin war die ganze Konstruktion wie maßgeschneidert für ihn, die Personalunion Porsches machte die Gezuvor fast zu einer strategischen Abteilung seines Büros. Vergessen die Anfänge, als man sich von Auftrag zu Auftrag lavierte, von Wanderer zu Zündapp und NSU. Aus der Porsche GmbH wurde in diesem Jahr eine Kommanditgesellschaft. Rund 70 Ingenieure arbeiteten jetzt dort.

Zu den wichtigsten Neuzugängen gehörte Otto Dyckhoff. Porsche holte ihn schon im Mai 1937 von der Opel AG. Dyckhoff war ein erfahrener Experte für Produktion und Fertigungstechnik. Mit ihm begann die gezielte Planung der technischen Ausstattung des künftigen Volkswagenwerkes, von der Anschaffung moderner Spezial- und Großmaschinen bis zum Aufbau der Fertigungsstraßen. Was Porsche in Amerika gesehen hatte, sollte Dyckhoff nach Deutschland holen. Indem er Dyckhoff einstellte, eilte Porsche dem Stand der Dinge in Sachen Werksbau voraus, ein Beleg dafür, wie sehr er drängte und Zweifel am zügigen Fortgang des Projekts gar nicht erst aufkommen lassen wollte.

Im Juli brach Porsche erneut in die USA auf, diesmal mit einer stattlichen Delegation. Ghislaine Kaes war wieder dabei, außerdem reisten Dyckhoff, Ferry Porsche und Anton Piëch mit, ebenso wie die Mitgeschäftsführer Werlin und Lafferentz. Die verpasste Gelegenheit aus dem Vorjahr hatte Porsche nicht vergessen: Bernd Rosemeyer und Ernst von Delius sollten am Rennen um den Vanderbilt-Cup teilnehmen. An Bord waren aber auch das Rennteam von Daimler-Benz, Rennleiter Neubauer sowie die Fahrer Caracciola und Dick Seaman.

Im New Yorker Hafen werden die Deutschen mit Protesten empfangen, faule Kohlköpfe klatschen beim Entladen auf die Silberpfeile. Die New Yorker Polizei greift ein und zwingt die Demonstranten, das Gemüse zu entfernen. Am 5. Juli wird das Ren-

Zum Auftakt seines zweiten Besuchs in den USA verfolgte Ferdinand Porsche 1937 auf Long Island das Rennen um den Vanderbilt-Cup. Hier liegt der spätere Sieger Bernd Rosemeyer auf seinem Auto Union schon in Führung, gefolgt von Dick Seaman auf Mercedes-Benz.

nen gestartet, auf dem Flugfeld, auf dem einst Lindbergh zu seinem Ozeanflug gestartet war. Jetzt wird es zum Schauplatz eines deutschen Duells zwischen Caracciola und Rosemeyer. Als der Mercedes-Fahrer mit Kompressorschaden ausfällt, wird Rosemeyer nur noch von Dick Seaman bedrängt, dem Vorjahressieger Nuvolari brennt das Auto ab. Rosemeyer fährt den Sieg für die Chemnitzer ins Ziel, Seaman rettet die Ehre für die Untertürkheimer, er wird Zweiter, von Delius Vierter. Auf Rang drei ist Platz für den Amerikaner Rex Mays. Edsel Ford besucht die Deutschen in der Box und gratuliert.

Für Porsche begann der Hauptteil der Mission erst nach diesem Erfolg auf der Rennstrecke. Wieder besuchte er Autowerke, doch nun ging es gezielt um den Kauf von Spezialmaschinen und die Anwerbung von Fachleuten. Unter ihnen ist Joseph Werner, der in den Ford-Werken in River Rouge Fachmann für die Produktion ist und Spezialmaschinen entwirft. Eines Tages klingelt sein Telefon, und er erhält eine Einladung ins Hotel «Book-Cadillac». Dort sitzen Porsche, Lafferentz und Dyckhoff. Werner ist zunächst ungläubig, als die drei ihm ihre Pläne eröffnen und vom Neubau einer Fabrik reden, er weiß, was so etwas kostet. Doch schließlich schlägt er ein, zehn Jahre zuvor hatte er Deutschland verlassen, seine Eltern leben noch dort, und er möchte nicht ungern zurück. 1250 RM im Monat bietet ihm Porsche, etwa so viel wie er bei Ford bekommt, dazu werden sämtliche Umzugskosten übernommen.

Die erste Gruppe der «Amerikaner» begann Anfang September ihre Arbeit für Porsche in Stuttgart. Aber die Anwerbeaktion ging auch 1938 weiter, ein Bruder Dyckhoffs arbeitete in der deutschen US-Botschaft und nutzte seine Kontakte. Schließlich wurden es rund 20 Ingenieure und Planer, die ihre Amerika-Erfahrung ins Volkswagenprojekt einbrachten. Ihr Beitrag ist kaum zu überschätzen, mit ihrem Know-how dürften sie eine Unzahl von Planungsfehlern und falschen Einschätzungen von vornherein vermieden haben. Porsche hatte einen sicheren Blick dafür, wer ihm helfen konnte. In der Propaganda wurde die strikte Ausrichtung am amerikanischen Vorbild freilich verschämt versteckt. Pflichtschuldigst formulierte Dyckhoff in einem Vortrag im Reichsluftfahrtministerium, dass die deutsche Automatisierung sich von der amerikanischen fundamental unterscheide: «Wir wollen die Maschine dem Menschen dienstbar machen und nicht den Menschen zum Sklaven der Maschine herabwürdigen.» Das klang nicht besonders griffig, Robert Ley konnte es besser; er prägte die kerndeutsch-expressionistische Formel: «Man muß den Takt der Maschine mit dem Rhythmus des Blutes vermählen.»

Für Porsche aber hielt seine zweite Reise in die USA einen anderen Höhepunkt bereit. Es war ihm gelungen, einen Termin für eine Audienz beim König der Fließbänder zu bekommen, bei Henry Ford. Es gibt keine detaillierte Überlieferung von diesem Treffen. Das Ende des Gesprächs war jedoch von einer Irritation geprägt: Porsches Versuch, den verehrten Amerikaner zu einem Gegenbesuch einzuladen, scheiterte; Henry Ford sah einen Krieg kommen, es werde also keine Gelegenheit geben. Porsche sei perplex gewesen, an Krieg sei doch gar nicht zu denken, soll er sinngemäß entgegnet haben. Ford habe darauf noch etwas gemurmelt, sich dann entschuldigt, um eine Delegation von 400 Waisenkindern zu begrüßen. Im Jahr darauf standen sie auf ganz andere Art und Weise doch noch einmal nebeneinander: Hitler zeichnete Porsche mit dem «Deutschen Nationalpreis» aus, und Henry Ford wurde der «Adler-Orden» verliehen.

Noch stärker getrübt wurde die Stimmung auf der Reise allerdings durch das Verhalten Jakob Werlins. In einer Aufzeichnung von 1975 erinnerte sich Ghislaine Kaes noch immer mit einer gewissen Erregung: «In USA, im Jahre 1937, verhielt sich Werlin den Herren Porsche, Lafferentz u.a. gegenüber unmöglich. Er ließ alle, sagen wir ab 8.30 Uhr, in der Hotelhalle, ohne ein Wort zu sagen, warten. Alle dreissig Minuten wurde ich ausgeschickt, um nachzufragen. Frau Werlin vertröstete uns seelenruhig immer wieder.» Das Ergebnis, sagen wir ab 8.45 Uhr: «Porsche kochte.» Es ist ein bemerkenswertes Schlaglicht, das hier auf die Beziehung zwischen Porsche und Werlin fällt. Laut Kaes herrschte zwischen den beiden mehr als eine vorübergehende Verstimmung: «Ich habe nie erfahren, dass Werlin für Porsche eingetreten ist. Werlin war ein widerlicher Mann, den Porsche nicht ausstehen konnte. In späteren Jahren war ich von Porsche angehalten worden dafür zu sorgen, dass Werlin noch im Bereich der Pforte abgefangen wird. Kein leichtes Unternehmen, denn

Werlin war selbstherrlich und rücksichtslos. Den Pförtner schrie er einfach nieder. Aber dann war ich stets rechtzeitig am Hauseingang und handelte, wie mir befohlen war. Ich führte Werlin, mit ausgesuchter Höflichkeit und im Auftrage, ins Zimmer von Porsche.» So sehr rumorte es auf der persönlichen Ebene zwischen dem technischen und dem kommunikativen Konstrukteur des Volkswagens.

Alles in allem hatte die Reise Porsches Erwartungen jedoch erfüllt. Das Vorbild der amerikanischen Fabriken hatte auch seine Mitreisenden beeindruckt. Und einige wollten bald schon hoch hinaus: Jährlich 1,5 Millionen Autos sollten produziert werden. Damit hätte man sogar das Ford-Werk in River Rouge übertroffen. Verglichen mit Ley – von ihm stammte die trunkene Zahl –, war Lafferentz realistischer: Er dachte an drei Ausbaustufen mit einer Jahresproduktion von 150 000, 300 000 und schließlich 450 000 Fahrzeugen. Eine weitere Kalkulation, ausgehend von bestmöglichen Bedingungen, stellte Otto Dyckhoff im Oktober auf, sie legte man der weiteren Planung zugrunde. Dyckhoff staffelte nach Jahren, Beginn der Produktion 1939 mit 30 000 Autos, 1940 bereits 100 000, 1941 Verdoppelung auf 200 000, 1943 Verdoppelung auf 400 000 und 1944 die schon von Lafferentz anvisierten 450 000. Auch das waren ehrgeizige, nein, letztlich unrealistische Zahlen. Aber sie spornten an. Nur ein halbes Jahr nach der Rückkehr aus den USA wurde am 24. Februar 1938 der erste Spatenstich für das Volkswagenwerk getan. Die Gezuvor hatte sich einen Termin für die Aufnahme der Produktion gesetzt, den 1. Mai 1939.

Im Sommer 1937 jedoch hatte man zunächst einmal einen geeigneten Standort finden und durchsetzen müssen, und das war nicht leicht. Zur Hauptfigur wurde dabei Lafferentz, der nun mehr und mehr zum wichtigsten Partner Porsches avancierte. Das hatte nicht nur mit den Spannungen zwischen Werlin und Porsche zu tun – Lafferentz saß eben direkt am Geldhahn der Arbeitsfront und entwickelte eine gewisse Tendenz zur Waghalsigkeit, ein Talent im Beiseiteschieben von Bedenken, das ganz im Sinne Porsches war.

Eine Reihe möglicher Standorte kam infrage: Fürstenwalde-Storkow, Stendal-Tangermünde, Angermünde, Mannheim, Regensburg und schließlich das Gut Wolfsburg bei Fallersleben. Gerade dieses Gebiet stach Lafferentz ins Auge, als er mit dem Flugzeug auf Standortsuche ging. Schon aus der Luft waren die Vorteile der dünn besiedelten Region zu erkennen: die Anbindung an den Mittellandkanal, die Nähe der Bahnstrecke Ruhrgebiet–Hannover–Berlin und der Reichautobahn Berlin–Hannover. Etwas weiter südlich entstanden bei Salzgitter die «Reichswerke Hermann Göring», der staatliche Montanbetrieb wurde in den kommenden Jahren zum größten deutschen Industrieunternehmen. Nun hatten auch andere Standorte ähnliche, vielleicht gleichwertige Vorzüge aufzuweisen, doch die Gezuvor hatte wenig Zeit für lange Erwägungen. Außerdem lag Fallersleben mitten im Reich. Lafferentz hielt Rücksprache mit Porsche und Werlin und bestellte geologische Gutachten. Oberste Devise war Diskretion. Keine langwierigen Genehmigungsverfahren, sondern prompte Entscheidung durch Autoritäten wie Ley, Speer und Hitler selbst, das sollte reichen.

Natürlich blieb den ansässigen Grundbesitzern das Treiben auf ihrer «Scholle» nicht verborgen. Da fuhren Limousinen durch die Feldmark, und unbekannte Herren zeichneten irgendetwas in die Luft. Im Schloss Wolfsburg residierte der Graf von der Schulenburg, der Herr über ausgedehnte Flächen eines Gutes. Auch Schulenburg bemerkte «Anzeichen», vermochte aber kaum «Näheres festzustellen»: «Ferner erschienen des öfteren Kraftwagen, deren Insassen sich das Gelände ansahen, u. a. … der Leiter der Deutschen Arbeitsfront Dr. Ley, der von der Kanalbrücke aus das Bruch besichtigte.» Schulenburg erkundigte sich, und ein Wirt aus Fallersleben, der aus Gesprächen auswärtiger Gäste so einiges aufgeschnappt hatte, konnte ihm interessante Hinweise geben. Das fügte sich zu einem Bild. Wenn die Indizien sich bestätigten, musste der Graf eine Enteignung befürchten. Er fuhr nach Berlin. Dort kannte er den Reichsminister Hanns Kerrl, wie Schulenburg ein gebürtiger Fallerslebener.

Kerrl unterstand die Reichsstelle für Raumordnung. Aber hier wusste man von nichts. Erst als Kerrl einige Tage später Ley direkt ansprach, erfuhr er von den Absichten der Arbeitsfront. Noch Anfang Mai hatte Ley ihm zugesichert, ihn von Standortplanungen zu unterrichten. Das also war jetzt lange her. Umgehend wies Kerrl seine Mitarbeiter an, Gegenvorschläge auszuarbeiten. Die Reichsstelle plädierte für eine Stärkung der Wirtschaft im Osten und hielt in einem Gutachten den nahe gelegenen «Brückenkopf Stendal-Tangermünde» für das «Sinnbild eines zielbewußten und siegesgewissen neuen Aufmarsches im Ostraum», nicht ohne auf die «niederdeutsche Ostpolitik Kaiser Karls des Vierten» hinzuweisen.

Nun bekam auch Paul Pleiger, der Vorstandsvorsitzende der Reichswerke AG in Salzgitter, Wind von dem Plan, in seiner unmittelbaren Nachbarschaft noch ein Riesenwerk zu errichten. Pleiger befürchtete schwerwiegende Folgen «in Bezug auf Arbeiter- und Materialbeschaffung, Lohnniveau, Wohnstandard, Preisniveau, Baufirmenkapazität usw.». Schulenburg, Kerrl, Pleiger – in kürzester Zeit formierten sich Gegner der Gezuvor. Aus dem Reichsforstministerium kam der Hinweis auf die unvergleichlichen Bestände alter Eichen, der Reichsnährstand pochte auf den Erhalt bester Äcker und Wiesen und eines «hochentwickelten Bauerntums», aus Berlin erschien ein Experte und entdeckte in den überstauten Wiesen die Brutstätten 70 seltener Mückenarten – eine Plage, wie von der Schulenburg zu bedenken gab. Der Generalstab der Luftwaffe sah andere Gefahren aus der Luft: Feindliche Bomber müssten nur am Kanal entlangfliegen, um das Werk zu finden.

Besonders die Reichswerke konnten ein ernstzunehmender Gegner für die Gezuvor werden, der für seine Ziele möglicherweise Göring in Stellung bringen würde. Lafferentz verfiel auf eine ebenso leise wie wirkungsvolle Gegenmaßnahme. Er sprach Albert Speer an und bat ihn, bei Hitler für den Standort Fallersleben/Wolfsburg zu werben. Das gelang dem Architekten, den Hitler gerade erst im Januar 1937 zum «Generalbauinspektor für die Reichshauptstadt» ernannt und mit umfangreichen Vollmachten ausgerüstet hatte, mühelos. Schon bald lag ein «Führerbefehl» vor, mit dem Hitler die Pläne der Gezuvor absegnete. Zwar gab es noch erbitterte Nachhutgefechte, aber das Konzept der klammheimlichen Planung und Vorbereitung war aufgegangen, die Gezuvor hatte Fakten geschaffen und ihren Gegnern kaum Zeit zur Reaktion gelassen.

Lafferentz nutzte den Kontakt zu Speer zur weiteren Beschleunigung des Vorhabens. Er fragte den Generalbauinspektor nach einem Architekten, den man mit Entwurf und Planung der Stadt beauftragen könnte. Es konnte nur gut sein, hier jemanden zu finden, der Speers Segen hatte. Speer nannte drei Professoren der Technischen Hochschule Braunschweig und insbesondere den jungen Peter Koller. Koller war 30 Jahre alt, ein gebürtiger Steiermärker und hatte in Berlin studiert. An Speers Planungen für die Hauptstadt Berlin wollte er nicht mitarbeiten, umso mehr reizte ihn das Angebot der Gezuvor, eine Retortenstadt auf die teils sumpfige Wolfsburger Wiesenlandschaft zu setzen.

Noch vor jeder offiziellen Entscheidung schlossen Koller und die Gezuvor im Januar 1938 einen Vertrag. Im März wurden Hitler dann die ersten Entwürfe der Braunschweiger Professoren und Kollers präsentiert. Hitler hatte wiederholt großes Interesse an der Stadtplanung erkennen lassen, erwartete eine nationalsozialistische Mustersiedlung «mit großen, breiten Straßen und entsprechenden Gebäuden», eine Siedlung mit «städtischem Charakter», die zugleich «eine starke Auflockerung durch Gärten» erhalten sollte. Kollers Entwurf hatte bereits die Zustimmung von Ley und Speer, und auch Ferdinand Porsche redete Hitler zu, Koller den Auftrag zu geben. Hitler gab sein Einverständnis, zunächst jedoch nur mündlich. Erst als der Regierungspräsident von Lüneburg Einfluss auf die Stadtplanung nehmen wollte, veranlasste Speer die Herausgabe eines Führererlasses am 6. Juli 1938. Darin wurde der «Generalbauinspektor für die Reichshauptstadt» beauftragt, die «städtebaulichen Maßnahmen» für die «Volkswagenstadt» zu ergreifen, Speer wiederum bevollmächtigte Koller. Damit war also auch das ganz im Sinne des Gezuvor-Triumvirats erledigt. Die Einbindung Speers war ja ausdrücklich erwünscht, sie sicherte gegen die Einflussnahme irgendwelcher Instanzen oder Dienststellen ab und war die beste Rückversicherung bei Hitler.

Porsche interessierte sich sehr für die Arbeit Kollers. Der Architekt erinnerte sich an einen Besuch Porsches im Baubüro, bei dem dieser mit Nachdruck anmahnte, den Anteil großer Wohnungen im ersten Bauabschnitt zu erhöhen: Mit dem Angebot attraktiver Wohnungen würde es der Werksleitung leichter fallen, Fachleute anzuwerben. So harmlos begann Porsches Kampf um Arbeitskräfte für sein Werk. Aber das waren Perspektiven aus der Phase des Aufbruchs, als man sich noch darum stritt, ob die Straßen der neuen Stadt 100, 60 oder nur 40 Meter breit werden sollten. Für solche Gigantomanie, die sich vor allem an Speers Planungen für Berlin orientierte, konnte sich Porsche, wie übrigens auch Koller, kaum erwärmen, ihn interessierte die Stadt nur als Wohnsiedlung für das Werk. Und ihre Größe errechnete sich aus der Belegschaft: 30 000 Arbeiter ergaben eine Gesamtbevölkerung von rund 90 000 Menschen. Der andere maßgebliche Faktor war die Bauzeit.

Man konnte jedoch nicht aus dem Vollen schöpfen, selbst in der frühen Phase nicht. Nachdrücklich wies Otto Dyckhoff darauf hin. Rohstoffe und Halberzeugnisse waren ja durch den Vierjahresplan bereits kontingentiert, und die Gezuvor hatte für ihr Unternehmen noch nicht einmal eine Kontingentnummer beantragt. Das wirkte sich bei Verhandlungen über den Ankauf von Maschinen bereits ungünstig aus und stellte hinter alle Kalkulationen ein Fragezeichen. Allenthalben gab es jetzt Bedenken. Auf einer Sitzung in München am 6. Oktober 1937 brachte Dyckhoff seine Skepsis gegenüber Porsche, Lafferentz und Werlin zum Ausdruck. Werlin stimmte ihm ausdrücklich zu und hielt die ehrgeizigen Produktionspläne angesichts der «augenblicklich schwierigen Rohstofflage» für illusorisch. Dringend riet er zur Rücksprache mit Göring, dem Leiter der Vierjahresplanbehörde, bevor hohe Investitionen getätigt würden.

Bei Lafferentz und Porsche stieß er mit solch grundsätzlichen Bedenken auf taube Ohren. Unzureichende Stahlversorgung? Aber der Volkswagen sei ja ein Leichtgewicht, für das man erheblich weniger Stahl benötige als für jedes andere deutsche Fahrzeug. Nein, umgekehrt sei das, gerade wegen der kritischen Lage auf dem Rohstoffmarkt sei der Volkswagen geradezu ein Autarkiemobil. Werlin aber fühlte sich nicht recht verstanden. Einige Tage nach dieser Sitzung sprach er bei Ley vor und blitzte auch dort ab – die ersten 20 Millionen seien bereits genehmigt, im Übrigen handle es sich um ein politisches Unternehmen, ökonomische Bedenken träten zurück. Und mit Göring habe er bereits gesprochen; die Versorgung mit Eisen sei bald wieder sichergestellt. All das übermittelte Werlin seinem Vorstandsvorsitzenden Kissel.

Nur wenig später hielt BMW-Chef Franz Popp, der eigentliche Erfinder der DAF-Volkswagen-Idee, auf einer Beiratssitzung der Deutschen Bank einen Vortrag über die Perspektiven des Volkswagenprojekts. Popp räumte, ohne viel diplomatischen Zierrat in seinen Formulierungen, einige Illusionen beiseite und stellte fest, dass «eine Motorisierung in dem Umfange, wie sie beim Volkswagen gedacht ist, nicht möglich ist, wenn nicht eine zusätzliche Kaufkraft der breiten Masse geschaffen wird». Dafür jedoch sah er angesichts der «Gesamtbeanspruchung unserer nationalen Kauf- und Wirtschaftskraft durch die verstärkte Aufrüstung» keine Anzeichen: «Es kommt ja hinzu, dass der wirtschaftliche Aufbau der Ostmark und des Sudetenlandes erhebliche Opfer vom alten Reich fordert, sodass auch von diesem Gesichtspunkt aus eine rasche Steigerung des Realeinkommens, wie sie für die Verwirklichung der Volkswagenidee notwendig ist, kaum erwartet werden kann.» Popp machte sich Sorgen, dass von der ehemaligen Grundidee seines Vorschlags nichts übrig bleiben würde: Der Volkswagen drohe «in jene Käuferschichten ein[zu]dringen, die für den normalen Automobilmarkt in Frage kommen. Dies wird die deutsche Automobilindustrie vor schwere Probleme stellen und vor allem anderen einen empfindlichen Preisdruck ausüben.» Man war das Problem Volkswagen losgeworden, aber es kehrte zurück. Porsche und sein Werk im Norden wuchsen sich zu einem unberechenbaren Faktor auf dem Automobilmarkt der Zukunft aus.

Von Beginn an trug das ganze Unternehmen abenteuerliche

Züge. Unter den Bedingungen der Aufrüstung und des Vierjahresplans sollte das moderne Großwerk aus dem Boden gestampft werden, im Grunde um jeden Preis. Wo immer die Kalkulationen Lücken aufwiesen, half das Vertrauen, Hitler werde, wenn nichts anderes helfen sollte, die Bereitstellung der notwendigen Gelder per Erlass verfügen. Auch Porsche war von dieser Vorstellung beseelt und glaubte, dass um das Werk herum die neue Stadt fast wie von selbst entstehen werde. In Ley und Lafferentz hatte er zwei in ihrem Hang zur wirtschaftlichen Unvernunft ideale Partner gefunden. Von den Skizzen und Modellen ging eine Faszination aus, die die realen Verhältnisse nur allzu leicht vergessen ließ.

Auf der Automobilausstellung in Berlin 1938 wurde das bereits von Speer und Hitler abgesegnete Modell des neuen Werks präsentiert. Über eine Länge von 1,3 Kilometern zogen sich unter Sheddächern die Werkshallen am Mittellandkanal entlang und vermittelten einen Eindruck imposanter Modernität. Das Werk ähnelte seinem Vorbild, der River-Rouge-Fabrik. Erst nachträglich wurden die Entwürfe dem Architekturstil des Nationalsozialismus stärker angepasst, vor allem durch zusätzliche Bauten, die den Vorstellungen von der Volks- und Arbeitsgemeinschaft das nötige Dekor geben sollten. Ein Ehrenhof und eine Turn- und Versammlungshalle wurden im Mai 1938 vom Architekturbüro Schupp & Kremmer geplant. Das aber reichte nicht, auch eine Feierhalle mit Aufmarschplatz war vorgesehen, die mehreren tausend Menschen Platz geboten hätte. Das Gebäude sollte mit einer Höhe von 50 Metern und einer Grundfläche von 120 × 80 Metern den optischen Kontrapunkt zur Nüchternheit der Werkshallen setzen. All diese Zusatzbauten wurden, kaum gezeichnet, wieder aus den Planungen gestrichen und auf unbestimmte Zeit verschoben. Immerhin reichte es für Wandmalereien in den Speisesälen, mittelalterlich inspirierte Folklore, edle Ritter auf edlen Hengsten zierten das Autowerk.

Zu den maßgeblichen Planern des Werkes gehörte Fritz Kuntze. Der Diplomingenieur war einer von den «Amerikanern». Kuntze hatte von 1926 bis 1937 bei Ford gearbeitet und war dort bis zum Leiter des Großkraftwerks von River Rouge aufgestiegen. Dann war er nach Deutschland zurückgekehrt. Vergeblich hatte er sich um eine Anstellung bei Opel bemüht. Am 1. Mai kam er nach Stuttgart und trat in Porsches Dienste, nicht im Konstruktionsbüro, sondern bei der Gezuvor. Schon im Sommer zeichnete Kuntze die ersten Skizzen, die bereits die grundlegende Struktur nach dem Vorbild in Detroit festhielten. Press- und Karosseriewerk, mechanische Werkstatt, Schmiede und Kraftwerk standen Spalier am Kanal, in der zweiten Reihe schlossen sich Gießerei und Walzwerk an. Vorgesehen waren ferner ein Stahlwerk, eine Gummi- und eine Glasfabrik. Kuntze hielt sich an die hohe Fertigungstiefe der Ford-Werke, die Porsche und Kaes gleich bei ihrem ersten Besuch bei Ford bewundert hatten. Im Stahlwerk sollte gar eine Blechbreitbandstraße entstehen, mit der man die Autoindustrie ganz Europas hätte versorgen können. Das überspannte Vorhaben wurde jedoch bald aufgegeben.

Die geschätzten Kosten für das Werk mitsamt Inventar beliefen sich im Herbst 1937 auf rund 200 Millionen Reichsmark. Eine solche Summe konnte freilich selbst die DAF nicht ohne weiteres aufbringen. Im Reichswirtschaftsministerium wurde man hellhörig, als deutlich wurde, dass die Arbeitsfront sich das Geld auf dem freien Kapitalmarkt beschaffen und weder ihre Bank der Deutschen Arbeit noch ihre Versicherungsgesellschaften Volksfürsorge und Deutscher Ring involvieren wollte. Dagegen wurde Widerstand laut, und schließlich lenkte die DAF ein. Ihr neuer Kurs war es dann, auch durch das finanzielle Engagement die alleinige Kontrolle über das nationale Autoprojekt abzusichern. Die Arbeitsfront verausgabte sich in ihrer neuen Rolle. Alsbald

Im Februar 1938 wurde das Modell des Volkswagenwerkes auf der Internationalen Automobilausstellung in Berlin vorgestellt. In der Bildmitte Robert Ley und Adolf Hitler, rechts daneben Ferdinand Porsche und Jakob Werlin.

begann man auf ausdrückliche Weisung Leys mit dem Verkauf von Liegenschaften aus ehemaligem Gewerkschaftsbesitz, um weiteres Geld an den Mittellandkanal pumpen zu können.

Das war nun kein Grund für Ley und Lafferentz, Trübsal zu blasen, im Gegenteil. Die Grundsteinlegung für das Volkswagenwerk im Mai 1938 wurde pompös inszeniert. 50 000 Menschen versammelten sich am 26. Mai, dem Himmelfahrtstag, auf der Großbaustelle, Jungvolk, Hitlerjugend, SS-Junkerschule Braunschweig, der ganze Auftrieb. Die Sonderzüge fuhren und fuhren, bis zum Beginn der Veranstaltung stand man sich die Beine in den Bauch. Kaum eine Stunde dauerte der eigentliche Festakt. Prominenz des Reiches war erschienen, der Reichsleiter Alfred

Rosenberg, SS-Führer Heinrich Himmler, OKW-Chef Wilhelm Keitel – und Hitler persönlich. Goebbels hatte nur einen Vertreter gesandt. Auffälligste Erscheinung: Ferdinand Porsche, wie so oft im unvorteilhaften Trenchcoat. Zwischen Werlin und Lafferentz, die ihn deutlich überragten, stand er in Zivil. Auf den Fotos von der Grundsteinlegung wirkt es fast wie eine geschickt gewählte Kluft, die die Sonderstellung des «genialen Professors» unterstrich. Ley hielt seine Begrüßungsansprache zum Thema: Der Volkswagen als «glorreiches Werk des Führers». Dann ergriff Lafferentz das Wort, referierte den Stand der Bauarbeiten und stellte das berühmt-berüchtigte Sparkarten-System vor; Ende 1939 werde man mit der Produktion beginnen.

Hitlers Rede schließlich wurde vom Rundfunk übertragen. Er holte aus und präsentierte erneut das flotte Theorem von der «kaufkraftlenkenden Wirkung» des Volkswagens; das Volk werde vom Konsum so vergänglicher Güter wie Lebensmittel zum Konsum eines beständigen Gutes aus heimischer Produktion geführt. Porsches Slogan dafür lautete: «1 kg Butter kostet RM 3,20, 1 kg Volkswagen kostet RM 1,60.» Aber Hitler hatte auch eine Überraschung parat. Der Wagen, der hier in der «größten europäischen Erzeugnisstätte auf dem Gebiet der Motortechnik» hergestellt werden solle, möge den Namen der Organisation tragen, die dem Volk schon so viel Freude bereitet habe und ihm nun auch noch das Auto bringe, es solle also «KdF-Wagen» heißen. Da sei Porsche zusammengezuckt, heißt es, augenblicklich habe er die Exportchancen für sein Auto schwinden gesehen. Hinzu kam, dass er zwar von Hitler als «genialer Konstrukteur» erwähnt wurde, nicht aber als Organisator des Werks. Vielleicht war das die eigentliche Enttäuschung an diesem Tag.

Dennoch sollte die weitere Entwicklung zeigen, dass die DAF keine Vormachtstellung erlangen konnte. Porsche ließ sich nicht an den Rand drängen. Innerhalb der Gezuvor musste er

Die Feier zur Grundsteinlegung des Volkswagenwerks am Himmelfahrtstag 1938 endete mit Hitlers Käferfahrt durch die Menge. Am Steuer saß Ferry Porsche, hinter ihm sein Vater, hinter Hitler der Chef der DAF Robert Ley.

keine ernsthafte Konkurrenz fürchten: Zwar entstanden zwischen Lafferentz und Porsche gewisse Rivalitäten, sie blieben jedoch zunächst im Hintergrund, weil in der Zielsetzung Einigkeit bestand. Nach wie vor war man aufeinander angewiesen. Es galt, das Werk auszurüsten, wo und wie es nur ging, Geldmittel, Rohstoffkontingente, Bau- und Facharbeiter zu organisieren. Und Porsches herausgehobene Position fand denn auch in der Inszenierung der Grundsteinlegung ihren Ausdruck: Am Ende bestieg Hitler ein VW-Cabrio und ließ sich von Ferry Porsche zum Bahnhof Fallersleben chauffieren, vorbei am Jubelspalier und an einer Ehrenformation der Wehrmacht. Auf der Rückbank, direkt hinter seinem Sohn, saß Ferdinand Porsche, neben ihm Robert Ley. Hitler «strahlte» und «grüßte», erinnerte sich Ferry Porsche.

Was kaum jemand ahnte: Die kleine Triumphfahrt war eigentlich schon die Abschiedstour des zivilen Volkswagens. Denn zwei Tage später versetzte der «Führer» seiner geliebten Utopie vom automobilen Volk den ersten Schlag. Er befahl den Bau des Westwalls und sorgte damit für einen umgehend einsetzenden Mangel an Arbeitskräften. Und am 30. Mai bekräftigte er den Kriegskurs; eine Geheime Kommandosache erneuerte den Befehl zum Aufmarsch «Grün»: «Es ist mein unabänderlicher Entschluß, die Tschechoslowakei in absehbarer Zeit durch eine militärische Aktion zu zerschlagen.» Auch hierbei assistierte ihm einer aus Maffersdorf: Konrad Henlein, der künftige Gauleiter des Sudetenlandes.

Vom Befehl zum Bau des Westwalls war das Volkswagenwerk besonders betroffen. Mit einem Mal fehlten nun 3000 Arbeiter. Es drohte der Stillstand auf den Baustellen. Die DAF fand einen Ausweg. Sie unterhielt gute Beziehungen zur italienischen «Gewerkschaft» CFLI und nahm Verhandlungen mit dem Vorsitzenden Tullio Cianetti auf. Arbeitslose aus Italien sollten in Deutschland beschäftigt werden. An insgesamt 20 000, ja 30 000 dachte die Arbeitsfront und forderte zugleich ein Monopol auf die Anwerbung von ausländischen Arbeitern. Anfang August schloss man ein Abkommen mit den Italienern, Mitte September trafen die ersten 2400 Männer aus den ländlichen Regionen Oberitaliens in Fallersleben ein, wo sie ein Barackenlager bezogen. Sie waren der heimischen Arbeitslosigkeit entronnen und erhielten Stundenlöhne, die doppelt so hoch lagen wie in Venetien. Was zuerst als Zwischenlösung gedacht war, wurde zum Dauerzustand: Ohne die Italiener wäre der Aufbau des Werkes kaum mehr vorstellbar gewesen.

Aus der Gezuvor wurde nun die Volkswagenwerk GmbH,

Mit großem Tempo begannen nach der Grundsteinlegung im Mai die Bauarbeiten bei Fallersleben. Schon in dieser frühen Phase war der Mangel an Arbeitskräften spürbar. Durch Anwerbungen in Italien gelang es, den Aufbau des Volkswagenwerks und der «Stadt des KdF-Wagens» voranzutreiben.

ausgestattet mit einem Stammkapital von vorerst 50 Millionen RM, das nach und nach aufgestockt wurde. Schon bei der Gründung der Gezuvor hatte es Auseinandersetzungen um die Gesellschaftsform gegeben, die DAF hatte eine Aktiengesellschaft abgelehnt. Dabei blieb es. Zu den Gründen gehörten wohl die bei einer GmbH im Vergleich zur AG geringere Rechenschaftspflicht sowie die Möglichkeit für die DAF, über den Aufsichtsrat der GmbH verbindlichen Einfluss auf unternehmerische Entscheidungen nehmen zu können. Im Aufsichtsrat saßen aber wiederum die Geschäftsführer Porsche, Lafferentz und Werlin. Kontrolle ist gut, Selbstkontrolle ist besser. Vier neue, zusätzliche Geschäftsführer wurden berufen, der DAF-Amtsleiter Felix

Ein Blick in das Presswerk 1939, die großen Maschinen stehen zur Aufstellung bereit. Doch von nun an wurde es wegen der Materialknappheit immer schwieriger, die Fabrik weiter auszustatten.

Schmidt, der stellvertretende DAF-Amtsleiter Hans Scholz, dazu Otto Dyckhoff – er war für die Produktion zuständig – und der Exportkaufmann Eduard Rudolph, der die kaufmännische Leitung übernehmen sollte. Mit dieser Aufteilung in Aufgabenbereiche sollte eine gewisse Solidität in die Praxis der Unternehmensführung gebracht werden. An den Machtverhältnissen änderte das nichts. Das sollte vor allem Rudolph zu spüren bekommen. Als er über das Buchungs- und Rechnungswesen des Werks einigermaßen in Rage geriet und sich mit Porsche, Lafferentz und Werlin über die künftige Verteilung der Kompetenzen stritt, schied er wieder aus, mühelos wehrte das Gründertrio der Gezuvor die Attacke auf seine Machtfülle ab.

Derweil lief die Werbekampagne für den «KdF-Wagen» auf vollen Touren: «5 Mark die Woche mußt Du sparen, willst Du im eignen Wagen fahren!» In einer Rede vor der Belegschaft der IG Farben pries Ley das Sparsystem als leuchtendes Beispiel des «deutschen Sozialismus» und das Volkswagenwerk als «Olymp der Arbeit», den er erneut mit der imaginären Produktionsziffer von 1,5 Millionen Autos pro Jahr schmückte. Das System mit den Sparmarken war rigide geregelt, ein Rücktritt vom Kauf kaum möglich, versprochen wurde lediglich ein «voraussichtliches Lieferjahr». Die Vorfinanzierung erbrachte einen Zinsgewinn von immerhin 130 RM je Käufer zugunsten der DAF. Ein «raffiniertes innenpolitisches Ablenkungsmanöver größten Stils», notierten die Deutschlandberichte der SoPaDe, der Exil-SPD – in Deutschland sei eine «Autopsychose» ausgebrochen.

Bis Ende 1939 wurden rund 270 000 Sparverträge abgeschlossen, auch durch sanften und unsanften Druck in den Betrieben. Keine geringe Zahl, aber die Rechnung ging noch immer nicht auf. Eine Aufstellung aus dem Oktober 1939 ergab bei einer auf 250 000 Stück angesetzten Jahresproduktion einen Verlust von 1080 RM pro Fahrzeug. Der abrupte Sprung aufs amerikanische

Niveau war und blieb Wunschdenken. Die Forschungsgruppe um Hans Mommsen und Manfred Grieger resümierte das ganze Unternehmen als ungedeckten Wechsel: «Es kann daher keine Rede davon sein, dass die Entfesselung des Zweiten Weltkriegs die Realisierung der Volkswagenpläne verhinderte. Vielmehr befreite der Krieg die DAF aus einer ausgesprochen misslichen Lage und enthob sie der Notwendigkeit, die eingegangenen Verpflichtungen einlösen zu müssen.»

Die ehemaligen Testfahrer der SS fuhren weiter durchs Land, als Werbekolonne. Sie steuerten Feiern, Feste und Flugtage an. Auch Porsche selbst bewies werbeträchtig die Leistungsfähigkeit seines Autos. Mit seinem Sohn eröffnete er den Großen Bergpreis von Deutschland, der auf der Hochalpenstraße am Großglockner ausgetragen wurde. In 21 Minuten 44 Sekunden bewältigte der luftgekühlte Volkswagen die 13 Kilometer lange Strecke mit einem Höhenunterschied von 1240 Metern. Der Käfer inmitten der Bergwelt, das wurde zum beliebten Werbemotiv, das die Kletterstärke des Autos mit den Urlaubsträumen der Sparer verband. Nicht drei Soldaten mit einem Maschinengewehr stiegen in diesen Bilderwelten aus dem Auto, sondern ein Mann und zwei Frauen mit einem Picknickkorb.

Vielleicht ist Ferdinand Porsche damals auf dem Höhepunkt seiner Laufbahn angelangt. Trotz der Ungewissheit über den weiteren Aufbau des Werkes dürfte er sich seiner Vision vom Volkswagen näher gefühlt haben denn je. Seine Schulkameradin Anna Hosak aus Maffersdorf machte einen Vers darauf:

Wir seh'n den Führer ihn begleiten,
Durch seine KdF-Stadt schreiten.
Wir seh'n ihn mit verdienten Ehren –
Und hier beraten und erklären.

Auf dem Berliner Presseball 1939 war der «KdF-Wagen» der Hauptpreis der Tombola. Ganz rechts der Schauspieler Heinrich George, zwischen den Damen links hält sich Ferdinand Porsche im Hintergrund.

Im Bündnis mit dem NS-Staat war aus seinem Konstruktionsbüro die Brutstätte eines Großunternehmens geworden. Auch in schwierigen Situationen hatte Porsche gemeinsam mit Jakob Werlin und Bodo Lafferentz eine Meisterschaft darin entwickelt, zur rechten Zeit die rechten Entscheidungsträger einzuschalten. Seit 1937 waren die Planung und der Aufbau des Werks mit einem enormen Tempo in Gang gesetzt worden. Porsche wurde mehr und mehr von der Eigendynamik des Großprojekts erfasst. Peter Koller, der Architekt und Leiter des Stadtbaubüros, hat sich nach dem Ende des Kriegs fast erschrocken an den Gründungsfuror erinnert: «Die Männer, die damals anfingen, diese Stadt und dieses Werk aus dem Boden zu stampfen, lebten nur zu oft in Hast, Hetze, Eile und Gier. Und wieviele maßgebliche Leute, die ich in dieser mit viel zu hohen Touren laufenden Maschine sah und kennenlernte, lebten getrennt von ihren Familien in Trunk und Ehebruch, also auf der Flucht vor sich selbst. Diese Stadt hat den doch beinahe heiligen Akt der Gründung nie erlebt.»

In unmittelbarer Nähe zum Werk hatte Porsche sich eine Hütte errichten lassen, einen hölzernen Bungalow mit vier Räumen. Bis hin zum Interieur war das eine Reminiszenz an die alten Zeiten in Wiener Neustadt, und bisweilen ging es hier wohl auch so zu wie damals, mit Einladungen zur Jagd und herzhaften Mahlzeiten im engeren Kreise. Aber die Hütte war in erster Linie der Ort für Arbeitsgespräche. Porsche pendelte jetzt zwischen der «Stadt des KdF-Wagens» – so hieß die Baustelle – und dem Büro in Stuttgart. Das befand sich seit Juni 1938 in neuen Gebäuden in der Spitalwaldstraße in Zuffenhausen. Hundert Beschäftigte hatte Porsches Braintrust inzwischen, und auch das Hauptquartier der Gezuvor war auf dem neuen Firmengelände untergebracht worden – in einer Holzbaracke.

Für das Jahr 1939 hatte sich die Oberste Nationale Sportbehörde eine Propaganda-Fahrt zur Feier der Achse Deutschland-Italien ausgedacht, ein Rennen von Berlin nach Rom. Auf der Reichsautobahn sollte es von Berlin nach München, dann durchs «angeschlossene» Österreich, über den Brenner und schließlich auf abgesperrten italienischen Straßen in die italienische Hauptstadt gehen, insgesamt rund 1300 Kilometer. Für Porsches Konstrukteure war das eine willkommene Gelegenheit, aus dem «KdF-Wagen» einen Sportwagen entstehen zu lassen. Erwin Komenda zeichnete eine wunderschöne Stromlinienhülle für die Käfertechnik. Selbst die Räder verschwanden unter Abdeckungen. Karl Fröhlich setzte den Motor vor die Hinterachse. Der Boxer wurde auf 1,5 Liter Hubraum aufgebohrt und leistete 45 PS. Die brachten das nur 545 Kilogramm schwere Auto auf eine Höchstgeschwindigkeit von knapp 150 km/h. Drei Exemplare des «Berlin-Rom-Wagens» wurden unter der Typenbezeichnung 60 K 10 gebaut, Vorläufer für die ersten erfolgreichen Sportwagen, welche die Firma Porsche nach 1945 produzieren sollte. Doch die futuristische Version des Volkswagens kam nicht mehr zum Einsatz. Nach Ausbruch des Kriegs wurde das große Rennen abgesagt. Eines der drei Autos benutzte Porsche mit seinem Fahrer Goldinger des Öfteren für Reisen, das zweite ergatterte Lafferentz und fuhr es irgendwann zu Schrott. Nur ein Wagen blieb erhalten.

Aber zu dieser Zeit war noch ein ganz anderer Stromlinienwagen in Porsches Konstruktionsbüro fertig gestellt worden. Auch das ein Propagandaprojekt, doch man zögert, das Gerät noch ein Auto zu nennen.

Unhold auf sechs Rädern

Das Fahrzeug war 8,50 Meter lang, 3,20 Meter breit und 1,27 Meter hoch, seine silberne Blechhaut 0,3 Millimeter dünn. Eine rochenförmige Kapsel, die flach auf der Fahrbahn lag, eine lang gestreckte Stromlinie auf sechs unter dem Blech verborgenen Rädern. An den Seiten ragten Tragflächen hervor, die für den Sog auf die Straße sorgen sollten. Ein Bodenflugzeug, ein Gebilde, das seinen Zweck auf den ersten Blick offenbarte: den absoluten Geschwindigkeitsrekord zu brechen.

Hans Stuck wollte Rekordfahrer werden und hatte 1937 den letzten Anstoß zu diesem Projekt gegeben. Stucks Karriere als Rennfahrer neigte sich dem Ende zu, für 1938 hatte er keinen neuen Vertrag bei der Auto Union mehr bekommen. Der Nachwuchs, allen voran Rosemeyer, war zu schnell geworden. Stuck hatte sich zwischenzeitlich ins Rennboot gesetzt, Rekorde zu Wasser aufgestellt und war auf dem Starnberger See Europameister geworden. Alles kein Ersatz für die Straße. So war er auf die Idee mit dem Rekordfahrzeug verfallen und hatte mit Ferdinand Porsche natürlich den richtigen Mann angesprochen. Auch finanziell beteiligte sich Stuck an dem Projekt, und er nutzte seine Kontakte: Im Reichsluftfahrtministerium hatte er Generalluftzeugmeister Ernst Udet besucht und ihm das Vorhaben ausgemalt. Alles, was er und Porsche noch brauchten, sei ein erstklassiges Triebwerk; das gebe es jetzt, aber zu kaufen sei es nicht. Stuck dachte an die neuen Flugmotoren, die Daimler-Benz gerade in der Serie «DB 600» entwickelt hatte, enorme Aggregate – aus einem Hubraum von 44 Litern lieferten sie 2500 PS. Plus X, muss man gleich hinzufügen, und X war nicht klein, deutlich über 3000 PS sollten es schließlich werden. Udet, das nationale Fliegeridol des Ersten Weltkriegs, war auch als Bürokrat in Görings Reichsluftfahrtministerium ein Mann der spontanen Entscheidung geblieben. Für eine solche Extratour konnte er sich sofort begeistern; er versprach Stuck zwei Motoren.

Stuck und Udet waren seit langem befreundet. In den zwanziger Jahren waren sie bisweilen gemeinsam als Artisten der Geschwindigkeit aufgetreten. Udet, der berühmte Flieger aus dem Geschwader Richthofens, gefeiert als «das Flugwunder» und der «fliegende Mensch» schlechthin, und Stuck, der Bergkönig und Kurvenkünstler unter den deutschen Fahrern – das war ein zugkräftiges Gespann, das die Massen anlockte. Wenn in voller Fahrt ein Beifahrer aus Stucks Austro-Daimler kletterte und sich an einer Strickleiter in Udets Cockpit hievte, kannte die Euphorie kaum Grenzen. Über solchen Szenen schien nach dem Ende des Weltkriegs wieder die bezaubernde Unschuld der Zirkusarena zu liegen.

Udet war ein reicher, unabhängiger Privatflieger geworden, man sah ihn mit Werbeschriften am Himmel oder in Bergfilmen als Retter aus der Luft. Der Philosoph Karl Löwith traf ihn kurz nach dem Ersten Weltkrieg: «Ein anderer Schulkamerad U. stolzierte mit dem ‹Pour le Mérite› auf der Straße umher; sein vorwitziges Bubengesicht hatte sich in drei Jahren Kampffliegerei nicht im geringsten verändert.» Legendär die Gelage in Udets hauseigener «Propellerbar», wo auch Carl Zuckmayer einkehrte, der ihn später, im Exil, zum Vorbild für den General Harras nahm. Jetzt saß Udet erdenschwer und überfordert in seiner Amtsstube in Görings Riesenministerium. Im November 1941 sollte er sich in seiner Berliner Villa erschießen und umgehend ein Staatsbegräbnis erhalten.

Mit dem neuen Motor von Daimler-Benz konnte Porsche konsequent seinen Gedanken verfolgen, den Rekordwagen als «Leichtgewicht» zu konzipieren. Denn schnell zeigte sich das Potenzial der Zwölfzylinder: Einer davon würde genügen, um dem Fahrzeug die nötige Schubkraft zu verleihen. Im Vergleich mit der amerikanischen Konkurrenz verfügte das Porsche-Projekt damit über einen eklatanten Vorsprung. Derart hohe Leistungen waren bis dato nur durch den Einbau zweier Motoren erreicht worden, das aber bedeutete ein deutlich höheres Fahrzeuggewicht und eine entsprechend stärkere, problematische Belastung der Karosserie sowie der Reifen. Porsches Überflieger wog dann schließlich «nur» 2,8 Tonnen.

Auch bei Daimler-Benz hatte Stuck vorgesprochen. Dort wollte man sich jedoch nicht an die Konstruktion eines Rekordfahrzeugs wagen. Wilhelm Kissel zweifelte an den Aussichten des Projekts, lediglich Konstruktionschef Wagner war ein energischer Befürworter. So lag der Kompromiss nahe, den Auftrag an das Konstruktionsbüro Porsche zu delegieren und sich dann lediglich am Bau des Fahrzeugs zu beteiligen. Seit Anfang 1938 war ein Konstruktionsvertrag zwischen Daimler-Benz und Porsche in Kraft, mit dem der Konzern seinen ehemaligen technischen Direktor wieder stärker an sich zu binden suchte. Nach langem Hin und Her war er im März 1937 streng vertraulich unterzeichnet worden. Der Vertrag Porsches mit der Auto Union lief somit ohne Verlängerung Ende 1937 aus.

Der Geschwindigkeitsrekord zu Lande war eine Herausforderung, die einen Autobauer wie Porsche reizen musste: Der Purismus eines kurvenlosen Tempowahns erforderte technische Feinarbeit, wie sie selbst der Sport- und Rennwagenbau nicht benötigte. Unter der grandiosen Einfalt des aerodynamischen Blechkleids verbargen sich komplizierte Bauteile. So grazil und elegant die Rekordwagen anmuteten – sie waren zugleich Bollwerke gegen enorme Druck- und Fliehkräfte. Das galt insbesondere für die heikle Verbindung zwischen Fahrzeug und Fahrbahn. Für die Konstruktion der Reifen setzte sich Porsche mit Continental in Verbindung. Dort entstand ein Rekordreifen, der höchstmögliche Belastbarkeit bei geringstmöglichem Gewicht garantieren sollte. Er hatte eine Gummiauflage von lediglich 1 mm Stärke, die Fliehkräfte würden dennoch, so die Berechnungen, seinen Durchmesser bei einer Geschwindigkeit um 650 km/h von 1,17 Meter auf 1,24 Meter erhöhen. In der Testkammer lief der neue Reifen hinter Panzerglas ohne Beanstandung bei 700 km/h.

Kein Rennfahrer hätte – mit 3500 PS im Rücken – eine solch dünne Gummihaut unbeschadet über die lange Anfahrphase gebracht. So vorsichtig konnte niemand eine Kupplung kommen lassen. Porsche gab die technische Antwort: «Der Wagen besaß kein Getriebe, die Kraftübertragung übernahm eine 3-Scheiben-Wärmespeicherkupplun … Das Einlassen der Kupplung erfolgte mit Schlupf durch einen Fliehkraftregler bis zur Anpassung der Lamellen zur starren Kraftübertragung durch Öldruck.» Durch ein Getriebedifferenzial wurde die Drehzahl der Vorder- und Hinterräder bis auf fünf Umdrehungen genau synchronisiert und ein hochgefährliches Durchdrehen der Antriebsräder ausgeschlossen. T-80, so lautete das Namenskürzel für den Giganten, dessen Entwicklung selbstverständlich Geheimsache blieb. Die Berechnungen verhießen eine Geschwindigkeit von 650 bis 700 km/h. Für den Entwurf der Karosserie und die Aerodynamik war natürlich Josef Mickl zuständig.

Die Jagd nach dem Geschwindigkeitsrekord begleitete die Entwicklung des Automobils seit seinen ersten Tagen. Dennoch ist erstaunlich, wie schnell sich das Tempo steigerte. Zehn Jahre nachdem Camille Jenatzy 1899 auf seinem elektrischen Torpedo die 100-km/h-Marke überschritten hatte, erreichte der so genannte Blitzen-Benz 202 km/h. 1927 trieben 24 Zylinder einen Sunbeam auf 328 km/h. Dann mussten die Rekordwagen die Straße verlassen, die erzielten Geschwindigkeiten verlangten eine endlos lange, vollkommen ebene Bahn wie die Bonneville Salt Flats im US-Bundesstaat Utah. Im September 1938 beschleunigte der Amerikaner G. E. T. Eyston dort seinen Thunderbolt auf 575 km/h, und der Engländer John Cobb markierte mit einem Railton Special im August 1939 595 km/h als neuen absoluten Weltrekord für Landfahrzeuge. Für Porsche war es keine Frage, wo der T-80 zum Einsatz sollte – selbstverständlich auf einem Salzsee in den USA.

Das war wohl auch eine Konsequenz, die Porsche aus dem Desaster des deutschen Tempostrebens zog, das sich im Januar 1938 ereignet hatte. Auf Initiative von Daimler-Benz hatte Adolf Hühnlein einen Sondertermin für Rekordfahrten auf der Reichsautobahn bei Frankfurt am Main anberaumt. Rechtzeitig vor der Berliner Automobilausstellung sollte Rudolf Caracciola den Geschwindigkeitsweltrekord, einen «internationalen Klassenrekord», für die Stuttgarter zurückerobern. Erst im Oktober 1937 hatte Bernd Rosemeyer der Auto Union mit 406,3 km/h über einen Kilometer Streckenlänge zu einem glänzenden Erfolg verholfen und auch über fünf Kilometer die 400-km/h-Schallmauer durchbrochen. Jetzt, am 28. Januar, kam es zu einem erneuten Duell der Konzerne.

Die in den Windkanälen in Berlin-Adlershof und Friedrichshafen optimierten Stromlinienkarossen, hochgezüchtete Varianten der Silberpfeile, waren bis zuletzt getrimmt worden. Die Auto Union hatte aerodynamisch einen Vorsprung, Daimler-Benz mehr PS unter der Haube. Caracciolas Angriff im Morgengrauen gelang: Über einen Kilometer mit fliegendem Start setzte er die neue Rekordmarke von 432,7 km/h. Als Rosemeyer etwa drei Stunden später in sein Auto stieg, war Wind aufgekommen, der wiederholt in tückischen Böen über die Strecke blies. Rosemeyer war nach einer ersten Fahrt drauf und dran, den Weltrekord umgehend zurückzuerobern. Auf seiner zweiten Fahrt aber erfasste ihn bei etwa 430 km/h ein Windstoß aus einer Waldschneise bei Mörfelden. Das Fahrzeug wurde 400 Meter vor einer Brückenüberführung auf den Grünstreifen gedrückt, geriet sofort außer Kontrolle und überschlug sich mehrfach. Rosemeyer wurde in den Wald geschleudert und war sofort tot: «Er liegt im Wald und sieht in den Himmel, als ob er noch atmete…» Dieses stilisierte Bild des Heroen, des toten Kämpfers, wurde in den 1939 veröffentlichten Memoiren Caracciolas dem Rennarzt Dr. Gläser in den Mund gelegt.

Der tödliche Unfall auf dem von Porsche für die Auto Union entwickelten P-Rennwagen hatte einen Endpunkt markiert. Ferdinand Porsche, seit dem 1. Januar ja nicht mehr vertraglich an die Auto Union gebunden, erlebte das Unglück bei Frankfurt nicht mit. Er war bestürzt über Rosemeyers Tod – und verärgert, dass man ihn bei einem solchen Wetter hatte fahren lassen. Nach dem Unglück gab es erbitterte Diskussionen, die Auto Union wehrte sich gegen den Vorwurf, fahrlässig gehandelt zu haben. Da war von einer zerbeulten Karosserie schon vor dem Start die

Am 2. Oktober 1937, 7 Uhr früh, begann die erste «Frankfurter Rekordwoche». Bernd Rosemeyer (im Bild) steigerte auf der «Reichsautobahn» zwischen Frankfurt und Heidelberg den «Klassenrekord» über einen Kilometer von 389,2 auf 406,3 km/h. Zahlreiche Sportjournalisten und die Fox-Wochenschau berichteten.

Rede, es stellte sich aber schnell heraus, dass es sich nur um Lichtreflexe handelte. Alfred Neubauer entwickelte gar die gewagte Theorie, der Seitenwind habe den ohnehin immensen Druck aufs dünne Blechkleid so sehr erhöht, dass Rosemeyers Fahrzeug regelrecht aufgeplatzt sei.

Staatstrauer wurde befohlen: Die SS eskortierte Rosemeyers Sarg zum Frankfurter Bahnhof, beigesetzt wurde er nach der Überführung auf dem Waldfriedhof in Berlin-Dahlem. Elly Beinhorn, die bekannte Fliegerin und Rosemeyers Frau, erhielt ein Telegramm von Heinrich Himmler: «Ein Motorsturm der SS wird für immer seinen Namen tragen.» Noch die Trauerzeremonien bestätigten, was Victor Klemperer festhielt: «... das einprägsamste und häufigste Bild des Heldentums liefert in der Mitte der dreißiger Jahre der Autorennfahrer: nach seinem Todessturz steht Bernd Rosemeyer eine Zeitlang fast gleichwertig mit Horst Wessel vor den Augen der Volksphantasie.»

Trotz des Unglücks im Januar 1938 wurde die Streckenfrage für den T-80 zu einem absurden Politikum. Porsche plädierte entschieden für einen Salzsee in den USA, er wollte die abenteuerliche Tempojagd auf der Reichsautobahn beenden. Sie hatte nur noch internationale Klassenrekorde gebracht, aller Ehren wert, doch nach den Fahrten von Eyston und Cobb war das kleiner Lorbeer, der schnell welkte.

Im NSKK sann man indes schon seit einiger Zeit auf anderweitige Abhilfe. Hühnlein wollte das Buhei um die Rekorde auf der Reichsautobahn vollends auf die Spitze treiben. Ein deutscher Rekord in der amerikanischen Salzwüste – undenkbar für den nationalen Korpsführer. Beim Bau der Reichsautobahn Berlin–Halle–Leipzig war ein Streckenabschnitt als Betonteppich mit einer Breite von 22 bis 29 Metern angelegt worden, die Brücken wurden ohne Stützpfeiler über die gesamte Breite der Fahrbahn geschlagen. Bereits auf der Frankfurter Rekordwoche im Jahre 1937 hatte Fritz Todt den Teams von Mercedes-Benz und Auto Union diese Piste in Aussicht gestellt. Vollendet wurde das Teilstück im Oktober 1938. Aber war diese Betontrasse mit ihren Fugen und Wellen, die unheilvolle Frequenzen aufs Fahrzeug übertragen konnten, noch ein vertretbarer Untergrund für einen Wagen mit über 3000 PS, für ein Boden-Flugzeug? Überdies war das Dessauer Teilstück zu kurz. Nur zehn Kilometer waren schnurgerade, dann hatte man wegen eines Braunkohlenflözes eine lang gestreckte Kurve gezogen.

Schon eine defensive Kalkulation für eine Geschwindigkeit von 600 km/h über eine Distanz von einem Kilometer offenbarte das Risiko. Knapp sechs Kilometer Anfahrtstrecke wären nötig, ein Kilometer Messstrecke, dazu gut zwei Kilometer Abbremsweg, kurzum: Es würde nicht reichen. Und bei Salt Lake City lag der Große Salzsee, 22 Kilometer allerfeinste Kruste, breite Auslaufzonen. Im Vergleich dazu war die Piste bei Dessau ein schlechter Witz der Betonköpfe um Hühnlein.

Im Oktober 1939 war das Chassis des T-80 fertig montiert, und auf einem Rollenprüfstand bei Daimler-Benz fand der erste Test statt. Mit dem Beginn des Kriegs aber war Porsches eleganter Unhold als propagandistische Fahrmaschine unwichtig geworden, kaum mehr als automobiles L'art pour l'art. Die Sportheroen hatten ihre Schuldigkeit getan: «An die Stelle des Rennkampfwagens tritt von 1939 an der Tank, an die Stelle des Rennfahrers der Panzerfahrer», resümierte Klemperer. Heute steht der T-80 im Daimler-Benz-Museum in Stuttgart. Ein Zeugnis aus Blech, ein unwirklich anmutendes Denkmal für die Diskrepanz von Modernität und Barbarei, die dem Nationalsozialismus innewohnte. Ferdinand Porsche hatte ein seltsames Phantom konstruiert.

VII Im Krieg

Kampf um Rohstoffe und Arbeitskräfte

Am 16. August 1939 nahm Ferdinand Porsche feierlich die erste Kraftwerksturbine des Volkswagenwerks in Betrieb. Neben ihm stand, den leicht eingebeulten Hut schräg auf dem Kopf, Fritz Kuntze, der künftige Leiter des Kraftwerks. Er machte also nun den Job, den er bereits bei Ford in Detroit so erfolgreich ausgeübt hatte. Die erste Borsig-Turbine – es hatte Mühe genug gekostet, sie zu ergattern – stellte kaum mehr als die grundlegende Energieversorgung im Fabrikationsbereich sicher, aber es war ein Anfang. Der allenthalben spürbare Mangel war ohnehin zum Normalzustand geworden. Das galt für die Bauarbeiten und insbesondere für die Ausrüstung des Werks. Schon 1938 war es schwieriger geworden, amerikanische Werkzeugmaschinen einzukaufen. Karl Rabe und Otto Dyckhoff hatten das auf ihrer Reise in die USA erfahren müssen, zu der sie am 9. November 1938 aufgebrochen waren. Nach den Ereignissen der «Reichskristallnacht» war die Atmosphäre bei den Verhandlungen gespannt, die amerikanischen Hersteller wollten sich auf komplizierte Zahlungsmodalitäten oder Tauschgeschäfte gar nicht erst einlassen, sie beharrten auf der Bezahlung in harten Devisen. Die aber waren in Deutschland knapp geworden und für rüstungsrelevante Güter reserviert.

Trotz allem bemühte man sich, Optimismus zu verbreiten, und zeigte die Teile des Werks, die mehr oder weniger fertig gestellt waren. «Im Volkswagenwerk beginnt die Arbeit», meldete stolz und zukunftsfroh die «Braunschweiger Tageszeitung» vom 7. Juni 1939. Auch das war ein feierlicher Tag. Ferdinand Porsche konnte Hitler im Werk empfangen und ihn ins schon ansehnliche Presswerk führen. Die meisten anderen Hallen hätten wenig Eindruck gemacht, sie wirkten trostlos und leer. Und so bot sich das gewohnte Bild: Hitler – neben ihm steht Ley – mit interessiertem Blick vor dem Lageplan des Werks, über die Zeichnung gleitet Porsches Hand, der genau wusste, wie wichtig solche Momente waren. So wichtig wie in den Jahren zuvor jedoch, auch das wusste er, waren sie jetzt nicht mehr. Die entscheidende Frage lautete, ob und wie das Volkswagenwerk in die laufenden Rüstungsprogramme eingegliedert würde. Denn in der verwirrenden Welt der deutschen Aufrüstung hatte das modernste Automobilwerk Deutschlands sich noch keinen Platz gesichert.

Mit Kriegsbeginn geriet das Werk deshalb in eine bedenkliche Situation. Nicht einmal die Einstellung des Projekts war auszuschließen. Vorläufige Sicherheit brachte erst eine für den 6. September 1939 von Göring anberaumte Sitzung des Ministerrats für die Reichsverteidigung. Dort wurde der weitere Ausbau der Produktionsanlagen des Werks beschlossen. Der Beschluss war allerdings recht vage, denn er blieb ohne jede Beschreibung einer möglichen Rüstungsproduktion im Volkswagenwerk.

Es war weniger der unfertige Zustand des Werks, der die Einbindung in die Rüstungspläne erschwerte. Wichtiger war die im Wehrwirtschaftsstab vorherrschende Meinung, die Fahrzeugproduktion für Kriegszwecke könne ohne weiteres von den nicht ausgelasteten Werken der etablierten Autoindustrie bewältigt werden. Zudem wirkte die Modernität des neuen Werks sich sogar negativ aus. Eine Fachabteilung des Stabes hatte schon 1937 die Auffassung vertreten, es sei ganz auf seinen Hauptzweck, die Produktion des «KdF-Wagens», ausgerichtet; eine Umstellung auf Kriegsproduktion lasse sich nur mit erheblichem Aufwand durchführen. Wie sich das Potenzial für Rüstungszwecke nutzen ließe, wusste auch im Herbst 1939 niemand. Es blieb bei der diffusen Bilanz, die der Oberst Thomas auf einer Sitzung zur Standortwahl im Januar 1938 zog, als er lediglich feststellte, «dass die Fabrik bei ihrer Größe und Bedeutung auf jeden Fall kriegswichtig sei und ausgenutzt werden müsse».

Porsche und mit ihm Lafferentz sowie Ley haben dieses Problem durchaus gesehen, in seiner Tragweite jedoch bei weitem unterschätzt. Das mag seinen Grund nicht zuletzt in der Turbulenz und dem sich überstürzenden Tempo der Aufbauphase seit 1937 gehabt haben. Porsche hatte sich darauf versteift, die Produktion seines Autos anlaufen zu lassen. Der Krieg störte diese Arbeit. Aber er würde nicht lange dauern; das war eine Erwartung, die Porsches Kalkül ebenso wie das vieler Unternehmer beeinflusste und die sich hartnäckig hielt – bis zum Scheitern des Russlandfeldzugs. Man wollte auf die bald anbrechende Nachkriegszeit, den Konkurrenzkampf einer künftigen Friedensproduktion vorbereitet sein.

Eine erste ernsthaftere Überlegung, das Volkswagenwerk für die Rüstungsproduktion zu nutzen, ging schon in der zweiten Jahreshälfte 1938 von der Luftwaffe aus. Erhard Milch, ihr Oberbefehlshaber, hatte bei Göring angeregt, das Werk für die Produktion von Flugmotoren einzurichten. Mit dem Vorwerk in Braunschweig, das dort als Ausbildungszentrum geschaffen worden war, stünde im Kriegsfall eine zusätzliche Produktionsstätte mit 2500 Arbeitern zur Verfügung. Sowohl Ley als auch Porsche zeigten sich dem Vorschlag gegenüber aufgeschlossen. Eine solche Kooperation hätte mehrere Vorteile mit sich gebracht: Sie versprach die Fortführung des Ausbaus von Fabrik und Stadt, die

Ferdinand Porsche und sein Sohn Ferry 1939 vor dem Werkstattgebäude der Porsche KG in Stuttgart-Zuffenhausen. Im Vordergrund der serienreife Volkswagen Typ 60, dahinter die Prototypen der Entwicklung, der VW-30 und der V-3. Nach Ausbruch des Kriegs konnte die Produktion des «KdF-Wagens» nicht wie geplant beginnen.

IIA-430-21

Zuteilung von Arbeitskräften, Material und Maschinen. Entwicklung und Bau von Motoren hätten auch der Porsche KG in Stuttgart neue Aufträge beschert. Obendrein hätte man die zusätzlichen Fertigungshallen später für die zivile Motorenproduktion nutzen können. Kurzum, geradezu ein Idealfall, der loyale Einstieg in die Rüstung unter geringstmöglicher Beeinträchtigung des ursprünglichen Zwecks des Werks.

Im November 1938 einigte sich Porsche mit Heereswaffenamt und Reichsluftfahrtministerium auf die «Angliederung von luft- und heereseigenen Betrieben an das Volkswagenwerk zur Fertigung von Flugmotoren, Verstellpropellern, 200 bis 300 PS-Motoren für Heereszwecke sowie elektrischen Einrichtungen für Heer und Luftwaffe». Deren Chef Göring belohnte Porsches Einsatz für das Projekt, indem er ihn am 4. Januar 1939 zum Wehrwirtschaftsführer ernannte. Aber das ganze mit Verve betriebene Unternehmen zerfiel wie ein Kartenhaus, als das Reichsarbeitsministerium die Zusicherung von Arbeitskräften verweigerte und der Aufsichtsrat des Volkswagenwerks heftig dagegen protestierte, dass der Vorstand mit insgesamt 285 000 RM in Vorleistung gegangen war. Vom erträumten Flugmotorenwerk kündeten bald nur noch die Grundmauern, die «Fundamente des Sieges», wie die DAF voreilig posaunt hatte.

In den ersten Wochen nach Kriegsbeginn verschärfte sich die Situation für das Volkswagenwerk. Auf einer Besprechung, die ebenfalls am 6. September stattfand, meldeten Vertreter aus dem Stadtbaubüro Peter Kollers, am nächsten Tag müsse man alle Arbeiten einstellen, da kein Benzin und Öl mehr angeliefert worden sei. Kurzerhand spendierte Otto Dyckhoff 1000 Liter Treibstoff aus den Rationen des Werks, aber die Zuversicht, trotz des Krieges die nationalsozialistische Mustersiedlung fertig stellen zu können, verflog zusehends. Anträge auf Materialzuweisungen für den Weiterbau an Werk und Stadt landeten jetzt in der Berliner Dienststelle des Generalbauinspektors Albert Speer. Und der hatte inzwischen wichtigere Aufgaben im Sinn als das Projekt des Kollegen Koller und des Autobauers Porsche, nämlich den Umbau Berlins zur strahlenden Metropole der Diktatur, zu dem Hitler ihn beauftragt hatte. Porsche war wohl weniger vom Krieg überrascht als von der Gefährdung, die dieser für sein Unternehmen mit sich brachte. Nur der Einstieg in die Rüstungsproduktion würde vermeiden, dass das große Werk nach dem Krieg zur Investitionsruine verkommen würde und die Produktion des «KdF-Wagens» am Ende doch wieder in die Hände der Konkurrenten fiel.

Die labile Lage des DAF-Unternehmens blieb freilich nicht unbemerkt. Der zweite Zugriff der Luftwaffe war wesentlich aggressiver als der erste. Heinrich Koppenberg, der Generaldirektor der verstaatlichten Junkers-Werke, setzte gleich im September zu dem Versuch an, das Werk vollständig zu übernehmen. Koppenberg war Görings Sonderbeauftragter für die Produktion der Ju 88 und gewann im Handstreich dessen Zustimmung, in den Hallen am Mittellandkanal kriegswichtig zu werden, die Pkw-Fertigung einzustellen und dort das Junkers-Sonderprogramm in Fahrt zu bringen. Immerhin hatte Hitler eine Monatsproduktion von 300 Stück gefordert. Am 17. September stapfte Koppenberg übernahmewillig durch das Vorwerk in Braunschweig und das Werk bei Fallersleben. Für Porsche und seine Mitarbeiter war es ein Glück, dass General Thomas vom Wehrwirtschaftsstab die Pläne Koppenbergs unter Verweis auf Interessen von Heer und Marine vereiteln und die faktische Übernahme verhindern konnte. Koppenberg lenkte ein und nahm die Rüsselsheimer Opel-Werke ins Visier.

Porsche und Lafferentz waren durch diesen Angriff aufgeschreckt worden, aber nicht schockiert. Das Kernduo des Werkes – Jakob Werlins Aktivitäten hatten bereits merklich abgenommen – agierte keineswegs hilflos. Beide waren gewiefte und abgebrühte Verhandlungsführer. In Abstimmung mit Thomas akzeptierten sie die Einbindung ins Ju-88-Programm, beharrten jedoch auf einer, wenn auch geringen, Autoproduktion. Gleichzeitig erhoben sie Ansprüche auf Kontingente für Weiterbau und Betrieb, insbesondere auf Eisenzulieferungen. Man einigte sich darauf, dass das Volkswagenwerk zum selbständigen Lieferanten für Junkers wurde.

So nahm die anfangs bedrohliche Geschichte eine Wendung, die für das Volkswagenwerk eine Reihe von Vorteilen mit sich brachte; in puncto Kriegswichtigkeit hatte man gegenüber der Konkurrenz Boden gutgemacht. Aber die Fertigung für Junkers blieb relativ unbedeutend. Tragflächen und Zulieferteile wurden produziert, von einer effektiven Ausnutzung der enormen Kapazitäten für den Flugzeugbau konnte keine Rede sein. Bald schon bezog Koppenberg das Werk eher als Lückenbüßer in seine Planungen ein, zumal die Programme der Luftwaffe bereits im Frühjahr 1940 mangels Rohstoffen reduziert wurden. Die Aufträge änderten sich ständig, worüber Porsche und Lafferentz sich lauthals beklagten, zum Beispiel beim Generalbauinspektor Speer. Der erschien im März 1940 persönlich und sorgte für eine ungemütliche Besprechung in der Porsche-Hütte, als er verfügte: Weniger Eisen für das Werk, nur 300 Tonnen. Porsche hatte mit der zehnfachen Menge gerechnet. Ferner sollten in Kürze 2000 Bauarbeiter abgezogen werden.

Koppenberg hatte bei Speer ein wenig vorgearbeitet, indem er ihm mitteilte, die Eisenrationen des Luftfahrtministeriums würden nicht zu Kriegszwecken genutzt, sondern zur Vorbereitung einer künftigen Friedensproduktion, ein Vorwurf, den die Firmenleitung natürlich empört zurückwies: Unter Opfern habe man auf die Luftrüstung gesetzt, und nun stünden die Hallen immer noch leer, Aufträge würden storniert und zugesagte Lieferungen kämen zu spät oder blieben ganz aus. Bedauerlicherweise dürfe man einen Großteil des Werks «lediglich ‹als Raum für den Eventualfall› bereithalten».

Speer wollte solchen Beteuerungen nicht recht glauben; Koppenberg hatte tatsächlich den empfindlichen Punkt getroffen. Porsche und Lafferentz verfolgten unbeirrt ihren Kurs: Rüstung ja, aber nur, wenn sich die dafür nötigen Investitionen auch in der Zukunft nutzen ließen. Ermöglicht wurde die Aufrechterhaltung einer solchen Doppelstrategie durch die Chaotik der deutschen Rüstungsplanung. Im Dickicht der Konkurrenzen konnten Ley, Lafferentz und Porsche die Selbständigkeit ihres Werks erhalten. Es gab keinen Zugriff, keinen Befehl, der die enorme Fähigkeit zur Stückzahl, die hier am Mittellandkanal schlummerte, mobilisiert hätte. Im Gegenteil, selbst Koppenberg sprach von den Schwierigkeiten, die der hoch spezialisierte Maschinenpark für eine Umstellung auf die Flugzeugproduktion mit sich bringen würde. Noch immer war das «Talent zur Massenproduktion», das Roosevelt seinen Landsleuten bescheinigt hatte, in Deutschland unterentwickelt. Porsches Pilotprojekt, geboren aus einem Kleinwagentraum, gedacht als automobiles Opiat, als herrschaftsstabilisierende Wunscherfüllung, wäre vielleicht die erste Gelegenheit gewesen, dieses Talent zu üben. Man ging ohne eine solche Vorbereitung in den Weltkrieg, siegesgewiss und von Erfolg zu Erfolg.

Erst nach den Rückschlägen in Russland wurde nach und nach deutlicher, dass die Fähigkeit zur Massenproduktion den Ausgang des Kriegs stärker beeinflussen würde als die Suche nach Wunderwaffen. Mit brutaler Vehemenz handelte man nach dieser Einsicht in der Sowjetunion, mit enormer Flexibilität in den USA. Hier hielt man sich mit der Problematik spezialisierter Maschinenparks nicht auf. Modellwechsel standen regelmäßig auf der Tagesordnung, das erwartete der verwöhnte Kunde schon seit Jahren. Nach einer Anlaufphase stießen die Amerikaner bei der Rüstungsproduktion in neue Dimensionen vor. Ford baute südlich von Detroit eine 1,5 Kilometer lange Straße zur Produktion des Bombers B-24. 30 000 Komponenten, insgesamt 1,5 Millionen Einzelteile, erschienen da am Ende des Bandes als fertiges Flugzeug. 1944 lief die gigantische Anlage auf vollen Touren und lieferte alle 63 Minuten einen Bomber. Und auch die Liberty-Schiffe wurden an neu errichteten Fließbandwerften hergestellt. Fast zwei Kilometer vom Ufer entfernt, begann in riesigen Hallen die Montage der Schiffskomponenten, Produktion und Stapellauf waren kaum noch zu trennen.

Im Vergleich mit solchen Projekten erscheint das Treiben rund um das Volkswagenwerk in seiner ganzen Merkwürdigkeit. Nicht ohne Erstaunen resümiert der britische Historiker Richard Overy: «Die Volkswagenwerke stellten eine der größten und modernsten Massenproduktionsstätten der Welt dar, doch ihr Beitrag zur deutschen Kriegswirtschaft war von absurder Geringfügigkeit.» Man produzierte einzelne Teile für Junkers, stellte hölzerne Behälter her, die als zusätzliche Treibstofftanks an den Flugzeugen montiert wurden, und kleine Heizöfen für den Einsatz an der Front. Porsche und bald auch sein Schwiegersohn Anton Piëch, der Mitte 1941 Nachfolger Otto Dyckhoffs und damit Porsches erster Mann vor Ort wurde, versuchten, den stets drohenden Stillstand abzuwenden. Dabei ließen sich das Festhalten an der Vision des Volkswagens und der Umbau zum Rüstungsunternehmen immer weniger unterscheiden. Das kleine Auto und das große Werk blieben zwei Seiten einer Medaille.

Aus dem «KdF-Wagen» wurde nach Kriegsbeginn der Kübelwagen, die militärische Variante des Volksautos. Doch auch diese nahe liegende Umstellung kam nur schleppend in Gang. Im Oktober 1939 erteilte das Heereswaffenamt den Auftrag für elf Pro-

Porsche 1940 auf dem Schüttgut in Zell am See mit seinen Enkelsöhnen Ferdinand Alexander Porsche und Ferdinand Piëch, dessen Vater Anton im Jahr darauf die Leitung der Produktion im Volkswagenwerk übernahm.

totypen vom Typ 82 und zwei allradgetriebene vom Typ 87. Im Januar 1940 wurden sie vom Heer getestet. Porsche und seine Ingenieure hatten eine erste Version überarbeitet, und nun bewiesen Typ 82 und Typ 87 ihre Vorzüge. Wegen des geringen Gewichts von 685 Kilogramm und hoher Bodenfreiheit ließen sich die Autos ohne Schwierigkeiten durch unterschiedlichstes Gelände manövrieren. Die Schwergewichte der Konkurrenz schnitten deutlich schlechter ab. Dennoch war die Nachfrage des Heeres gering. Überhaupt war das «Kriegsprogramm der deutschen Kraftfahrzeug-Industrie» für alle Autounternehmen eine Enttäuschung. Aufgrund des Rohstoffmangels hatte Adolf von Schell, der Generalbevollmächtigte für das Kraftfahrzeugwesen (GBK), nicht viel zu verteilen. Die Branche erlebte einen dramatischen Einbruch, die Maschinen standen still. Außerdem kam der Kübelwagen zu spät, die begehrten Quoten waren schon vergeben. Daimler-Benz und die Auto Union hatten bei den Pkw die größten Aufträge erhalten, bei den kleineren Lkw waren Opel, Ford und Daimler-Benz am stärksten bedacht worden. Als im April 1940 die Produktion des Kübelwagens aufgenommen wurde, bestand kaum Aussicht auf nennenswerte Stückzahlen; das 1000. Exemplar war erst am 20. Dezember fertig.

Betrachtet man Fotos aus dem Jahre 1940, die das Innere des Werks dokumentieren, wird die Diskrepanz zwischen solchen Stückzahlen einerseits und Einrichtungen wie der hochmodernen Wasch- und Tauchlackier-Anlage andererseits deutlich. Dennoch nutzte man die Aufnahme der «Kübel»-Produktion zur Werbung für den «KdF-Wagen». Porsches 65. Geburtstag im September 1940 war eine willkommene Gelegenheit, die Sparer zu beruhigen. Die Entwicklung des «KdF-Wagens» werde fortgeführt, verkündete das DAF-Blatt «Arbeitertum» und versicherte, nach dem Krieg werde das ersehnte Auto unverzüglich vom Band rollen und dann dem «letzten Stand der Technik» entsprechen. Die gewagte

Erinnerung an den «KdF-Wagen» war eine Mixtur aus Propaganda, Zweckoptimismus und Festhalten am ursprünglichen Ziel. Das lässt sich auch an den Rechnungen der Porsche KG an das Hauptwerk ablesen: 1940 belief sich die Summe für Entwicklungen auf 1,2 Millionen RM, 1941 auf 2,2 Millionen, ein großer Teil davon war für den «KdF-Wagen» ausgewiesen.

Den Höhepunkt an Optimismus setzte Ende 1940 Robert Ley. Ein von Porsche konzipierter «Volkstraktor» regte seine Phantasie an. Der Chef der Arbeitsfront wollte nach dem Vorbild des Volkswagenwerks noch zusätzlich das Projekt eines «Volkstraktorenwerks» in Gang setzen. Ley dimensionierte sein Vorhaben zur Förderung der deutschen Landwirtschaft mit geradezu schwärmerischen Zahlen und fand bei Waldbröl, in seiner Heimat im Bergischen Land, ein geeignetes Gelände. Erst nach zwei Jahren der Bauplanung wurde das Projekt sang- und klanglos eingestellt. Im Konstruktionsbüro Porsche ging, im Auftrag des Volkswagenwerks, die Arbeit am Typ 110 aber weiter. Eventuell ließe sich ja dort eine Produktionslinie aufbauen.

Porsche entwarf noch einen Traktor. Auf Hitlers Wunsch entstand der so genannte Ostradschlepper. Die Zugmaschine erinnerte an Porsches Mörsermobile für den Ersten Weltkrieg und sollte auf mit Krallen besetzten Eisenrädern durch russische Steppen und Sümpfe rollen. Der Ostradschlepper bewährte sich nicht; er war zu schwer. Leichtigkeit war bei einem ganz anderen Vorhaben gefragt, das man in der Arbeitsfront schon seit längerer Zeit verfolgte, die Ausnutzung der Windkraft. Porsche wurde Mitglied im zuständigen Ausschuss der DAF, und im Stuttgarter Büro arbeitete man, im Auftrag einer «Forschungsgesellschaft für Windkraft» in Berlin, an Plänen für Windkraft-Turbinen. Ley, wie übrigens auch Lafferentz, liebte die Zukunftsmusik, die in solchen Projekten steckte. Und eines Tages ließe sich damit vielleicht auch viel Geld verdienen.

Als Ende 1941 nach den Rückschlägen im Krieg gegen die UdSSR der Fahrzeugmangel des Heeres eklatant wurde, beschloss man eine Steigerung der Kraftfahrzeugproduktion; dem VW-Werk wurde vom GBK eine Quartalsquote von 2000 Kübelwagen zugeteilt. Porsche nahm das zum Anlass, ein neues Modell aufzulegen, den allradgetriebenen «Kommandeurwagen», ein Militär im KdF-Kostüm. Nach ausgiebigen Probefahrten in Afghanistan war der Wagen bereit für den Einsatz beim Afrikakorps, auf dicken Reifen wühlte er sich durch den Wüstensand. Oft genug ist kennerhaft-naiv geschildert worden, wie gern der Landser im Kübel durchs Hinterland zum Schlachtfeld fuhr. Hitler erweckte bisweilen gar den Eindruck, als sei der Krieg ein groß angelegter Härtetest für Porsches Konstruktionen: «Die Erfahrungen, die wir in der Materialerprobung während des Krieges gemacht haben, werden unserem Volkswagen wunderbar zustatten kommen.»

Die zunächst dünne Auftragslage für das Fahrzeug hatte Porsche und die Werksleitung nach weiteren Auftraggebern suchen lassen. Im Dezember 1940 kam es in der KdF-Stadt zu einem Gespräch zwischen dem örtlichen Befehlshaber der Waffen-SS mit Ferdinand und Ferry Porsche. Daraus ergab sich schnell ein Kontakt zum Führungshauptamt der SS. Das Interesse richtete sich dabei vor allem auf den Schwimmwagen vom Typ 128. Im Auftrag der SS entwickelte die Porsche KG daraus den Typ 166 als Kradschützenwagen, der an Geländegängigkeit sogar den Standard-Kübel übertraf. Er sollte die Motorräder mit Seitenwagen ersetzen. Himmler stellte schließlich eine halbe Million RM zur Verfügung und delegierte zehn technische Zeichner an Porsche. Von diesem Schwimmwagen, den Ferry Porsche 1941 Hitler und Himmler präsentierte, wurden von 1942 bis 1944 insgesamt über 14 000 Stück gebaut.

Doch die Zusammenarbeit mit der SS ging darüber hinaus.

Porsche und Piëch suchten schon seit einiger Zeit nach einem Weg, sich hinsichtlich der Leichtmetallfertigung aus der Abhängigkeit der Zulieferer zu befreien. Beim Guss der Motorblöcke autark zu werden war verlockend, und Porsche dachte gleich daran, über den eigenen Bedarf hinaus für andere Firmen zu produzieren – ein ehrgeiziges Ziel, das abermals belegt, wie stark die Werksleitung selbst nach 1941 noch an die Zukunft der Automobilfertigung dachte. Porsche schlug Himmler eine Kooperation beim Bau einer Leichtmetallgießerei vor. Er beabsichtigte also, einen Partner ins Haus zu holen, der seine eigene Position gegenüber Lafferentz und den Dienststellen der Luft- und Heeresrüstung gestärkt hätte.

Am 11. Januar 1942 trafen sich Porsche und Werlin mit Himmler und legten vertraglich fest, dass «Fertigstellung, Ausbau und Betrieb dieser Gießerei dem Reichsführer-SS und Chef der deutschen Polizei zu übertragen» seien, der sich wiederum verpflichtete, «dafür die Arbeitskräfte aus den Konzentrationslagern» herbeizuschaffen. Noch am selben Tage unterzeichnete Hitler und machte die Vereinbarung damit zur Führerweisung.

Zwangsarbeit und Panzerbau

Im Zuge des Projekts Leichtmetallgießerei entstand das erste Konzentrationslager auf einem Werksgelände. Porsche griff damit eine frühere Initiative Himmlers auf. Schon im März 1941 hatte dieser sich an Lafferentz gewandt und die Errichtung eines Lagers in der KdF-Stadt angeboten. Dagegen hatte es im Vorstand des VW-Werks keinen Widerspruch gegeben; polnische Juden aus dem Warthegau sollten den Bau der Stadt voranbringen. Auch den hatte Porsche, trotz der Priorität des Werks, nach wie vor im Auge. Hitler untersagte jedoch die «Einfuhr polnischer Juden ins Reich», und schließlich kamen 500 Häftlinge aus dem KZ Neuengamme in das «Arbeitsdorf» – so nannte man das neue Lager, das im April 1942 fertig gestellt wurde.

Längst hatte in der deutschen Industrie die Ausnutzung der Zwangsarbeit begonnen. Fremdarbeiter, Zwangsarbeiter, KZ-Häftlinge – ein stufenweiser Prozess der Brutalisierung. Im Volkswagenwerk waren sie bald ein fester Bestandteil in den Planungen. Tschechen, Dänen, Niederländer, Polen, Ukrainer und Russen wurden eingesetzt; in der Entwicklung des Industrie-Distrikts an der alten Wolfsburg spiegelte sich der Kriegsverlauf wider. Porsches Reich aus Hallen und Maschinen, in dem er unangefochten regierte, war ein Moloch geworden, umgeben von elenden Baracken und Lagern, bevölkert von Zwangsarbeitern und Häftlingen.

Das Unternehmen Leichtmetallgießerei zeigt einmal mehr, mit welcher Durchsetzungskraft Porsche vorging. Prompt kam es zum Streit über den im Vertrag vereinbarten «Betrieb» der Gießerei durch die SS. Porsche wollte das wieder rückgängig machen, berief sich auf Ley, dem die ganze Sache ohnehin als Affront erschienen war, also fand man einen Kompromiss: Die Gießerei sollte in Werksregie bleiben, und Porsche sagte großzügig die Lieferung von 4000 Schwimmwagen an die SS zu. Daraufhin zeigte diese sich erkenntlich und ernannte Porsche zum Oberführer der Allgemeinen SS.

Man hatte sich also wieder halbwegs zusammengerauft, als Albert Speer alles verdarb. Speer war, nachdem Fritz Todt, ab März 1940 Reichsminister für Bewaffnung und Munition, im Februar 1942 auf dubiose Weise bei einem Flugzeugabsturz ums Leben gekommen war, von Hitler zu dessen Nachfolger ernannt worden. Während Porsche sich mit Todt ausgesprochen gut verstand, war das Verhältnis zwischen ihm und Speer von Antipathie geprägt. Sie mag von Anfang an bestanden haben, gewachsen war sie jedenfalls, nachdem Speer die Mittel zum Bau der KdF-Stadt zugunsten seiner Berlin-Pläne beschnitten hatte, wiederholt war da der um 30 Jahre jüngere Liebling Hitlers Speer Hitlers Autogenie Porsche in die Parade gefahren. Und nun intervenierte der Reichsminister erneut. Als Wächter über das kriegswichtige, streng kontingentierte Aluminium stoppte er die Verschwendung des Materials für Kübel- und Schwimmwagen. Er erkannte dem Volkswagenwerk den Anspruch auf Leichtmetall ab, und daraufhin wurde der Bau der Gießerei im September eingestellt. Die Häftlinge des «Arbeitsdorfes» brachte man nach Sachsenhausen. Sie hinterließen ein fertiges Fabrikgebäude.

Für Porsche, Piëch und Lafferentz war das ein herber Rückschlag. Hinzu kam, dass auch ein anderes Projekt gescheitert war, nämlich die Produktion von Flugmotoren des Typs BMW 801. Vor allem Porsches Vertreter vor Ort, sein Schwiegersohn Anton Piëch, hatte seit seinem Eintritt in die Geschäftsleitung im Mai 1941 mit größter Entschiedenheit das Ziel verfolgt, die Kapazitäten des Werks zu nutzen und Aufträge mit hoher Dringlichkeitsstufe zu erhalten. Piëch setzte von Anfang an auf die Straffung der Betriebsleitung und eine umfassende Rationalisierung. Er plante sogar, die Belegschaft innerhalb eines Jahres um 10 000 Arbeitskräfte zu erhöhen. Sein neuer, viel stärker an privatwirtschaftlichen Kriterien ausgerichteter Kurs sollte zugleich den Einfluss der DAF innerhalb des Betriebes reduzieren. Angesichts des Kriegsverlaufs verabschiedete man sich von der Vorstellung des kurzen Kriegs, das Volkswagenwerk sollte sich jetzt konsequent als Rüstungsunternehmen positionieren.

Porsche selbst war seit Mitte 1941 seltener im Werk zu sehen. Mehr und mehr wurde er jetzt, kurz vor dem Angriff auf die Sowjetunion, in die Planungen für die Panzerwaffe einbezogen. Begonnen hatte das bereits im Jahr zuvor. Fritz Todt hatte Porsche als Berater und Gutachter gewonnen. Nachdem Mitte 1940 der

Entschluss zum Überfall auf Russland gefallen war, stellte Hitler immer höhere Anforderungen an die Panzerwaffe. Porsches Beurteilungen sollten Todt helfen, die illusionären Ziele Hitlers zu dämpfen und ihn von allzu aufwendigen Konstruktionen abzubringen.

Als Hitler im Mai 1941 in der Rüstungsproduktion einen neuen Kurs einschlug, war Porsche dann der Mann der Stunde. Die deutschen Panzer seien zu kompliziert, ja «überzüchtet». Hitler predigte die Umkehr zur «Einfachstbauart», forderte «primitivere, robustere Konstruktionen». Und da Porsche in seinen Augen ein Meister der Einfachstbauart war, setzte er ihn auf die Panzerentwicklung an. Am 21. Juni 1941, einen Tag vor dem Beginn des «Barbarossa»-Feldzuges, tagte die neu gebildete Panzerkommission, um zu beraten, wie die von Hitler geforderten Stückzahlen zu verwirklichen wären. Der Vorsitzende der Kommission hieß Ferdinand Porsche. Damit hatte er eine heikle Position übernommen, die jedoch auch die Aussichten verbesserte, bei der Auftragserteilung Vorteile für das Stuttgarter Konstruktionsbüro wie für das Volkswagenwerk einzuheimsen.

Porsches Stellvertreter war Oskar Hacker, der Chefkonstrukteur der Steyr-Daimler-Puch AG, die in St. Valentin die Nibelungenwerke für die Panzerproduktion betrieb. Die Namen Porsche und Hacker sollten eine Hinwendung zu moderner Fließfertigung nach amerikanischer Art verbürgen. Schon die ersten Beratungen der Kommission aber machten deutlich, dass ein solcher Sprung zu modernen Produktionsverfahren illusorisch war, ja dass man nicht einmal eine nennenswerte Erhöhung der Stückzahlen erreichen würde. Man beriet über den Aufbau neuer Fabriken und kam zu dem Ergebnis, dass sich allein schon das Problem, die erforderlichen Werkzeugmaschinen zu beschaffen, kaum zu lösen wäre. Porsche musste einsehen, dass er keine komplette Panzerproduktion ins Volkswagenwerk bringen wür-

Von Mitte 1941 bis Ende 1943 war Porsche Vorsitzender der Panzerkommission. Dieses Bild zeigt ihn während einer Inspektionsreise 1942 nach Orel in Russland.

de, und versuchte, wenigstens eine Motorenproduktion abzuzweigen.

Schon in den ersten Monaten des Russlandfeldzugs wurde das Defizit der deutschen Panzerverbände deutlich. Die Rote Armee überraschte mit ihrem legendären T-34, von dem man in der ersten Jahreshälfte 1941 bereits über 1000 Stück produziert hatte. Bis Ende 1941 verloren die deutschen Einheiten mehr als die Hälfte ihrer Panzer. Der Nachschub stockte, auf solchen Widerstand war man nicht vorbereitet, Hitlers überheblicher Glaube an den abermaligen Erfolg des «Blitzkriegs» zeigte ihre Wirkung. Ende November saßen sie wieder alle zusammen, Porsche, Hacker, Todt, die Vertreter der Industrie, und hörten Hitlers neue Direktiven. Seine Hauptforderung war die Entwicklung schwererer Panzer mit größerer Schussweite und Durchschlagskraft, fahrende Festungen sollten in Stellung gebracht werden.

Porsche begleitete auch als Konstrukteur die Panzerentwicklung. Schon im Dezember 1939 hatte die Porsche KG vom Heereswaffenamt den Auftrag erhalten, einen Kampfpanzer der Gewichtsklasse bis 30 Tonnen zu konstruieren. So entstand der

Entwurf des «Leopard», für den Porsche einen benzinelektrischen Antrieb vorsah, eine erstaunliche Reminiszenz an seine Fahrmaschinen für den Ersten Weltkrieg.

Das «Leopard»-Projekt wurde eingestellt, als Hitler einen neuen schweren Hauptpanzer verlangte. Beauftragt wurden damit die Firma Henschel und die Porsche KG, die unabhängig voneinander einen 50-Tonnen-Panzer entwerfen sollten. Die Konzepte hierfür wurden Ende Mai 1941 auf einer Sitzung auf dem Berghof vorgestellt. Hitler bekräftigte dabei die doppelte, voneinander unabhängige Entwicklung durch Henschel und Porsche bis zur Serienreife innerhalb eines Jahres.

Auf einer Vorführung der Prototypen am 20. April 1942 in der Wolfsschanze in Rastenburg nahm Hitler Porsches Panzer «Tiger» ausgiebig in Augenschein und verlieh seinem Konstrukteur das Kriegsverdienstkreuz I. Klasse. Dann aber zeigte das Henschel-Modell seine Fahrleistungen, und beim Porsche-«Tiger» traten ausgerechnet mit der Benzinelektrik Probleme auf. Das Antriebssystem aus zwei luftgekühlten Dieselmotoren, die über einen Generator wiederum zwei Elektromotoren mit Strom versorgten, war noch nicht ausgereift, die neu entwickelten Dieselmotoren verloren Öl. Der Henschel fuhr mit einem konventionellen, wassergekühlten Maybach-Zwölfzylinder auf und davon. Außerdem hieß der Rüstungsminister inzwischen Albert Speer: «Speer machte es offensichtlich Spaß», erinnerte sich Ferry Porsche, «mit diesem Erprobungsträger durch das Gelände zu fahren, während er sich nicht ein einziges Mal der Mühe unterzog, den Porsche-Tiger zu testen.» Die solide Konstruktion von Henschel wurde für die Serienproduktion ausgewählt. Porsche und seine Ingenieure hatten, allen Lippenbekenntnissen zum Trotz, einen der Lage völlig unangemessenen Aufwand betrieben und sich keineswegs als Meister der «Einfachstbauart» betätigt.

Eine merkwürdige Episode, die Porsches Grenzen aufzeigt.

Erprobungsfahrt am 20. April 1942 mit einem Panzer «Tiger»: Rüstungsminister Speer steuerte gern persönlich, hier mit Porsche als Beifahrer in Zivil.

Da war er zum Chefdenker einer durchrationalisierten Riesenfabrik geworden, war der Primus in einer hochrangigen Expertenkommission, doch all das hielt ihn nicht ab, mit seinen Ingenieuren im Stuttgarter Büro abseits der Kriegswirklichkeit wieder mit Tüfteleien zu beginnen. Dabei war Porsche im Spätsommer 1941 in der Lüneburger Heide auf einen erbeuteten T-34 geklettert, begeistert hatte er gleich die Motordrosselung entdeckt, die die russischen Ingenieure eingebaut hatten, damit die Fahrer Treibstoff sparten und die Motoren nicht zuschanden fuhren, und als er zu seiner Meinung über den robusten Russen befragt wurde, lautete sein Urteil kurz und bündig: «Nachbauen!» Offenbar hatte er das wieder vergessen.

Trotz der Niederlage gegen Henschel blieb Hitlers Wertschätzung für Porsche ungebrochen. Aus Porsches «Tiger» wurde ein Jagdpanzer entwickelt, von dem 90 Stück in den Nibelungenwerken gebaut wurden. Auf 68 Tonnen Gewicht kam diese Selbstfahrlafette mit einer 200 mm starken Frontpanzerung und einer 88-mm-Kanone. Die Geschwindigkeit im Gelände war sehr begrenzt: 15 km/h. Hitler warb euphorisch für die neue «unverletzbare» Waffe mit der Furcht einflößenden Schusswirkung. Die 90 Jagdpanzer «Ferdinand», Hitler nannte sie dann «Elefant», kamen in der Panzerschlacht von Kursk im Juli 1943 zum Einsatz. Obwohl die «Ferdinands» ihre Schusskraft in der Schlacht bewiesen, wurde dieser Einsatz zum Desaster. Rund die Hälfte der 90 Jagdpanzer blieb mit technischen Defekten liegen, in vielen Fällen hatte eindringendes Wasser einen Kurzschluss in der Benzinelektrik verursacht. Die Panzer mussten gesprengt werden, andere wurden von der russischen Artillerie zerschossen.

Gut ein Jahr zuvor hatte Hitler in seinem unentwegten Rekordfieber Porsche mit einem Sonderauftrag betraut. Nach wie vor galt für Hitler: «Das größte technische Genie, das Deutschland heute hat, ist bei seinem unscheinbaren Aussehen der Doktor Porsche. Er hat auch den Mut, eine Sache ausreifen zu lassen.» Und nun sollte Porsche die fahrende Wunderwaffe ausreifen lassen, eine Festung auf Ketten. Der Tarnname «Mäuschen» bezeichnete einen zunächst auf 100 Tonnen berechneten Panzerkampfwagen. Karl Rabe, Erwin Komenda, Otto Zadnik, Karl Fröhlich, das Team in Stuttgart, machte sich an die Arbeit. Schnell wurde aus dem «Mäuschen» die «Maus», deren voraussichtliches Gewicht auf 150 Tonnen anstieg. Vorgesehen war eine 150-mm-Kanone, die Panzerung war 20 cm dick, am Turm sogar 24 cm. Ein Ottomotor von Daimler-Benz sollte 1200 PS an den Generator liefern, der die Elektromotoren antrieb. In seinen Erinnerungen klagte Albert Speer: «Um Hitler zu erfreuen und zu

Hitlers letzte Vorstellung vom schweren Panzer: Der Panzer «Maus» war eine fahrende Festung, wog über 180 Tonnen und erreichte höchstens 20 km/h. Porsche gab keine Ruhe, bis das sinnlose Ungetüm sich auf der Stelle drehen konnte. Serienmäßig gebaut wurde die «Maus» nicht mehr.

beruhigen, wurde von Porsche gleichzeitig ein überschwerer Panzer in Entwurf genommen, der über hundert Tonnen wog und schon deshalb nur in geringen Stückzahlen hätte gebaut werden können. Um die Spione irrezuführen, bekam dieses neue Ungetüm den Decknamen ‹Maus›. Ohnehin hatte Porsche Hitlers Neigung zur Überschwere übernommen und brachte ihm gelegentlich Nachrichten von Parallelentwicklungen beim Gegner.»

Speer überschätzt hier wohl den Einfluss, den Porsche auf Hitler nehmen konnte. In seinen «Spandauer Tagebüchern» findet sich eine Schilderung der Situation mit einem anderen Akzent. Im Mai 1943 wurde Hitler das 1 : 1-Holzmodell der «Maus» vorgeführt: «Wir, das heißt Professor Porsche, Guderian, Zeitzler, hatten daher vor Beginn der Besichtigung verabredet, unserer Skepsis zumindest durch äußerste Zurückhaltung Ausdruck zu geben.» Porsche hielt sich daran und «erwiderte denn auch auf die Frage Hitlers, was er über das Fahrzeug denke, knapp und reserviert: ‹Natürlich, mein Führer, können wir solche Panzer bauen.› Wir übrigen standen schweigend im Kreis.» Das half alles nichts: Die «Maus» wurde weiterentwickelt.

Porsche hatte als Vorsitzender der Panzerkommission letztlich wenig überzeugt, seit der anfälligen «Tiger»-Konstruktion war er angreifbar, und Speers Einfluss überwog das Wohlwollen Hitlers. Am 21. Dezember 1943 endete sein Vorsitz in der Kommission, zu seinem Nachfolger wurde der Henschel-Direktor Gerd Stieler von Heydekampf ernannt. Drei Tage später, Heiligabend, war das erste von zwei Exemplaren der «Maus» fahrbereit. 188 Tonnen wog der fahrende Bunker am Ende, die Druckverteilung übernahmen einen Meter breite Ketten. Die Höchstgeschwindigkeit sollte 20 km/h betragen, ein Tempo, das zur dumpfen Heroik der «unzerstörbaren» Walze durchaus gepasst hätte. 3800 Liter Sprit brauchte er, um 100 Kilometer zurückzulegen. Gebaut wurden nur zwei Prototypen. Der Ingenieur Walter Schmidt machte die erste Probefahrt. Das Ding funktionierte und hatte einen Wendekreis von acht Metern. Schmidt telegrafierte die freudige Nachricht an Porsche, der sich im Kreise der Familie schon aufs Weihnachtsfest auf dem Schüttgut in Zell am See einstimmte. Dem Chef gefiel die Sache mit dem Wendekreis gar nicht. Das absurde Monstrum ließ ihm keine Ruhe, eine Frage der Ehre. Er alarmierte den für die Elektrik zuständigen Otto Zadnik. Der lag zwar in Wien krank im Bett, musste sich aber umgehend zur «Maus» begeben. Zadnik fand tatsächlich einen Schaltfehler und konnte ihn beheben. Jetzt hatte die «Maus» endlich Symbolwert: 188 Tonnen, die sich sinnlos auf der Stelle drehten und den Boden ruinierten.

Porsche blieb auch während seiner Tätigkeit als Vorsitzender der Panzerkommission bei allen wichtigen strategischen Entscheidungen beteiligt, die das Werk betrafen. Ein Nachlassen seines Engagements für seine Hauptunternehmung darf man nicht unterstellen. Das zeigt bereits sein Einsatz für die Übernahme des größten Zweigwerks des französischen Herstellers Peugeot in Montbéliard/Sochaux. Mit rund 15 000 Beschäftigten bot es für deutsche Konzerne eine interessante Möglichkeit zur Ausweitung der eigenen Produktion. Vertreter von Daimler-Benz und Auto Union waren nach Besichtigungen zwar zu einem negativen Urteil über den Zustand der Anlagen gekommen, doch Porsche, Piëch und Lafferentz wollten zugreifen: Das Peugeot-Werk besaß unter anderem eine moderne Gießerei und war darum sehr geeignet, einen Ersatz für das durch Speer stillgelegte Projekt der Leichtmetallgießerei zu bieten.

Einstweilen war das unter der Leitung von Jean-Pierre Peugeot stehende Werk ein gefragter und als «kriegswichtig» geschützter Betrieb, der für eine Reihe deutscher Konzerne produzierte, unter anderem Zylinderköpfe und Kolben für das Volkswagenwerk. Anfang 1943 aber wurde dessen Leitung aktiv, um die alleinige Kontrolle über die Fabrik in Montbéliard durchzusetzen. Dagegen erhob sich Protest von vielen Seiten, der schärfste kam aus Dessau: Auch die Junkers AG hatte großes Interesse an dem französischen Werk. Doch einmal mehr setzte Porsche sich durch: Am 27. März 1943 fuhr dic VW-Mannschaft mit Ferdinand und Ferry Porsche, mit Anton Piëch und Bodo Lafferentz nach Sochaux, um dort mit Jean-Pierre Peugeot und seiner Werksleitung einen Vertrag auszuhandeln. «Arbeitsgemeinschaft» nannte man, was als Übernahme gedacht war. Immerhin gelang es der Werksleitung von Peugeot, sich die Weiterführung laufender Fertigungen garantieren zu lassen. Eine «Erfolgsgeschichte» wurde aus der Übernahme nicht. Auch in Frankreich waren Arbeitskräfte nur schwer zu bekommen, zumal Fritz Sauckel, seit März 1943 Generalbevollmächtigter für den Arbeitseinsatz, mit Aushebungen für die Zwangsarbeit in Deutschland begonnen hatte. Und bereits im Juli flogen britische Bomber einen Angriff auf das Werk und durchkreuzten die Pläne der neuen Werksleitung.

Spätestens in diesem Jahr 1943, in dem die Schlachten des Kriegs sich immer mehr zuungunsten der deutschen Truppen wendeten, stehen auch Porsches Aktivitäten in einem anderen Licht. Kaum noch konnte der Krieg als Umweg zu einer künftigen Produktion des erträumten Volkswagens erscheinen. Ob Porsche selbst nach und nach eine solche Einsicht in die Realitäten gewann, darüber lässt sich nur spekulieren. Vielleicht war er für Hitlers schwärmerische Zukunftsmalereien anfälliger, als man denken möchte. Der jedenfalls kartierte in Tischgesprächen und Monologen die Infrastruktur der eroberten Welt. Da fuhr der Käfer neben der riesenhaften Breitspurbahn. «Oft zeigte er uns Skizzen», erinnerte sich Speer, «auf denen er gezeichnet und berechnet hatte, wie lange beispielsweise ein deutscher Bauer, der auf einem Erbhof in der Südukraine sitzt, für seine Fahrt in die Reichshauptstadt brauche. Bezeichnenderweise ging er vom Volkswagen aus, von dem er nach dem Kriege eine Million Stück pro Jahr bauen wollte. Porsche, so meinte er einmal, habe ihm bei der letzten Panzerbesprechung nochmals versichert, der Wagen halte ein Dauertempo von hundert Kilometern durch. Folglich benötige der Bauer aus Kiew oder Odessa rund dreißig Stunden.» Nochmals zeigt diese Erinnerung Speers, wie sehr auch sein Kontrahent Porsche für Hitler zu einer Projektionsfigur geworden war.

Anfang 1943 bezog das Reichsluftfahrtministerium das Volkswagenwerk erneut in seine Planungen mit ein. In eiliger Konkurrenz zur Heeresversuchsanstalt hatten Göring und sein Generalluftzeugmeister Milch, Nachfolger Udets, die Entwicklung einer zweiten «Vergeltungswaffe» aufgenommen. Robert Lusser, Chefkonstrukteur der Fieseler-Werke in Kassel, hatte eine strahlgetriebene Flugbombe entworfen und sie Mitte 1942 dem Ministerium angeboten. Die Fieseler 103, Tarnname «Kirschkern», später dann V 1 genannt, war genau das Waffenwunder, das Göring und Milch brauchten, um über die desolate Situation der Luftwaffe hinwegzutäuschen. Kaum hatte Lusser seinen Vortrag beendet, war die Entscheidung Görings schon gefallen: «gigantische Idee». Es galt, den Vorsprung Wernher von Brauns und seines Teams in Peenemünde aufzuholen. Im Oktober 1942 gelang dort nach einer Reihe von Fehlversuchen ein erster erfolgreicher Probeschuss über eine Distanz von 190 Kilometern. Das Aggregat 4, das 1944 dann als V 2 auf London und Antwerpen flog, wich auf dieser Strecke um 18 Kilometer vom Kurs ab. V 2 und V 1 glichen sich nicht nur in Reichweite und Gewicht ihrer Gefechtsköpfe, sondern auch in ihrer Ungenauigkeit, die «Wunderwaffen» der deutschen Propaganda wurden Instrumente eines Luftterrors ohne militärischen Sinn.

Ab Januar 1943 sollten die A-4-Raketen in Peenemünde, in den Zeppelinwerken in Friedrichshafen, später auch in den Rax-Werken in Wiener Neustadt und in der DEMAG-Fabrik in Berlin-Falkensee produziert werden. Die Luftwaffe dagegen setzte auf das Volkswagenwerk als Hauptlieferanten – das Wettrennen war eröffnet. Im Volkswagenwerk versuchte man, nach der vorgeschalteten Fertigung von Prototypen möglichst noch im Laufe des Jahres die Serienfertigung einzuleiten. Das erwies sich, wie Lusser prophezeit hatte, als illusorisch. Bei einem Vergleichsschießen im Mai versagte die Fi 103 unter den Augen von Speer und Milch, die A 4 zog ihre vorgesehene Bahn. Besonders wichtig war das nicht, die zuständige Entwicklungskommission hatte sich bereits vorher geeinigt, Hitler beide Projekte zu empfehlen. So wurden unter Aufbietung aller Kräfte zwei Typen der Wunderwaffe produziert. Die letzten technischen Höhenflüge des Dritten Reiches führten dann schon bald unter die Erde, in die mit Häftlingen aus Konzentrationslagern belegten Gruben.

Mit der Übernahme der Produktion der Fi 103 begann im Volkswagenwerk die Planung weiterer Lagerbauten. So entstand, rund drei Kilometer vom Werk entfernt, das Lager Laagberg, auch dies ein Außenkommando des KZ Neuengamme. Die Deutsche Bau AG, eine Firma der DAF, ließ seit Ende 1943 dann die ersten Baracken aufstellen, in Massivbauweise und teils zweigeschossig. Ein Detail, welches verrät, dass man tatsächlich immer noch an künftige Friedenszeiten dachte, in denen man halbwegs solide Unterkünfte für die Belegschaft brauchte. Italienische Militärinternierte und Ostarbeiter errichteten die ersten Bauten, die ein elektrischer Stacheldrahtzaun umgab. Im Mai 1944 wurden aus Neuengamme in einem Güterzug die ersten 800 Häftlinge auf den Laagberg verbracht: Franzosen, Niederländer, Russen und Polen. Unter dem Kommando des SS-Unterscharführers Callesen entstand hier eine Lagerwelt, die von jäher Willkür und äußerster Brutalität geprägt war.

Im August 1943 war das Gelände der Heeresversuchsanstalt in Peenemünde durch die Royal Air Force bombardiert worden. Mehr als 700 Menschen waren im Bombenhagel gestorben, die meisten von ihnen Zwangsarbeiter. Angesichts der immer stärker werdenden Bedrohung aus der Luft drängten Wernher von Braun und seine Konstrukteure darauf, die wichtigsten Betriebsteile unter Tage zu verlagern. Entsprechende Anordnungen kamen aber auch von Hitler. Im Südharz, nordwestlich von Nordhausen, fand man einen geeigneten Stollen, in dem einst die

BASF Anhydrit abgebaut hatte. Das Außenkommando «Dora» des KZ Buchenwald wurde gegründet, das im Oktober zum selbständigen Lager «Mittelbau» wurde. Im November 1944 wurde die unterirdische Produktion der A-4-Raketen aufgenommen, 11 000 Häftlinge mussten hier unter unsäglichen Umständen arbeiten, gegen Kriegsende sogar 30 000.

Durch die Luftangriffe wurde die Produktion der V1 ebenfalls unter die Erde getrieben. Im Oktober 1943 flogen die Briten Angriffe auf die Fieseler-Werke in Kassel. Schon im Juli war ja das Peugeot-Werk in Montbéliard bombardiert worden. Porsche wollte in dieser Zeit noch eine Ausweitung der Fi-103-Produktion im Volkswagenwerk erreichen und zögerte nicht, trotz der erheblichen technischen und materiellen Probleme dramatisch erhöhte Stückzahlen zuzusagen. Im September wurde die Leitung des Peugeot-Werks auf einer Konferenz in Paris aufgefordert, ebenfalls die Produktion der Fi 103 vorzubereiten. Doch auch die Luftwaffe wollte baldmöglichst mit Untertageverlagerungen beginnen. Erhard Milch hielt es für dringend erforderlich, das offen für die feindlichen Bomber daliegende Volkswagenwerk nicht zum Hauptstandort der Flugbombenfertigung werden zu lassen. Er setzte einen «Höhlenstab» mit einem Oberberghauptmann ein. Die «Höhle» war zu einem Faszinosum mancher Planer, insbesondere Himmler, geworden, ein Ort, der Rettung versprach, in dem die «Vergeltung» montiert wurde. Und über Tage verkündete Goebbels, er habe «moderne deutsche Waffen gesehen», bei deren Anblick ihm das Herz nicht etwa höher geschlagen habe, sondern stehen geblieben sei.

Zur selben Zeit, Ende 1943, begann in Stuttgart die Verlagerung der Porsche KG. Das dortige Rüstungskommando der Wehrmacht hatte das Unternehmen aufgefordert, sich im «Protektorat Böhmen und Mähren» anzusiedeln. Für Porsche, den ehemaligen Tschechen, der die deutsche Staatsbürgerschaft angenommen hatte, kam das nicht infrage. Ferry Porsche nahm daraufhin Kontakt zum Rüstungskommando in Salzburg auf und suchte nach geeigneten Orten in Österreich. In Zell am See, in unmittelbarer Nachbarschaft zum Schüttgut, befand sich ein Flugplatz. Dessen Hallen boten sich als Materiallager an. Fündig wurde man auch in Kärnten: Bei Gmünd stand abgelegen und fast versteckt ein Sägewerk. Hier wurden zusätzliche Baracken aufgebaut und Fundamente für die Aufstellung von Maschinen gegossen; in Gmünd kam die Produktion der Porsche KG unter. Die Zentrale des Unternehmens verblieb jedoch in Stuttgart. Erst im Laufe des Jahres 1944 wurden diese Auslagerungen abgeschlossen.

Bei den Luftangriffen auf Stuttgart im Oktober wurden dann auch die Gebäude der Porsche KG getroffen. Schon zu Beginn des Jahres aber war jemand aus Porsches nächster Umgebung verschwunden: Ghislaine Kaes hatte über all die Jahre seine britische Staatsbürgerschaft beibehalten. Damit hatte er das Misstrauen der örtlichen NS-Behörden erregt. Porsches Neffe wurde schließlich am 9. Februar in ein Strafbataillon eingezogen, das an der Ostfront kämpfen musste.

Der von Generalluftzeugmeister Milch eingesetzte «Höhlenstab» hatte schnell eine geeignete Stätte für Verlagerungen gefunden. In der Nähe der Ortschaft Thil, in Lothringen, lag die Eisenerzgrube Tiercelet. Über 200000 Quadratmeter Produktionsfläche würden hier nach einem vollständigen Ausbau zur Verfügung stehen. Milchs oberste Priorität bei der Vergabe des begehrten Raumes galt dem Volkswagenwerk mit seiner Produktion der Flugbombe. Dort bemühte man sich um eine weitere kleinere Höhle in den Niederlanden für Zwischenlagerungen.

Porsche, Piëch und Lafferentz waren entschlossen, die Flächenzuteilung an andere Firmen so gering wie möglich zu halten und Konkurrenten auszustechen. Über den Bau der Fi 103 hinaus meldeten sie weitere Produkte zur Verlagerung an, so etwa Verkleidungen für den Jäger Focke-Wulf Ta 154, die bislang in Montbéliard hergestellt wurden. Zuständig war in all diesen Fragen der neu eingerichtete Jägerstab der Luftwaffe. Porsche und Lafferentz vertraten dort vehement, mit einer entsprechenden Weisung Hitlers im Rücken, ihren Anspruch und verkündeten auf der Sitzung am 17. März 1944, der Ausbau habe bereits angefangen, und auch die Frage der Arbeitskräfte sei gelöst: Oswald Pohl, der Leiter des SS-Wirtschafts- und Verwaltungshauptamts, habe ihm vor drei Tagen die Gestellung von 3500 KZ-Häftlingen zugesagt; man wolle «die ganze Höhle mit KZ-Häftlingen belegen», so Porsche. Zwei Wochen zuvor, am 4. März, waren Ferdinand und Ferry Porsche bei Himmler vorstellig geworden, hatten ihm das Projekt in Lothringen erläutert und um Unterstützung mit Arbeitskräften aus Konzentrationslagern gebeten. Himmler hatte dann Pohl umgehend instruiert.

Eine weitere Möglichkeit für die Untertageproduktion erschloss sich dem Volkswagenwerk in der Nähe von Dernau. Dort befanden sich inmitten von Weinbergen die Tunnel der stillgelegten Ahrtalbahn, die die VW-Werksleitung nach Verhandlungen mit der Mittelwerk GmbH in ihre Planungen einbeziehen konnte. Der Transfer von Maschinen begann. Am 8. April, am 20. und 29. Juni 1944 fielen die ersten amerikanischen Bomben auf das Werk bei Fallersleben. Am 5. August richtete dann ein weiterer schwerer Angriff große Schäden an und traf vor allem das wertvolle Presswerk. Jetzt erst realisierte auch die Werksleitung das Ausmaß der Gefahr, auf die die Militärs schon bei der Standortwahl 1938 hingewiesen hatten. Sofort nach dem Bombardement suchten Porsche und die Werksleitung nach weiteren sicheren Orten; es galt, schnellstmöglich die nicht zu ersetzenden Maschinen in Sicherheit zu bringen. In Eschershausen am Hils, nur etwa 100 Kilometer entfernt, wurden die Stollen einer

Noch im September 1944 stellte Porsche in der «Wolfsschanze» eine weitere Variante des Kübelwagens vor. Das Fahrzeug sollte vor allem als Zugwagen für Panzerabwehrkanonen dienen. Zwischen Hitler und Porsche Generaloberst Heinz Guderian.

Asphaltgrube zum Unterschlupf für Deutschlands modernste Autofabrik. Schon eine Woche später, am 13. August, inspizierte Porsche die Grube. Sie schien geeignet, auch die großen Pressmaschinen aufzunehmen, und bot rund 35000 Quadratmeter Nutzfläche. Das Programm «Rebstock» lief an.

Man befand sich mitten in einem verzweifelten Rettungsunternehmen, verhandelte hier und verlagerte da, bekam und machte Lieferzusagen, die mit illusorischen Terminen, Zahlen und Produktionsziffern gespickt waren. Für das Unternehmen in Eschershausen versprach Porsche kurzerhand «die Bereitstellung von Arbeitskräften im bestmöglichen Umfang». Arbeitskräfte, das konnte zu dieser Zeit eigentlich nur noch KZ-Häftlinge heißen.

Im September 1944 wurde angesichts des Vormarschs der alliierten Truppen der Standort Tiercelet aufgegeben. Man ließ alles stehen und liegen. Die letzten 300 jüdischen Häftlinge, Metallfacharbeiter, die man in Auschwitz rekrutiert hatte, wurden in Eisenbahnwaggons in die Stollen bei Dernau überführt.

Am 11. September erreichten die amerikanischen Invasionstruppen in der Nähe von Trier erstmals die Reichsgrenze. Das Volkswagenwerk nahm weitere Auslagerungen in die unmittelbare Nachbarschaft vor. In den Dörfern und kleineren Städten rund um das Werk wurden zahlreiche Materiallager eingerichtet, aber auch Werkstätten, in denen Flugzeugteile und Komponenten für die Montage von Kübelwagen hergestellt wurden. Das Großwerk verwandelte sich in einen Komplex aus Kleinbetrieben in Scheunen und Garagen. Das Ende nahte, neben dem Kübelwagen produzierten jüdische Frauen Tellerminen und Panzerfäuste für den «Endkampf». Sie gehörten zu den letzten Arbeitskräften im Volkswagenwerk. Am 7. April 1945 wurden sie von der SS nach Salzwedel gebracht. Glücklicherweise führte ihr Weg nicht weiter; sie wurden von amerikanischen Truppen befreit.

Ferdinand Porsche war Anfang Januar 1945 zum letzten Mal im Werk gewesen. Was er von den Zuständen in den Lagern, von den Arbeitsumständen der Zwangsarbeiter und Häftlinge wahrgenommen und gewusst hat, ist bis heute eine heftig diskutierte Frage geblieben. Ersichtlich wird aus den erschlossenen Quellen jedoch die enge Kooperation Porsches mit dem Regime. Eine ideologische Annäherung oder Identifikation ergibt sich daraus nicht zwingend – auch wenn das Volkswagenwerk, wie Hans Mommsen betont hat, der Ort einer «besonders starken ideologischen Indoktrination» war. Angesichts der Vehemenz, mit der Porsche seine Ziele verfolgte, ist das aber auch nur von nachgeordneter Bedeutung.

Die russischen Kriegsgefangenen, die im Laufe des Jahres 1941 in das Volkswagenwerk gebracht wurden, waren so ausgezehrt, dass an einen Arbeitseinsatz nicht zu denken war. Das Programm drohte zu scheitern. Der Werksarzt Hans Körbel ließ die Gefangenen fotografieren und händigte Porsche die Aufnahmen aus, der bei Hitler für deren bessere Verpflegung intervenieren sollte. Laut Ghislaine Kaes hat Körbel, ein überzeugter Nationalsozialist, Porsche jedoch auch andere Fotografien gezeigt, «von medizinischen Versuchen, vorgenommen an russischen und polnischen Frauen». Porsche war «machtlos», kommentiert er. Der Sekretär berichtet auch von einem anderen Ereignis. Als in Österreich Euthanasiemaßnahmen gegen geistig behinderte Kinder stattfanden, habe Porsche Briefe von Eltern erhalten, die ihn baten, sich dagegen einzusetzen. In wenigen Sätzen schildert Kaes unvermittelt, sehr kurz und in zwei unterschiedlich akzentuierten Versionen, diese Episode. So wird nicht mehr kolportiert als das Klischee von der Ohnmacht im Zwangssystem. Porsche habe die Angelegenheit an ihn delegiert: «Ich mußte es versuchen. Das Ergebnis war gleich null.» Schlaglichter, die zumindest zeigen, dass der Verdrängung Grenzen gesetzt waren. Zu den Fällen, die nach dem Krieg bekannt wurden, gehört das Kindersterben in Rühen. Dort hatte man die Neugeborenen von Ostarbeiterinnen untergebracht, getrennt von ihren Müttern. Bis 1945 starben mehr als 300 Kinder. Auch davon habe er Porsche unterrichtet, sagte Körbel aus, der 1946 als Kriegsverbrecher angeklagt und zum Tode verurteilt wurde.

Der heute gesicherte Quellenbestand zeigt die Welt, in der Porsche sein Auto-Unternehmen vorantrieb und die Werksräson zur Maxime seines Handelns machte.

VIII Die letzten Jahre

Ein Major, ein Leutnant und der erste Porsche

Das Werk, in dem einmal Ferdinand Porsches Auto für jedermann gebaut werden sollte, stand zerbombt und demoliert in der niedersächsischen Wiesenlandschaft. Abgedeckte Hallen, zersplitterte Fenster und rostende Maschinen, ein gigantischer Solitär des Ruins. Nahezu zwei Drittel der Hallenfläche von 250 000 Quadratmetern (etwa 40 Fußballfelder) waren mit Bomben belegt worden. In der 80 000 Quadratmeter großen Montagehalle hatten Hochexplosivsprengsätze ihr Werk getan, in Halle I war ein alliiertes Flugzeug gestürzt. Angesichts dessen muss man die Plünderungen nach Kriegsende fast schon als Aufräumarbeiten bezeichnen. So fanden amerikanische Einheiten das Werk im Mai 1945 vor.

Noch im Sommer zogen die Amerikaner wieder ab, und die Briten besetzten Werk und (Baracken-)Stadt. Eine Abteilung der Royal Electrical and Mechanical Engineers (REME) nahm hier die Arbeit auf: Die riesige Fabrik wurde zur Kfz-Werkstatt für britische Militärfahrzeuge, Lastkraftwagen und Busse. Im August 1945 übernahm Major Ivan Hirst das Kommando über diese Einheit.

Ehemalige Angestellte und Arbeiter des Werks bevölkerten mittlerweile schon wieder die Hallen, räumten Schutt weg, stellten ausgelagerte Maschinen auf, komplettierten und reparierten. Mittels einer intakten Blechpresse produzierten sie zwei Käferkarosserien und setzten sie auf die Fahrgestelle von Kübelwagen. Hirst brachte das auf eine Idee. «Einer war noch da», erinnerte er sich später, einer der wenigen «KdF-Wagen», die noch während des Kriegs produziert worden waren. Dieses Fahrzeug wurde in Khakigrün gespritzt und Ende August auf höherer Befehlsebene, im Hauptquartier der Armeegruppe 21, vorgestellt. Das Ergebnis war eindeutig: Die Militärregierung wollte 20 000 Stück davon. Hirst hatte eine Marktlücke entdeckt. Der Bedarf an Fahrzeugen war enorm, schon bald wurde die Bestellung auf 45 000 Stück erhöht.

Die britischen Soldaten waren angetan von Porsches Konstruktion. Sie kannten den Kübelwagen als unverwüstlichen Begleiter deutscher Truppen, hatten gesehen, wie zäh das leichte Auto sich durch Schlamm oder Wüstensand mahlte, wie zuverlässig es dank seiner Luftkühlung auch bei klirrender Kälte seine Dienste tat: «Nicht zuletzt dem Respekt der alliierten Soldaten vor dem in jeder Lage mit Nähmaschinenpräzision schnurrenden Porsche-Motor dankt das Werk heute seine Existenz», hieß es 1950 im «Spiegel». Manchmal sah man britische Offiziere, die im Schwimmwagen Typ 166 durchs Gelände sausten und freudig in den Mittellandkanal rauschten. Der Major veranstaltete regelrechte Geländewettbewerbe. Hirst war bald auch begeisterter Käferfahrer und ließ seinen Chauffeur nur selten ans Steuer. Im November 1946 bekam er den «Kommandeurwagen», eine allradgetriebene Version. Spielereien, sicher, aber am Ende waren sie für den «Beetle» vielleicht folgenreicher als ein ganzes Bündel von Gutachten und technischen Prüfungen. In diesen Wochen und Monaten bestand das Auto den Sympathietest der britischen Militärs und half, das Werk vor der völligen Demontage zu bewahren.

Nach dem Plazet seiner vorgesetzten Behörde stand für den Major die systematische Arbeit in der demolierten Fabrik an erster Stelle. Hirst und seine deutschen wie britischen Mitstreiter bewirkten mit großer Energie und Talent zur Improvisation das erste Wirtschaftswunder in Nachkriegsdeutschland. Die Bombenschäden waren zwar erheblich, doch für eine Wiederaufnahme der Produktion weniger gravierend, als zunächst befürchtet. Das Kraftwerk etwa war intakt geblieben. Fast alle Maschinen, mehr als 80 Prozent, hatte man durch Auslagerung vor der Zerstörung bewahrt. Selbst die Großpressen waren durch Ummauerung geschützt worden. Ende des Jahres 1945 hatten rund 6000 Arbeiter knapp 1800 Autos montiert. Allen Material- und Nachschubproblemen zum Trotz stand kaum ein Jahr später, im Oktober 1946, der 10000. Käfer abfahrbereit in der Halle. Er war aber nicht nur mit einer Girlande geschmückt, sondern auch mit einem Protestschild der Arbeiter: «10000 Wagen, nichts im Magen, wer kann das vertragen?»

Schon eines der ersten neu produzierten Autos hatte Hirst zur Begutachtung nach England geschickt. Die Frage lautete, ob nicht britische Hersteller Interesse daran hätten und die Fabrik übernehmen wollten. Das Urteil der zivilen Experten fiel jedoch vernichtend aus: Das Fahrzeug sei nicht ernst zu nehmen, es sei hässlich, bizarr, zu laut – ein Nazivehikel eben. Immerhin reiste im Spätsommer 1946 eine Kommission der Society of Motor Manufacturers and Traders (SMMT) nach Wolfsburg und besichtigte das Werk. Wohl etwas befremdet spazierten die britischen Autobauer durch die ruinösen Hallen des Major Hirst. Eine Zukunft habe das hier nicht, bescheinigten sie ihm und zogen wieder ab. Dennoch gab es Überlegungen, Auto und Werk eventuell doch zu übernehmen, um damit ausschließlich Exportmärkte zu erobern.

Die Ablehnung und der Argwohn der Kommissionäre hatten

freilich auch andere Gründe. Das Potenzial von Porsches Hinterlassenschaft war unverkennbar: «In der Tat stellte sich immer deutlicher heraus, daß das Werk seiner Größe wegen von keinem der westeuropäischen Länder erworben werden konnte, ohne deren eigene Automobilindustrie empfindlich zu beeinträchtigen.»

«Wolfsburg Motor Works» wurde fortan zu einer kaum beachteten industriellen Insel, auf der Hirst mit seinen Mitarbeitern relativ ungestört schalten und walten konnte. Im Alliierten Kontrollrat war beschlossen worden, das Werk für die nächsten zwei Jahre von Demontagen zu verschonen, eine Frist, die erst später auf vier Jahre verlängert wurde. Hirst ließ sich von den unsicheren Perspektiven nicht beirren. Er hatte in Oberst C. R. Radclyffe, der die Industry Division der in Minden stationierten Property Control Branch leitete, einen verlässlichen Verbündeten auf höherer Ebene. Den beiden kam nicht zuletzt die ungeklärte Eigentumsfrage zugute, die das Werk vor Demontage schützte. Hirst trieb die Produktion voran und wachte mit Eifer über die Qualität. Auch er trug sich mit Exportgedanken und besuchte 1947 zusammen mit Radclyffe die Automobilausstellung in Paris, um die Lage auf dem Automarkt zu sondieren. Ivan Hirst, Beauftragter der Militärregierung, agierte wie ein Unternehmer. Mit nüchternem Understatement erinnerte er sich später in einem Interview: «1947 lief im VW-Werk alles schon sehr gut.»

Porsche war an alldem nicht beteiligt. Noch vor der deutschen Kapitulation hatte er sich nach Zell am See, auf das Schüttgut, begeben. Dort traf sich die Familie in Erwartung siegreicher alliierter Streitkräfte. Eines Tages fuhr ein Jeep aus dem Tal hinauf. Zwei Offiziere stiegen aus, und Frau Porsche lief ihnen entgegen, begrüßte sie aber in aller Aufregung mit «Heil Hitler!» und hob, zu allem Überfluss, auch noch den Arm. *No problem* für die Her-

Im Oktober 1946 feierte man den 10 000. Käfer «seit der Wiedereröffnung des Werkes» unter Regie der britischen Militärregierung. Er war garniert mit «Hungerschildern» der Belegschaft.

ren G. C. Reeves, englischer Lieutnant Colonel, und Torre Franzen, amerikanischer Major. Als ehemaliger Rennfahrer kannte Reeves den Konstrukteur des Auto-Union-Rennwagens natürlich. Und Torre Franzen, damals Entwicklungsingenieur bei Chrysler, hatte Porsche und seinen Neffen 1936 bei deren USA-Besuch durchs Werk geführt. Fachleute unter sich also. Dennoch ein kleines Verhör: «Hatten Sie bereits Besuch von französischen oder russischen Offizieren?» Noch nicht, dolmetschte Ferry. «Sollten diese Leute hier aufkreuzen, dann sind Sie nicht verpflichtet, ihnen irgendwelche Informationen zu geben. Ist Ihnen das klar?» Selbstverständlich, man verstand sich.

Damit hatte es jedoch keineswegs sein Bewenden. Die Szenerie rund ums Schüttgut sollte sich in den nächsten Wochen und Monaten beleben. Am 12. Mai kamen einige englische und amerikanische Offiziere. Sie wollten mit Porsche über die Zukunft des «Werks» in Gmünd, jetzt in der britischen Zone gelegen, reden. Drei Tage später fuhr man gemeinsam nach Kärnten ins Maltatal, zu den «Vereinigten Holzhütten», wie man die Auslagerung im ehemaligen Sägewerk scherzhaft nannte. Hier sollte auf Wunsch der Besatzungsmächte wieder produziert werden. Oberingenieur Karl Rabe wurde die Leitung der Werkstätten übertragen – gute Aussichten für Porsche.

Am 29. Juli 1945 war es dann jedoch mit der Beschaulichkeit vorbei. Da erschien der Polizeivizepräsident von Gifhorn in Begleitung dreier Polizeibeamten, um Ferdinand Porsche, seinen Sohn, Anton Piëch und weitere Mitarbeiter festzunehmen. Ihnen wurde vorgeworfen, in die Entwendung von Eigentum des Volkswagenwerks, in unerlaubten Geldtransfer verstrickt zu sein. Außerdem ermittle man wegen zweier Leichen, die in der Porsche-Hütte auf dem Wolfsburger Werksgelände aufgefunden worden waren. Das Counter Intelligence Corps (CIC) Salzburg intervenierte und schickte die Delegation mitsamt ihren Vollmachten der Gifhorner Militärregierung wieder weg, verfolgte den Fall aber nun selber weiter. Kurz darauf wurden Ferry Porsche, Anton Piëch und alle anwesenden Mitarbeiter, unter ihnen Erwin Komenda, auf dem Schüttgut verhaftet. Sie kamen zunächst ins völlig überfüllte Gefängnis beim Landgericht in Salzburg und nach sechswöchiger Haft ins nahe gelegene Internierungslager Glasenbach.

Ferdinand Porsche hielt sich zu jener Zeit in Gmünd auf. Dort wurde er von den Briten interniert. Anfang August aber wurde er in ein Vernehmungslager bei Bad Nauheim gebracht – nein, nicht gebracht: Porsche durfte sich im eigenen Wagen von Chauffeur Goldinger fahren lassen. Bei Bad Nauheim befand sich das Schloss Kransberg, das Albert Speer 1939 als Quartier für Hermann Göring ausgebaut und hergerichtet hatte. Die Briten nutzten das Schloss, das sie *dustbin* («Mülleimer») nannten, als Sammelstelle für erste Befragungen der technischen Elite. Hier stieß Porsche auf einen illustren Kreis von Unternehmern und Organisatoren des Deutschen Reiches, unter ihnen Hjalmar Schacht und Albert Speer, der die Situation in seinen «Erinnerungen» beschrieben hat: «Zahlreiche Fachleute trafen ein, nahezu die gesamte Führung meines Ministeriums, fast alle Amtschefs, die Leiter der Munitions-, Panzer-, Auto-, Schiffbau-, Flugzeug- und der Textilproduktion, die maßgebenden Männer der Chemie und Konstrukteure wie Professor Porsche.» Etwas später verbrachte auch Wernher von Braun mit einigen Mitarbeitern wenige Tage auf Schloss Kransberg. Mit Nachdruck wurden die Befragungen hier keineswegs geführt, wie Speer sich erinnerte: «Im übrigen vertrieben wir uns die Langeweile mit Frühsport, wissenschaftlichen Vortragsreihen und einmal trug Schacht erstaunlich gefühlvoll Gedichte vor.»

Zwischendurch war ein runder Geburtstag zu feiern: Am 3. September wurde Ferdinand Porsche 70 Jahre alt. Mehrfach wandte er sich mit Eingaben an den Kommandanten; er habe schon in Gmünd erschöpfende Auskunft gegeben, überdies stehe er nun in Diensten Österreichs: «Bei den Verhandlungen mit der Kärntner Landesregierung wurde ich aufgefordert, ein Werk zu errichten, um damit … am Aufbau Österreichs tatkräftig mitzuwirken.» Obwohl sein Verhältnis zu Speer nie von besonderer Harmonie geprägt war, trat Speer entlastend für ihn ein. Am 13. September konnte Porsche mit der Bestätigung, «daß keine Anklage gegen ihn erhoben werde», das Schloss verlassen und kehrte mit Goldinger nach Österreich zurück. Er wollte die Gelegenheit nutzen und machte einen Abstecher nach Zuffenhausen, um Werk und Büro aufzusuchen, doch der amerikanische Kommandant verweigerte ihm schroff den Zutritt. Porsche war überrascht und konsterniert.

Zurück in Zell am See, erfuhr Porsche von der Internierung seines Sohnes, des Schwagers Anton Piëch und weiterer Mitarbeiter. Umgehend wandte er sich an die britischen Behörden in Klagenfurt und das amerikanische Oberkommando in Wien, doch erst am 1. November wurden alle wieder freigelassen. Aber was sollte nun werden? Man flickte für die Alliierten Kübelwagen zusammen. Da blieb genug Zeit für Porsche, sich Gedanken über neue Traktoren für die Landwirtschaft zu machen. Allenthalben wurden Experten aller Art jetzt für neue Dienste angeworben, nur der Automobilexperte Porsche wurde vergessen?

Aber schon Anfang November fuhr der nächste Wagen bei den Porsches vor. Ingenieur Jung aus Zuffenhausen begleitete einen französischen Offizier, den Leutnant Henri LeComte. Höflich und verbindlich legte der die Pläne der französischen Regierung dar und erklärte, der kommunistische Industrieminister Marcel Paul trage sich mit dem Gedanken, das Wolfsburger Werk als Reparationsleistung zu fordern und in Frankreich wieder zu errichten. Major Ivan Hirst hätte das sicher mit großem Interesse zur Kenntnis genommen. Was LeComte vortrug, klang ebenso plausibel wie verlockend. Porsche reagierte zunächst mit Skepsis. Aber die Vision, doch noch den Bau seines Autos für jedermann zu erleben, schien auf einmal wieder in greifbare Nähe zu rücken. Vielleicht war mit den Franzosen ein fast bruchloser Übergang in die neue Zeit möglich. So beauftragte er seinen Sohn und den Ingenieur Jung, zusammen mit LeComte nach Baden-Baden zu fahren, um das Angebot zu prüfen. Nach seiner Rückkehr am 8. November hatte Ferry allerdings wenig Neues zu berichten, die Franzosen wollten mit dem Chef persönlich sprechen.

Die oberste französische Militärbehörde hatte sich in Baden-Baden einquartiert. Am 16. November reiste Ferdinand Porsche, begleitet von seinem Sohn Ferry, Schwager Dr. Piëch und Neffen

Herbert Kaes, dort an. Kaum standen sie im Hotel «Müller», machte der französische Oberst Trevoux schon Druck: Man plane eine staatliche Automobilfabrik, Ferdinand Porsche solle mit seinen Leuten dafür sorgen, dass die Produktion so rasch wie möglich anläuft. Ein Vertrag sei bereits aufgesetzt, bitte hier unterschreiben. Solche *vitesse* war selbst einem Ferdinand Porsche nicht geheuer – er bekundete großes Interesse, bat um Bedenkzeit und zog sich nach Zell am See zurück. Aber er war guter Dinge: «Es hat den Anschein, als wollten die Franzosen die Sache ganz groß aufziehen!»

Etwa drei Wochen später fuhren Ferdinand Porsche und die Seinen erneut nach Baden-Baden, in einer VW-Limousine und einem Kommandeurwagen. Es gibt unterschiedliche Darstellungen der weiteren Verhandlungen. Ferry Porsche zufolge erschien ein Colonel Lamis, der belanglose Fragen stellte; Porsche habe auf Beschleunigung der Sache und Abschluss des Vertrags gedrängt. Walter Henry Nelson hingegen berichtet von einem zügigen Fortgang der Verhandlungen und einer weitgehenden Vereinbarung, die mit einem Champagnerfrühstück besiegelt worden sei. Man habe lediglich auf grünes Licht aus Paris gewartet und die Deutschen gebeten, sich noch zwei Tage zu gedulden. Jedenfalls traf sich die Porsche-Delegation mit Leutnant LeComte und Colonel Maiffre am 15. Dezember zu einem gemeinsamen Abendessen. Vielleicht sollte ja eine frohe Botschaft aus Paris verkündet werden. Es kam jedoch zu einer ganz anderen Bescherung: Plötzlich treten zwei Herren in Zivil an den Tisch, Beamte der Sûreté. Sie erklären Ferdinand Porsche, Ferry Porsche und Anton Piëch für verhaftet. LeComte springt auf: «Das Ganze ist ein Mißverständnis, glauben Sie mir! Ich bitte Sie, bleiben Sie ruhig und regen Sie sich nicht auf, wir werden die Angelegenheit bis Montag aufgeklärt haben!» Sie ist bis heute nicht ganz aufgeklärt.

Die drei wurden in ein Gefängnis in der Vincentistraße eingeliefert. Dort saß auch schon der Großhotelier Steigenberger, und es gelang der kleinen Gruppe, es in «einen einigermaßen annehmbaren Aufenthaltsort zu verwandeln». Gepflegte Langeweile: «Nachmittags fand für gewöhnlich eine Bridgepartie bei einer Flasche guten französischen Weins statt, die Steigenberger organisierte.» Zusätzliche Verpflegung brachte täglich Herbert Kaes, der durch Zufall der Verhaftung entgangen war. An dem besagten Abend hatte er die Einladung der Franzosen ausgeschlagen – er war lieber ins Kino gegangen.

In den Verhören fragten die Franzosen immer wieder nach den «Geschäftsverbindungen», die Porsche während des Kriegs zur französischen Autoindustrie unterhalten habe. Schnell wurde klar, dass der französische Justizminister Pierre Henri Teitgen die Verhaftung Porsches veranlasst hatte, um die Pläne Marcel Pauls zu hintertreiben. Eine Gruppe französischer Autoindustrieller wehrte sich vehement gegen die Gefahr, dass ein deutscher Volkswagen samt Konstrukteur ins Land geholt würde. Die Lage war ohnehin angespannt genug, nachdem Louis Renault der Kollaboration mit den Deutschen bezichtigt und sein Konzern verstaatlicht worden war. Porsches Verhaftung war also eigentlich ein Angriff auf Marcel Paul. Jean-Pierre Peugeot wurde der Wortführer jener Gruppe. Er erhob schwere Vorwürfe gegen Porsche: Dieser habe französische Arbeiter ins Volkswagenwerk deportieren lassen und sei für Einweisungen in Konzentrationslager verantwortlich. Peugeot verfolgte mit solchen Beschuldigungen vermutlich eine präventive Strategie. Gerade weil er selbst mit Porsche zusammengearbeitet und auch eine geraume Zeit im Wolfsburger Werk zugebracht hatte, fürchtete er, es könne ihm ergehen wie Louis Renault. Porsche saß in der Falle. Von seinem Lebenstraum, dass unter seiner Regie ein Volkswagen gebaut würde, war er weiter entfernt denn je. Der letzte Versuch, es mit 70 Jahren noch einmal zu wagen, endete in einer Zelle.

Am 30. Januar 1946 sieht der getreue Ghislaine Kaes seinen Onkel zum ersten Mal seit zwei Jahren wieder, allerdings nur von Ferne: «Von der Vincentistraße aus, die dort ansteigt, blicke ich fast waagerecht zum Fenster, aus dem mir hinter Gittern mein Onkel zuwinkt.» Das Kriegsende hatte Kaes in einem Krankenhaus in Dänemark erlebt. Als er Kontakt zu britischen Stellen in Kopenhagen aufnahm, klagte man ihn als britischen Staatsbürger wegen Landesverrats an. Nachdem er freigesprochen worden war, reiste er schnellstmöglich nach Gmünd, wo er erfuhr, dass man Porsche in Baden-Baden inhaftiert hatte. Also begab sich Kaes dorthin: «Ich übernahm sofort ihre weitere Betreuung, stieß aber zunächst auf den Widerstand meiner Umgebung. Die Porsche-Mitarbeiter sahen die Welt so verändert, dass ich für sie nicht mehr der bin, der ich einmal war. Aber vom Professor erhielt ich aus dem Gefängnis sofort ein Schreiben, das mich in meine alten Pflichten und Rechte und einige neue Pflichten dazu einsetzte.» Der Sekretär wird in den nächsten Wochen und Monaten zu einer wichtigen Figur im «Käferspiel» zwischen Briten und Franzosen.

Täglich pilgert Kaes mit einem Korb zum Gefängnis, der – nach Entrichtung eines Handgelds für die Wachen – Porsche in die Zelle gebracht wird. Darin ein «Lagebericht» des Neffen und natürlich Mahlzeiten, «wie vom Professor bestellt», mal eine Suppe, mal ein Schnitzel, alles zubereitet von Frau Heinke, der «Schwester meiner Tante Else». Noch immer ungezügelt war jedenfalls Porsches Appetit.

Da Ferry nicht zur Geschäftsführung des Werkes gehört hatte, wurde er im März 1946 aus der Haft entlassen, er blieb jedoch weiter unter Aufsicht und wurde zusammen mit Herbert Kaes im Hotel «Sommerberg» in Bad Rippoldsau im Schwarzwald einquartiert. Ferdinand Porsche aber musste kurz danach ins Städtische Krankenhaus eingeliefert werden. Frau Heinke hatte es zu gut gemeint: Porsche litt unter heftigen Gallenkoliken.

Unterdessen verfolgte der Leutnant LeComte weiterhin die Idee, das Projekt Volkswagen nach Frankreich zu transferieren. Er bedrängte Kaes, ihm die Konstruktionszeichnungen und Stücklisten zu beschaffen. Die befanden sich bei Karl Rabe in Gmünd, in der britischen Zone. Kaes trug dem Onkel am Krankenbett die Sache vor: «Porsche bespricht sich mit mir und beauftragt mich dann, zum britischen Verbindungsoffizier zu gehen und zu versuchen, ihn einzuschalten.» Das war nun freilich eine Aufgabe, die man besser «bei Nacht und Nebel» erledigte. Heimlich schlich Kaes sich zu den Briten und erhielt die «Erlaubnis, den Wünschen der Franzosen zu entsprechen». Nach einer kurzen Unterredung mit Ferry Porsche in Bad Rippoldsau fuhr Kaes dann am 17. März mit LeComte nach Kärnten.

In Gmünd aber lassen Karl Rabe und Porsches Tochter Louise Piëch den französischen Leutnant auflaufen. Sie verweigern die Herausgabe der Unterlagen. Nachdem LeComte sich müde zurückgezogen hat, sitzen beide mit Kaes zusammen und beraten sich. Am nächsten Tag begibt Kaes sich nach Klagenfurt ins britische Hauptquartier und unterrichtet dort einen Offizier. Natürlich verbietet der die Übergabe irgendwelchen Materials. Kaes kehrt zurück, nicht ohne Sorge, wie LeComte reagieren werde. Als der mit Konsequenzen droht, fährt Kaes schnell wieder nach Klagenfurt und bittet um Hilfe. Noch in der Nacht senden die Briten einen Motorradboten, der den französischen Leutnant ins Hauptquartier zitiert. LeComte muss die britische Zone umgehend verlassen, und Ghislaine Kaes wird in Schutzhaft genommen – erst nach mehr als vier Monaten ist er wieder auf freiem Fuß.

Für Ferdinand Porsche aber wendet sich die Sache jetzt zum Schlimmeren. Am 3. Mai wird er zusammen mit Anton Piëch in ein Auto gesetzt und nach Paris gefahren. Man bringt die Gefangenen auf ein beschlagnahmtes Anwesen Louis Renaults. Es ist ein letzter Versuch der Gruppe um den französischen Industrieminister, die eigenen Volkswagenpläne doch noch irgendwie zu realisieren: Wenn man schon nicht das moderne Werk nach Frankreich holen konnte, dann vielleicht wenigstens den dazugehörigen Chefdenker und seinen Schwiegersohn. LeComte erscheint hin und wieder bei Porsche, häufiger aber Ingenieure des Renault-Werkes, die Porsche Zeichnungen vorlegen. Die Franzosen haben mittlerweile mit dem Renault 4 CV einen eigenen «Volkswagen» entworfen. Sie konsultieren Porsche, um letzte Verbesserungen daran vorzunehmen. Welchen Anteil Porsche am endgültigen Aussehen des Wagens hatte, darüber gehen die Meinungen auseinander. Schwer vorstellbar, dass er unter diesen Umständen mehr tat, als ein gewisses Maß an Kooperationsbereitschaft zu zeigen. Auch das aber half ihm nicht. Ein Ende der französischen Affäre war überhaupt nicht mehr abzusehen.

Am 17. Februar 1947 wurden Porsche und Piëch in ein Gefängnis nach Dijon gebracht. Porsche saß nun in einer kalten Einzelzelle. Seine Situation war völlig ungewiss. Der 71-jährige Mann erlitt erneut einen gesundheitlichen Zusammenbruch. Eine Woche nach seiner Ankunft wurde er vom Gefängnisarzt in die Krankenstation eingewiesen. Erst nach einer Umbildung des französischen Kabinetts von Paul Ramadier wurde die Angelegenheit Porsche wieder aufgenommen. Die Kommunisten und damit auch der Industrieminister Marcel Paul schieden aus der Regierung aus. Peugeot musste keine Verstaatlichung mehr fürchten, und so erlosch auch das Interesse an einem Verfahren gegen Porsche. Bei einem Termin vor dem Untersuchungsrichter sagten zwei Mitarbeiter von Peugeot zu dessen Gunsten aus. Sie entkräfteten den Vorwurf, Porsche habe Beschäftigte von Peugeot zur Zwangsarbeit nach Deutschland bringen lassen. Bestätigt wurden diese Angaben dann noch von ehemaligen Gestapo-Mitgliedern. Im Anschluss daran zeichnete sich langsam die Haftentlassung der beiden Deutschen ab. Aber sie erfolgte erst im August 1947, und die Franzosen verlangten eine hohe Kaution, eine Million Franc.

Eine derart hohe Summe war nur aufzubringen, weil Ferry Porsche zusammen mit Karl Rabe im Werk Gmünd schon wieder die Arbeit aufgenommen hatte. Rund 200 Beschäftigte waren hier für die Porsche Konstruktionen GesmbH tätig, die Ferry Porsche und Louise Piëch noch 1946 in Salzburg gegründet hatten. Sogar einen lukrativen Auftrag hatte man bereits bekommen. Der Turiner Geschäftsmann Piero Dusio wollte einen neuen Grand-Prix-Wagen bauen lassen. Zum Vertragspaket gehörten noch einige andere Konstruktionen, darunter ein kleiner Traktor und eine Wasserturbine, aber es war jener unter dem Namen «Cisitalia» laufende Rennwagen, der genügend Geld einbrachte, um den Konstrukteur Ferdinand Porsche endlich aus der Gefangenschaft zu holen.

Und wie stand es zu dieser Zeit im Norden Deutschlands, im Werk «da oben», wie Porsches Tochter mit dem Unterton der Ablehnung zu sagen pflegte? «1947 lief im VW-Werk alles schon sehr gut», so lautete ja rückblickend das Fazit Ivan Hirsts. Den Umständen entsprechend, möchte man hinzufügen, denn an Hürden und Schwierigkeiten fehlte es nicht. Wegen ausbleibender Kohlelieferungen und Stahlmangels musste der Betrieb Anfang des Jahres für über zwei Monate ganz eingestellt werden. In der halbfertigen KdF-Retortenstadt, die inzwischen wenigstens einen richtigen Namen – Wolfsburg – bekommen hatte, gab es bei weitem nicht genügend Wohnungen, selbst die Barackenlager waren überfüllt. Die VW-Arbeiter hausten in provisorischen Unterkünften. Fachkräfte waren kaum zu finden. Und unter der Belegschaft, knapp 10000 Menschen, herrschte eine außerordentlich hohe Fluktuation. Hirst suchte in dieser angespannten Situation die Entnazifizierung auf die Ebene der Werksleitung zu beschränken und erklärte die Kampagne schon im April 1946 für beendet. Das rief heftige Proteste der Gewerkschaft hervor, und zur Überprüfung der Belegschaft nahmen in der Folge zwei deutsche Ausschüsse ihre Arbeit auf, die schließlich empfahlen, 208 Werksangehörige wegen ihrer besonders aktiven NS-Vergangenheit zu entlassen.

Der erste Versuch der Briten, die unternehmerische Führung des Werks dem deutschen Management zu übertragen, war Anfang 1947 wegen der Rohstoffkrise im Desaster geendet. Zudem waren die Briten mit der von der deutschen Geschäftsführung verfolgten Tausch- und Schwarzmarktstrategie nicht einverstanden. Hirst nahm schnell wieder die Fäden in die Hand. Aber man suchte nach einem geeigneten Kandidaten und fand schließlich den ehemaligen Manager des Opel-Werks in Brandenburg, Heinrich Nordhoff. Im November 1947 berief ihn die britische Kontrollkommission zum neuen Generaldirektor des Werks. Nordhoff wurde «Mister Volkswagen» und «König von Wolfsburg». Aus seiner Amtszeit wurde eine Ära. Als strenger Patriarch führte der Mann, der nachts im Werk schlief, den Betrieb nach der Währungsreform mitten ins Wirtschaftswunder. Heinrich Nordhoff hielt dem Auto Porsches so lange die Treue, wie der es selbst wohl niemals getan hätte. Die Briten hatten definitiv einen Nachfolger für Ferdinand Porsche gefunden. Die Wege des Konstrukteurs und seines Autos hatten sich endgültig getrennt.

Porsche, aus der Haft entlassen, war immer noch nicht frei. Vorerst musste er in Kitzbühel in der französischen Zone bleiben. Dort gesellte sich sein Neffe Ghislaine wieder zu ihm. Zum ersten Mal war Zeit zum Reden: «Bald muß ich mich mit ihm in eine Ecke setzen und ihm kleinhaar genau erzählen, wie es mir seit unserer Trennung am 12. Februar 1944 ergangen ist.» Mehr denn je wurde Kaes in den kommenden Jahren zum Begleiter Porsches: «Ich durfte nur noch für ihn da sein und ich mußte von Stund an immer bei ihm sein.» Tochter Louise und Sohn Ferry hatten die Geschicke der Firma in die Hand genommen, die sie nun, unter den Augen des Vaters, weiterführten.

Ferdinand Porsche hatte sich verändert. Seine Kraft war geschwunden, er war gesundheitlich angeschlagen. Sosehr er Anteil nahm an dem, was mit und in der Firma geschehen sollte, sein Sohn spürte die Veränderung: «Er war in psychischer Hinsicht nicht mehr der Alte. Da wurde mir klar, daß ich kaum noch mit seiner aktiven Mitarbeit rechnen konnte. Ich war auf mich allein gestellt.» Es ist eine aufschlussreiche Szene, als Ferdinand Porsche 1947 wieder nach Gmünd kommt und sich vom Sohn zeigen lässt, was er und Karl Rabe dort inzwischen aufgebaut haben. Lange schaut Porsche sich die Zeichnungen des «Cisitalia» an, wortlos. Dann endlich äußert er sich: «Keine Schraube hätte ich anders gemacht.»

Ein nachdenklicher Ferdinand Porsche? Einer, der resigniert hat, der sich die Frage stellt, ob er am Ende nicht gescheitert ist? Geradezu unerreichbar stand in Norddeutschland das Volkswagenwerk, das er erst Ende 1950 besuchen würde. Es deutet jedoch kaum etwas auf ein solch grundsätzliches Nachdenken hin. Weder Ferry Porsche noch Ghislaine Kaes kolportieren eine ernsthafte Bemühung um Aussprache über das, was nach 1933 geschehen ist. Sie schildern die Ereignisse im Jargon des technischen Dienstleisters, überziehen ihre Berichte mit einem Firnis vermeintlicher Neutralität und schreiben so Porsches Bekenntnis zum «Unpolitischen» fort. Die eifrige Beschränkung auf die Forderung des Nachkriegstages füllt den Vordergrund, der Hintergrund bleibt leer: «1947 fertigten wir neben dem wichtigen Dusio-Auftrag und der Reparatur von VW-Kübeln weiterhin Maschinenteile für die Landwirtschaft. Die Produktion fand in der großen Hütte des Sägewerks von Gmünd statt, die im Winter durch Kanonenöfen auf eine annehmbare Temperatur geheizt wurde.»

In der «Stunde null» will Porsche Österreicher werden. Aber vom Innenministerium erhält er nur einen Reisepass, der ihn als deutschen Staatsangehörigen ausweist. Der Neffe soll die Sache wieder richten und begibt sich zum «Herrn Bischof von Gurk». Hochwürden empfängt den Bittsteller gar nicht erst, und sein Kanzleisekretär verabschiedet Kaes mit den Worten: «Nun, Porsche war dabei gewesen, und jetzt muß er eben sehen.» Solche Ablehnung kann der alte Mann nicht einmal ansatzweise nachvollziehen. An einen Freund schreibt er: «Weil meine Einbürgerung nicht erfolgt und weil wir auch sonst in Oesterreich, in unserer Heimat noch nicht recht durchkommen, müssen wir uns, wie schon andere Propheten vor uns, in anderen Ländern umsehen.» Immer noch Prophet also, und selbstverständlich verkannt.

Holzschnittartig berichtet er dem Freund von den vergangenen zwei Jahren: «Ich sollte für die Franzosen eine Fabrik ähnlich der Volkswagenwerk-GmbH errichten und dazu einen Kfz-Typ ähnlich dem Volkswagen entwickeln. Das wollte die eine Partei. Die anderen waren dagegen. Und daher kam ich auf 22 Monate ins Gefängnis. Jetzt bin ich gottlob wieder in Oesterreich.» Er residierte auf dem Familiensitz in Zell am See. Von hier aus reist er nach Gmünd, nach Salzburg, später nach Stuttgart. Die Chauffeure Goldinger und Kaes saßen nun oft am Steuer, denn Porsche fuhr kaum noch selbst.

In dieser Zeit entstand das erste Fahrzeug, das unter dem Namen Porsche verkauft werden sollte, der Sportwagen mit der Typenbezeichnung 356, das Auto, das die Tradition des heutigen Sportwagenherstellers begründete. Ferry Porsche und Karl Rabe hatten mit der Konzeption bereits begonnen, als sie noch in den Anfängen des «Cisitalia»-Projektes steckten. Das Vorbild für den 356 war der «Berlin-Rom-Wagen», den Erwin Komenda 1939 gezeichnet hatte. Das erste Exemplar entstand unter Verwendung von VW-Komponenten in Handarbeit. In zwei Monaten dengelte der Karosseriemeister Friedrich Weber die formschöne, überall gerundete Leitmetallhülle für den Roadster über einen Gitterrohrrahmen. Knapp 600 kg wog das 130 km/h schnelle Auto und erwies sich als flotter Sprinter mit einer ausgezeichneten Straßenlage. Anfang Juni 1948 war es fertig, schon im Monat darauf steuerte Herbert Kaes es bei einem Straßenrennen in Innsbruck zum ersten Sieg.

Ferdinand Porsche hat also die Entstehung und den Bau des ersten Porsche miterlebt, begleitet und beeinflusst. Seltsame Mutationen des «KdF-Wagens», erst wurde er zum Kübel, und nun verwandelt er sich in einen alltagstauglichen Sportwagen. Professor Eberan von Eberhorst, der ehemalige Manager der Auto Union, vermittelt den Kontakt zum Schweizer Geschäftsmann Senger, der bereit ist, in das Auto zu investieren. Über die Volkswagenvertretung in der Schweiz bezieht man die benötigten VW-Bauteile. Das sind die Anfänge der Porsche-Produktion. Trotz aller Probleme bei der Beschaffung von Material und neuen Werkzeugmaschinen entstehen im Werk Gmünd knapp 50 «handgeschnitzte» 356er. Und in Ferdinand Porsche flammt, zumindest gelegentlich, die alte Begeisterung auf. Ferdinand Piëch erinnerte sich an eine solche Szene, einen improvisierten

Ferdinand Porsche mit seinem Sohn Ferry neben dem ersten Porsche 356, der in Gmünd entstand. Hier wurden die ersten Exemplare des später so erfolgreichen Sportwagens unter einfachsten Bedingungen hergestellt.

Aerodynamiktest: «Ein mit Fäden beklebter Prototyp fuhr möglichst rasch unter einer Brücke durch. Oben standen der Großvater und Josef Mickl mit einem Fotoapparat. Aus – je nachdem – anschmiegsamem oder störrischem Verhalten der Fäden hoffte man Rückschlüsse auf die Strömungstalente des Sportwagens ziehen zu können.»

Das Jahr 1948 wird zu dem Jahr, in dem die Porsches die Firma neu strukturieren. Kurz nach der Währungsreform im Juni setzt man sich mit der Volkswagen GmbH in Verbindung. In Bad Reichenhall trifft sich Ferry Porsche mit Heinrich Nordhoff, der ja seit Jahresbeginn in Wolfsburg das Sagen hat. Am 17. September schließen Volkswagen und die Gmünder Porsche Konstruktionen GmbH einen Vertrag ab. Darin wird ein Konkurrenzverbot bei Fahrzeugen zwischen 1 bis 1,3 Liter Hubraum festgelegt.

Die technische Entwicklungsarbeit von Porsche für Volkswagen soll künftig fallweise frei ausgehandelt werden. Damit ist die enge Verbindung von Porsche und Volkswagen gelöst. Volkswagen entwickelt sein Produkt nun selbst. Beide Seiten einigen sich im Gegenzug auf eine Erhöhung der Lizenzgebühr, die Volkswagen pro Auto an Porsche zu zahlen hat. Ehedem betrug sie 1 RM, nun steigt sie auf ein Promille des Bruttolistenpreises, auf etwa 5 DM also. Ferry Porsche vereinbart mit Nordhoff zudem einen Alleinvertretungsanspruch für die Volkswagenmodelle in Österreich. Und Volkswagen wird künftig die für den Sportwagenbau benötigten VW-Teile an Porsche liefern. Mit dem Vertrag befreit sich das Wolfsburger Werk, wie es ein eingesetzter Treuhänder formulierte, «von der bisher sehr weitgehenden unkontrollierbaren Zahlungsverpflichtung gegenüber Porsche». Auf der anderen Seite hat Ferry Porsche den steten Zufluss von Kapital und die Zulieferung von Teilen für die eigene Produktion sichergestellt.

Zu dieser Zeit wird die Firma Porsche auch in Stuttgart wieder aktiv. Das Werk in Zuffenhausen in der Spitalwaldstraße untersteht zwar noch immer amerikanischer Kontrolle, in der Villa am Feuerbacher Weg jedoch wird ein Büro eingerichtet. Repräsentant vor Ort ist Albert Prinzing, ein ehemaliger Schulfreund Ferry Porsches. Im Garagenbau arbeiten nun einige Techniker an der Weiterentwicklung des 356. Unweit des besetzten Werks mietet man bald eine alte Halle an, eine weitere auf dem Gelände der Firma Reutter, die die Karosserien liefert, kommt hinzu. Hier sollen die Sportwagen in Serie gehen. Im September 1949 beginnt die Produktion.

Anfang 1950 fahren Ferry Porsche, Erwin Komenda und Ferdinand Porsche zur Abnahme der ersten Reutter-Karosserie. Es wird wieder eine Ferdinand-Porsche-Szene. Stumm schaut sich der alte Mann das Gebilde von allen Seiten an, setzt sich schließlich auf einen Hocker mitten davor, nimmt Augenmaß – und sagt: «Die Karosserie muß zurück in die Werkstatt. Sie stimmt nicht, sie ist nicht symmetrisch!» Die Techniker messen nach und stellen fest, dass Porsche Recht hat. Die Karosserie ist nach rechts «gedriftet», um zwei Zentimeter.

Bald entsteht die erste Stuttgarter Serie des 356er, 500 Stück. Der Preis beträgt 9950 DM. Zweifach ist die Firma Porsche nun eine Zeit lang in Stuttgart vertreten. Die Dr. Ing. h. c. F. Porsche KG steht unter amerikanischer Kontrolle, und als Neugründung gibt es die «Dr. Ing. h. c. F. Porsche GmbH». Der Grund dafür, dass die Alliierten die Kontrolle über die KG aufrechterhielten, war die von Adolf Rosenberger gegen diese Firma angestrengte Klage auf Entschädigung.

Nicht immer ist Ghislaine Kaes in seinen Angaben präzise, manchmal dagegen sehr: «Am Samstag, dem 26. Juni 1948, um 18.00 Uhr, traf Porsche in Unterdellach 12, Post Maria Wörth am Wörthersee, seinem Sommersitz, ein, wo ich ihn erwartete.» Porsche sei gleich auf ihn zugegangen, habe ihm von Angstgefühlen, Gleichgewichtsstörungen und schwerem Atem berichtet. Kaes habe darauf bestanden, einen Arzt zu rufen. Eindeutiger Befund des Dr. Zollner vom Landeskrankenhaus Klagenfurt: «ein Schlagerl» – der Herr Professor möge seinen Lebenswandel ändern. «Das tat er keineswegs», wie Kaes beklagte. Doch nun verfolgen Porsche erste Todesahnungen. Einmal unternimmt er mit Kaes eine Segeltour über den Wörthersee. Da lässt er den Neffen in Maria Wörth anlegen, gibt ihm Anweisungen, wie und wo er begraben werden will, und bittet sich technische Präzision aus, gewissenhafte Einschließung der sterblichen Hülle: «Du sorgst mir dafür, dass alles luftdicht gemacht wird.»

Im Mai 1950 macht Porsche – zum ersten Mal in seinem Leben – eine Kur, im oberösterreichischen Bad Hall. Kurz danach fährt er mit seinem Neffen durch die Berge. Eine imposante Kulisse, die Gipfel mit Schnee bedeckt, es ist ein klarer, sonniger Tag. Da habe Porsche leise zu ihm gesagt: «Wenn man bedenkt, eines Tages muss man all dies Schöne verlassen.» Und gleich darauf habe er solche Nachdenklichkeit, geradezu im «Befehlston», konterkariert: «Dass Du es weißt, ich will hundert Jahre alt werden, denn ich habe noch soviel zu erledigen.» Doch wirkt ein solcher Ausspruch wie ein bloßer Reflex der alten Rastlosigkeit. Vielleicht hat er sich eine Erlösung von innerer Unruhe erhofft, als er dem Neffen einen wichtigen Auftrag erteilte: «Ich muß für ihn, für seine Frau und für mich und meine Frau um eine Privataudienz beim Papst nachsuchen. Mit dem Sekretär von Pius XII. Laiber habe ich mich gleich gut und schnell verständigen können. Wir sind für Ende November 1950 eingeteilt.»

Am 3. September 1950 wird Ferdinand Porsche 75 Jahre alt. Auf Schloss Solitude wird ein festlicher Empfang gegeben, mit einem Spalier aus Porsche-Fahrern. Ein Gratulant kommt im alten Mercedes, eine Erinnerung an die großen Erfolge mit dem Kompressorwagen – Rudolf Caracciola. Zu den Geschenken gehört ein schwarz-glänzendes 356er Coupé. Mit diesem Wagen geht Ferdinand Porsche auf seine letzten Fahrten. Anfang Oktober besucht er die Automobilausstellung in Paris. Über dem Stand der Firma Porsche hängt ein Schild mit der Aufschrift «1900–1950», das schlägt den Bogen vom Erfolg des Lohner-Porsche auf der Weltausstellung bis zum neuen Sportwagen. Ferdinand Porsche geht mit seinem Neffen in die Oper und in die «Folies-Bergères». Er steht am Triumphbogen und blickt verwundert auf den rundum rauschenden städtischen Verkehr: «Sind die Menschen nicht verrückt?»

Zu Porsches letzten Fahrten gehört der Besuch im Volkswagenwerk, das er seit dem Januar 1945 nicht mehr gesehen hatte. Es war die symbolträchtigste seiner Reisen nach dem Krieg. Im

Porsches 75. Geburtstag am 3. September 1950 wurde mit einem Empfang im Schloss Solitude gefeiert. Zu den Gratulanten gehörte Rudolf Caracciola, der hier mit Ferry und Ferdinand Porsche anstößt.

Oktober 1950 fuhr Ghislaine Kaes ihn mit dem schwarzen 356er nach Wolfsburg. Heinrich Nordhoff empfing ihn und führte ihn durch die Hallen.

Was Porsche dort zu sehen bekam, hat Wilhelm Bittorf festgehalten, der einige Monate zuvor das Werk und das darum gruppierte «Gomorra der II. Republik» besichtigt hatte: «Nach vierjährigen Anstrengungen ist diese verwirrende Produktionslandschaft unter einem einzigen Dach wirklich das geworden, was Porsche und seine Deutsch-Amerikaner sich ausgedacht hatten, als sie sich mit ihren Augen an den Fließbändern von Detroit entlangfraßen: die modernste Automobil-Produktionsstätte Europas.» Alle 2 Minuten verlässt ein Auto die Hallen, jedes aus 2800 Einzelteilen zusammengesetzt: «Die Maschinen, die diese

Teile fertigen, gibt es in solcher Perfektion in ganz Europa nicht wieder. Es sind die Werkzeugautomaten Amerikas, teils zu Porsches Zeiten nachgebaut, teils zu Nordhoffs Zeiten aus Amerika gekauft.» Und dazu die Stadt: 27 000 Einwohner hat Wolfsburg im Jahre 1950, knapp 12 000 arbeiten im Werk. Notorisch ist noch immer der Wohnungsmangel, Wolfsburg ist eine Stadt der Baracken, für die Privatsphäre vieler VW-Arbeiter bleibt der Spind neben dem Feldbett. Nur die Fluktuation ist geringer geworden. Ehemalige Lagerinsassen und die Zwangsarbeiter sind in ihre Heimat zurückgekehrt, von den Deutschen aus den ehemaligen Ostgebieten werden viele hier ansässig.

In Werk und Stadt hält sich hartnäckig die jüngste Vergangenheit. Bei den Kommunalwahlen feiern extreme Gruppierungen Erfolge. 1948 erringt die Deutsche Rechtspartei (DReP) die absolute Mehrheit. Von 1949 bis 1951 ist ein Mitglied der Sozialistischen Reichspartei (SRP) zweiter Vorsitzender des VW-Betriebsrates. Beschaulichkeit im NS-Stil findet sich in Peter Kollers Mustersiedlung am Steimkerberg – das einzige während des Krieges fertig gestellte Wohnungsbauprojekt. Zwischen den Eichen stehen hier die Reihenhäuser und Villen. Eine davon hat Familie Nordhoff bezogen. Und ruhig ist es auch im Schloss Wolfsburg. Die von der Schulenburgs bewirtschaften jetzt das Gut Nordsteimke unweit der Stadt. Das Schloss, ohne den alten Grund und Boden, wollen sie nicht zurückkaufen, als die Stadt ihnen das Angebot macht.

Welche Dynamik jetzt schon im Volkswagenwerk steckte, zeigte der 4. März 1950. An diesem Tag ging der 100 000. Volkswagen vom Band. Porsche sah also ein Werk im Hochbetrieb. Da habe er seinem Nachfolger die Hand auf die Schulter gelegt und gesagt: «Erst seit Sie es bewiesen haben, weiß ich, dass ich recht g'habt hab.» Das klingt nach einer gewissen Zufriedenheit, nach einem versöhnlichen Resümee, das Porsche da für sich zieht.

Doch der Satz ist, bei näherer Betrachtung, kaum mehr als eine Floskel, vielleicht gar ein Rückfall in die Pose des verkannten Propheten.

Kurze Zeit später, am 19. November, bestätigten sich Porsches Todesahnungen. Tags zuvor hatte man im Stuttgarter Nachtlokal «Mausefalle» noch lange die Hochzeit von Herbert Kaes gefeiert. Ghislaine Kaes fährt seinen Onkel anschließend nach Hause, und der bestellt ihn für 7 Uhr früh. Doch als Kaes am folgenden Morgen erscheint, findet er Porsche noch im Bett. Porsche kann sich nicht mehr bewegen, Arme und Beine sind gelähmt. Bald darauf sitzt er an medizinischen Geräten, der elektrische Strom soll ihn beleben. Ein merkwürdiges Bild, das verquer an die forschende Leidenschaft des Mafferdorfer Knaben erinnert. Seine Frau Louise bittet Ghislaine Kaes, den Pater Johannes vom Kloster Neresheim zu holen, den Gefängnisgeistlichen in Dijon, mit dem Porsche in jener Zeit oft gesprochen hat. Jetzt gibt der Pater ihm die letzte Ölung und übermittelt den Ablass mit päpstlichem Segen. Porsches gesundheitlicher Zusammenbruch ereignet sich etwa eine Woche vor der in Rom angemeldeten Audienz beim Papst. Sein Zustand wechselt, doch am 1. Januar 1951 holt Kaes den Oberarzt Dr. Zollner aus Klagenfurt, der den Patienten umgehend ins Marienhospital einweist. In einem Krankenwagen wird er überführt. Kaes fährt im schwarzen «Coupé Ferdinand» hinterher und überholt auf der Strecke den Krankenwagen. «Du hast uns vorhin überholt», sagt Porsche nach der Ankunft im Krankenhaus gleich zu ihm. Woher er das wisse? «Ich werde doch noch den Ton meines Motors kennen!»

Kaes' Bericht wird auf den letzten Seiten zum intimen Zeugnis: «Ich habe damals alles genau in mein Tagebuch aufgeschrieben, wie ich es von ihm gelernt hatte.» Porsche ist nur noch in kurzen Phasen bei Bewusstsein, phantasiert oft: «Goldinger! Vier Uhr fertig!» Dann nur noch einzelne Worte und Namen. Fast den ganzen Monat befindet sich Ferdinand Porsche in diesem Zustand. Am Vormittag des 30. Januar signalisiert der leitende Arzt, dass das Ende naht. Kurz nach 12.00 Uhr stirbt Ferdinand Porsche im Beisein seiner Frau Louise, seines Sohnes Ferry, dessen Frau Dorothea und des Neffen Ghislaine.

Der Leichnam wird in St. Peter aufgebahrt, die ehemaligen Mitarbeiter halten die Totenwache. Am 4. Februar findet die Trauerfeier statt. Die Predigt hält Pater Johannes. Nach der Zeremonie setzt sich ein Autokonvoi in Bewegung, angeführt vom «Coupé Ferdinand» mit Ghislaine Kaes und dem Pater. Dann folgt der Bestattungswagen, hinterdrein ein Begleitfahrzeug. Der Trauerzug passiert langsam die Villa am Feuerbacher Weg, wo die engsten Angehörigen grüßen. Ferdinand Porsche, noch einmal der Patriarch, hat all das choreographiert und sich seine letzte automobile Inszenierung erdacht: «Über die Autobahn geht es dann, wie er es verlangte, mit ‹gehmma› und über den Steinpass bei Lofer nach Zell am See, das bei hohem Schnee und bei tiefer Dunkelheit erreicht wird.» Am folgenden Tage wird Ferdinand Porsche in der kleinen Kapelle des Schüttgutes beigesetzt. Karl Rabe, sein langjähriger Begleiter, spricht am Grabe: «Der Allmächtige lasse Dich ausruhen inmitten dieser herrlichen Bergwelt und in der Erde unseres geliebten Vaterlandes Österreich.»

Epilog

«Du sorgst mir dafür, dass alles luftdicht gemacht wird.» Porsches merkwürdige Bestattungsanweisung an den Neffen, in der sich das mechanische Denken noch auf den eigenen Tod erstreckt, bekommt einen symptomatischen Nachklang. Der Mangel an persönlichen Zeugnissen, an Briefen – aus der Haft in Dijon etwa –, die den Horizont der technischen Tätigkeit überschreiten, bestätigt nur das Bild einer Persönlichkeit, die unter dem Wappen des «Unpolitischen» «luftdicht» agierte.

Porsches früher Weg vom Elektro- zum Verbrennungsmotor war charakterisiert von dem Spagat zwischen betriebswirtschaftlicher Kostenrechnung und dem teuren Perfektionsdrang des Entwicklers. Der Techniker erschien immer auch im Lichte einer Künstlerfigur, seine Werke folgten einer Logik, waren aber im besten Fall zugleich elegant oder schön – und brachten ihrem Erfinder den Ruf des Genies ein.

Trotz der Vielfalt seiner Arbeiten, vom Erfolg auf der Pariser Weltausstellung an zieht sich durch das Leben des Ingenieurs wie eine Kardinalfrage die Suche nach der Konstruktion des soliden Kleinwagens. Erst im Rückblick wird so recht deutlich, dass diese Suche von einer untergründigen Dramatik begleitet war. In Porsches kurzen zwanziger Jahren stehen der Eklat in Wiener Neustadt, das konfliktreiche Ende in Untertürkheim und – mitten in der Arbeit – das Aus in Steyr. So fasst er seinen Entschluss zum Sonderweg. Mit der Gründung des Büros in der Kronenstraße will Porsche dem Ungenügen, den Beschränkungen des technischen Direktors entfliehen – und sieht sich zunächst mit den Grenzen konfrontiert, die die Konjunktur nach 1929 setzte. Dann aber, ab 1934, erschließt sich ihm sein Betätigungsfeld so, wie er es nur wünschen konnte. Im Alter von sechzig Jahren beginnt, in Tuchfühlung zum Diktator, Porsches zweiter Aufstieg.

Man muss heute nicht mehr betonen, wie wenig Ferdinand Porsche in dieser Hinsicht ein Einzelfall war. Und sein Beispiel steht auch für den Prozess der Gewöhnung, der nach 1933 einsetzte. Bei Porsche wirkte wohl weniger das Hitler zugeschriebene Charisma als die Verlockung des Aufstiegs, die Hitler, der «Narr der Technik», mit seiner autofreundlichen Rhetorik, seiner schnellen Reform der Kfz-Steuer und der bald einsetzenden Aufrüstung anbot. Porsche befand sich mit der Bürogründung in einer unsicheren Situation. Mit dem Konstruktionsauftrag für den Volkswagen begann geradezu harmlos und wenig spektakulär die viel versprechende Geschichte seiner Zweckgemeinschaft mit dem neuen Reichskanzler. Kein Einschnitt für den Techniker Porsche, nur die Fortsetzung dessen, woran er seit seinem Sascha-Wagen, eigentlich schon seit der Voiturette bei Lohner, immer wieder gearbeitet hatte. Er positionierte sich geschickt zwischen der privaten Autoindustrie und dem Staat und behauptete sich mit großer Durchsetzungskraft, zwar auch in Diensten der Diktatur, mehr aber in Diensten seines eigenen, größer werdenden Projekts.

Der Einschnitt für Porsche, wenn es denn so etwas überhaupt gab, lag viel eher im strahlend-trügerischen Olympia-Jahr 1936, als er seine Reise in die USA antrat und mit den Planungen für das Großwerk begann. Mit dem Aufbau des Werkes und der Aufnahme der Produktion setzte jene Eigendynamik ein, von der auch Porsche beherrscht war, die Rationalität einer Produktion um jeden Preis. Ob in der Erwartung eines kurzen Krieges, ob in der Einsicht, es werde länger dauern, ob nach dem Beginn der Verlagerungsprogramme, diese Rationalität blieb bis zuletzt in Kraft. Mit Zwangsarbeitern und Häftlingen traten die deutschen Unternehmen die Flucht nach vorn an, in Richtung auf einen wie auch immer gearteten Friedenszustand. Porsche stand in dieser Bewegung weiterhin als Aufsteiger, sein Unternehmen musste nicht verteidigt oder über den Krieg gerettet werden, es war nach wie vor im Aufbau. Nicht zuletzt diese heikle Unfertigkeit war es, die den Anstrengungen der Werksleitung, sich rigoros zum Rüstungsunternehmen zu formieren, einen zusätzlichen Impuls gab.

Merkwürdig unfertig erscheint aber auch das Schaffen des Konstrukteurs in diesen Jahren. Nur der Rennwagen für die Auto Union markierte einen Höhepunkt und bewies eindrucksvoll das Kaliber Porsches und seiner Mitarbeiter. Die Prototypen für Zündapp und NSU, abgebrochene Projekte aus der Zeit der Krise. Der T-80, eine utopische Studie in reiner Geschwindigkeit. Der Panzer «Tiger», eine Niederlage gegen Henschel. Der Volkstraktor, ein Hirngespinst mit Robert Ley. Der Ostradschlepper, ein wenig überzeugender Entwurf für den Einsatz auf den schweren Böden eroberter Gebiete. Der Panzer «Maus», ein unsinniger Schlusspunkt, von denen sich zwei Stück auf der Stelle drehten. Und der Volkswagen, vertagt auf die Nachkriegsordnung. Lediglich in seinen Varianten als Kübel- und Schwimmwagen konnte er sich beweisen. Gebaut wurde der «KdF-Wagen» während des Kriegs in kleiner Auflage, etwa 600 Exemplare, zur Freude ausgewählter Reichs- und Parteiprominenz, für die Fahrt durch verdunkelte Städte bestens ausgestattet, mit Tarnbeleuchtung. Geschlitzte Kappen auf den Scheinwerfern verdeckten den freundlichen Blick des Autos.

Porsche blieb weniger Raum, seine technische Passion auszuleben, als die Vielzahl seiner Entwürfe auch in dieser Zeit vermuten lassen. Zu sehr war er als Planer, Organisator, Werksleiter und dann als Vorsitzender der Panzerkommission beansprucht. Und den ehrgeizigen Beweis, dass er wie aus dem Stand den Sprung auf das Niveau modernster Automobilproduktion vorführen konnte, auch den konnte er nicht mehr antreten. Mit einer in immensem Tempo vollzogenen Anstrengung aber setzte er mehr als bloß die Fundamente dafür ins sumpfige Land am Mittellandkanal. Aus seiner Hinterlassenschaft entstanden zwei erfolgreiche Autokonzerne denkbar entgegengesetzter Ausrichtung. Sein Sohn wurde zum Gründer des Sportwagenhauses, und Heinrich Nordhoff, der einstige Manager des Opel-Werks für Lkw-Produktion in Brandenburg, war es, der die von Porsche initiierte amerikanische Lektion im Wolfsburger Werk konsequent weiterführte. So wurde Porsche in doppelter Hinsicht zu einer Gestalt des Wirtschaftswunders, man stilisierte ihn zu einem Ludwig Erhard der Motorisierung der jungen Bundesrepublik. Sein Volkswagen startete nahezu unbelastet, weil nie produziert, in eine lange währende Zukunft. Nordhoff hielt dem Auto die Treue, während man allenthalben schon stöhnte und den Modellwechsel forderte. Am 1. Juli 1974 lief im Wolfsburger VW-Werk der letzte Käfer vom Band, Nr. 11 916 519, lindgrün. Insgesamt 18 Millionen Stück waren bis dahin gebaut worden, und es ging weiter, in Brüssel, Emden und Hannover, ging weiter bis zum endgültigen Produktionsschluss in Mexiko, im Sommer 2003, da verabschiedete sich auch die Moderatorin der «tagesthemen» vom «guten, alten, süßen VW-Käfer».

Der Charme dieses Autos hat seine Kritiker lange vergeblich reden lassen. Die monierten vor allem die Nachteile des Heckmotor-Prinzips, bescheinigten dem Käfer gar, er habe nachhaltig die Entwicklung fahrsicherer Massenautos gehemmt. Und vielleicht war es auch der Charme des Autos, der dabei half, den «Vater des Volkswagens» eifrig und mit Mut zur Lücke als technisches Genie zu feiern. Spätestens nach der bahnbrechenden Studie von Hans Mommsen und Manfred Grieger über das Volkswagenwerk ist eine Biographie Ferdinand Porsches ein heikles Unterfangen, eine erzählerische Gratwanderung zwischen ungebrochener Sympathie und dem ernüchternden Befund der historischen Forschung. Noch immer faszinieren die Konstruktionen dieses Mannes, noch immer staunt man über seinen autodidaktischen Werdegang seit 1900. Und im schroffen Kontrast zum Bild des ideenreichen Technikers, das so entsteht, sieht man ihn in seiner Hütte sitzen, sieht ihn stehen auf dem wüsten, von Lagern umgebenen Werksgelände, später in der Höhle von Eschershausen, geschäftig wie immer. Und nach dem Krieg, nach der Haftzeit in Frankreich, ein gesundheitlich angeschlagener Porsche, innerlich pendelnd zwischen Ruhelosigkeit und Einkehr. Abgeschnitten von seinem zentralen Projekt, dem Werk im Norden, sehen wir ihn in Momenten alter Freude an der Technik, mit dem Neffen auf Fahrten zu den geliebten Orten, mit dem Sohn neben dem 356er, mit den Enkelsöhnen auf dem Schüttgut. Aber sonst Verschwiegenheit, die Betriebsamkeiten zwischen Gmünd und Stuttgart überdecken – «luftdicht» – die jüngste Vergangenheit. Das Trugbild des neutralen Technikers sollte auch nach dem Zweiten Weltkrieg wie nach dem Ersten funktionieren.

Ob er denn nicht die defekten Organe seines Körpers einfach austauschen könne, fragte Porsche spontan seinen Arzt nach dem ersten Schlaganfall. Der Mediziner musste passen, so weit wie die Autobauer sei man in seinem Fache noch nicht. Seine technische Vitalität hat Ferdinand Porsche nie verloren, mehr als fünfzig Jahre lang war er ein Protagonist der Mechanik des Jahrhunderts.

Anmerkungen

I Kindheit und Jugend

15 *«In der Volksschule ...»* Ghislaine Kaes: Ferdinand Porsche – Einhundert Jahre nach seiner Geburt, Stuttgart 1975 (unveröffentlichtes Typoskript, Historisches Archiv der Porsche AG), S. 3f. / **17** *«Ein Meer von Licht ...»* Ebd., S. 5. / *«Das Edison-Licht»* Zitiert nach Hans Wilderotter (Hg.): Walther Rathenau, 1867–1922. Die Extreme berühren sich, Berlin 1993 (Ausstellungskatalog), S. 284. / **22** *«daß das elektrische Bahnwesen ...»* Zeitschrift für Elektrotechnik (1896), S. 683. / **24** *«Ach, lass doch, ...»* Kaes, S. 9. / **25** *Ludwig Lohner* Zur Geschichte des Unternehmens vgl. Erwin Steinböck: Lohner, zu Land, zu Wasser und in der Luft. Die Geschichte eines industriellen Familienunternehmens von 1823–1970, Graz 1982; sowie Wilhelm Lohner: Lohner-Automobile, Graz 1989. / **27** *«Wir alle wissen ...»* Zitiert nach Eugen Diesel: Rudolf Diesel. Der Mensch – Das Werk – Das Schicksal, Hamburg 1937, S. 280, 288f. / **28** *«Seit einem Jahr haben wir es nun ...»* Ludwig Lohner, Technisches Museum Wien, Archiv, Ludwig-Lohner-Mappe, Kopierbuch, Briefe Nr. 77 und 93. Vgl. die materialreiche Untersuchung von Thomas Köppen: Ferdinand Porsche, Ludwig Lohner und Emil Jellinek – frühe Innovatoren im Elektromobilbau (unveröffentlichtes Typoskript, Historisches Archiv der Porsche AG). / **29** *«daß die Elektromobile Lohner-Porsche ...»* Allgemeine Automobil-Zeitung (AAZ), 1901, Nr. 20, S. 12. / **29f.** *«In den vollkommen geräuschlosen ...»* Ebd. / **30** *«Motor und Fahrzeug sind miteinander solidarisch.»* Zitiert nach F. R. Billisich/E. Fiala/H. Kronberger: Abenteuer Elektroauto. Eine umstrittene Technologie im Vakuum der Verkehrspolitik, Freienbach 1994, S. 7. / **31** *«So klein und schiach er war, ...»* Zitiert nach Wilhelm Bittorf: Porsche von Fallersleben, in: Der Spiegel, 4. Mai 1950, S. 22. / **32f.** *«Der Benzinwagen verdankt seinen Erfolg ...»* Zitiert nach Billisich/Fiala/Kronberger, S. 8. / **33** *«Das Ziel ist ...»* Aus dem Laborbuch Edisons, zitiert nach Fritz Vögtle: Edison, Reinbek 1982, S. 105. / **34** *«Vehikel des Wissens»* Die mit dieser Formel bezeichnete Perspektive findet sich anhand zahlreicher literarischer Zeugnisse anschaulich dargestellt bei Attilio Brilli: Das rasende Leben. Die Anfänge des Reisens mit dem Automobil, Berlin 1999. / *«Vergönne man uns ...»* TMW, Lohner-Mappe, Brief Nr. 249; Vgl. Köppen, S. 34. / **35** *«Der Wagen des Markgrafen ...»* AAZ, 1904, Nr. 46, S. 17. /

«Elektro-Benzin-Wagen» Wilhelm Lohner, S. 156. Dort auch zahlreiche Abbildungen. / **36** *«Euer Wohlgeboren beiliegend eine Erinnerung ...»* Zitiert nach Peter Müller: Ferdinand Porsche. Der Vater des Volkswagens, Graz 1998 (Neuauflage), S. 21. / *«für seine nächtlichen Probefahrten ...»* Steinböck, S. 25. / **37** *«den schärfsten Bedingungen»* Zitiert nach Wilhelm Lohner, S. 92. / **39** *Jellinek ... Lohner-Porsche-Patente* Vgl. ebd., S. 117; sowie Köppen, S. 69–72. / *«Ja, der Herr Porsche ...»* Richard Lohner, zitiert nach Müller, S. 21. / *«Durch diese Anordnung...»* AAZ, 1906, Nr. 46, S. 34. / **41 f.** *«Alle Lebenskräfte sind aufgewacht ...»* Otto Julius Bierbaum: Automobilia, hg. von Markus Krause, Bonn 1988, S. 120. / **42** *«Herr Porsche ist ruhig und gelassen nach außen ...»* Wiener Zeitung, März 1903, zitiert nach Richard von Frankenberg: Die ungewöhnliche Geschichte des Hauses Porsche, Stuttgart 1960, S. 21.

II Bei Austro-Daimler

43 *«Österreichische Daimler-Motoren-GmbH»* Zum komplexen Hintergrund von Porsches Wechsel nach Wiener Neustadt vgl. Thomas Köppen: Ferdinand Porsche, Ludwig Lohner und Emil Jellinek – frühe Innovatoren im Elektromobilbau (Typoskript), S. 70ff. / **44** *«Hoflieferant»* Vgl. Jürgen Lewandowski: Opel. Das Unternehmen, die Automobile, die Menschen, Bielefeld 2000, S. 31. / **45** *auf eine «dynamoelektrische Kupplung»* Vgl. Köppen, S. 75; für das Folgende vgl. auch Wilhelm Lohner, Lohner-Automobile, Graz 1989, S. 118. / **47** *zum zweiten Mal Vater* Vgl. Ferry Porsche/Günther Molter: Ferry Porsche – Mein Leben, Stuttgart ^{4}1998, S. 24. / *vollmundig erklärte er vor Journalisten* Vgl. Ghislaine Kaes: Ferdinand Porsche – Einhundert Jahre nach seiner Geburt, Stuttgart 1975 (Typoskript), S. 22. / *bisweilen kolportierte Version* Vgl. etwa Peter Müller: Ferdinand Porsche. Der Vater des Volkswagens, Graz 1998 (Neuauflage), S. 30; ähnlich Walter Henry Nelson: Small Wonder. The Amazing Story of the Volkswagen, Boston 1965, S. 23. / **48** *Wanderpokal* Vgl. Porsche/Molter, S. 26. / **49** *«Auch da bin ich nicht lange geblieben ...»* Josip Broz Tito: Autobiografska Kazivanja, Beograd u.a. 1983, S. 22. (Mit Dank für die Übersetzung an Martin Pfeiffer, Berlin.) / *Börsenhandel 1912* Vgl. Kaes, S. 28. / **50** *ein gewisser Camillo Castiglioni* Vgl. das Castiglioni-Porträt bei Horst Mönnich: BMW – Eine deutsche Geschichte, Wien ^{2}1989, bes. 50f. und 90f. / **53** *«Gentleman-Mechaniker ...»* Zum Ballonflug 1909 vgl. Kaes, S. 24f. / *«mit gerenktem Hals ...»* Franz Kafka: Die Aeroplane in Brescia und andere Texte, Frankfurt/M. 1977, S. 7–25. Kafkas Beschreibung von Blériot in seiner Maschine erinnert sehr an die Erscheinung Camille Jenatzys in seinem Rekordfahrzeug. / *zu einer immer ernster zu nehmenden Gefahr* Vgl. Martin Kutz, Das Flugzeug als Waffe, in: Hundert Jahre deutsche Luftfahrt, hg. vom Museum für Verkehr und Technik Berlin (MVT), Gütersloh u.a. 1991 (Ausstellungskatalog), S. 56–59. / **55** *«Ich kann mich auch daran erinnern ...»* Porsche/Molter, S. 28. / **56** *10,5- und 15-cm-Feldhaubitzen ...* Vgl. Dieter Storz: Die Schlacht der Zukunft. Die Vorbereitungen der Armeen Deutschlands und Frankreichs auf den Landkrieg des 20. Jahrhunderts, in: Wolfgang Michalka (Hg.): Der Erste

Weltkrieg. Wirkung, Wahrnehmung, Analyse, München u. a. 1994, S. 256. / **57** *Pünktlich zum Weltkrieg ...* Vgl. John Keegan: Der Erste Weltkrieg. Eine europäische Tragödie, Reinbek 2001, S. 122–135. / **58** *«Die große Bedeutung dieses Geschützes ...»* Zitiert nach Müller, S. 37. / **61** *«Direktor Porsche hat uns einmal ...»* Zitiert nach ebd., S. 40. / *«Unseren Lieben Getreuen ...»* Kaes, S. 28. / **62** *«das Offizierskreuz ...»* Ebd., S. 35. / *«Der Zusammenbruch 1918 ...»* Ebd., S. 40. / **63** *«Typen sind Sache der Logik ...»* Le Corbusier: 1922. Ausblick auf eine Architektur, hg. von Ulrich Conrads und Peter Neitzke, Braunschweig ^{4}1982, S. 104 ff. / **65** *«Seine Stimme ist so gewaltig ...»* Zitiert nach Alfred Neubauer/Harvey T. Rowe: Männer, Frauen und Motoren. Die Erinnerungen des Rennleiters Alfred Neubauer, Stuttgart ^{2}1971, S. 21. / *«Vor unvorsichtigen Passanten ...»* Vgl. Walter Fritz/Margit Zahradnik (Hg.): Erinnerungen an Graf Sascha Kolowrat, Wien 1992. / **68** *«the complete re-entry ...»* Zitiert nach der grundlegenden und spannend zu lesenden Studie von Heidrun Edelmann: Vom Luxusgut zum Gebrauchsgegenstand. Die Geschichte der Verbreitung von Personenkraftwagen in Deutschland, Frankfurt/M. 1989, S. 37. Diesem Buch ist die Darstellung auch im Folgenden verpflichtet. / **69** *«Wir müssen einen Volkswagen bauen.»* Neubauer/Rowe, S. 21. Vgl. auch Porsche/Molter, S. 33 f. / **71** *«Austro-Daimler ist der moralische Sieger ...»* Neubauer/Rowe, S. 34. / **72** *«schnellste Entschlüsse»* Dieses und die folgenden Zitate nach Heidrun Edelmann, S. 27 ff. / **75** *«Erst jetzt reifte unter mehreren Automobilmanagern ...»* Michael Stahlmann: Die Erste Revolution in der Autoindustrie. Management und Arbeitspolitik von 1900–1940, Frankfurt/M. 1993, S. 68. / **75 f.** *«Eigenbrödelei ... genormter Massenware»* Zitiert nach Heidrun Edelmann, S. 73. / **77** *«Ich will Ihnen etwas verraten ...»* Neubauer/Rowe, S. 45. / *«Die letzte und entscheidende Sitzung ...»* Kaes, S. 46. / **78** *«Herr Porsche ... Graf Kolowrat!»* Vgl. Neubauer/Rowe, S. 46 f.

III Technischer Direktor

84 *«Der eigentliche Triumphator ...»* Alfred Neubauer/Harvey T. Rowe: Männer, Frauen und Motoren. Die Erinnerungen des Rennleiters Alfred Neubauer, Stuttgart ^{2}1971, S. 70. / **85** *Graf Zborowski* Vgl. ebd., S. 74. / **89** *«Der Kreis unserer Kunden ...»* Zitiert nach Karl Heinz Roth/Michael Schmid: Die Daimler-Benz AG 1916–1948. Schlüsseldokumente zur Konzerngeschichte, Nördlingen 1987, S. 33. / *«Auch hatten die Betriebsleiter und Konstrukteure ...»* Karl Heinz Roth u. a.: Das Daimler-Benz-Buch. Ein Rüstungskonzern im «Tausendjährigen Reich» und danach, Nördlingen 1987, S. 80. / **90** *«Können Sie sich wirklich den Luxus leisten ...»* Faksimile der Werbeanzeige bei Heidrun Edelmann: Vom Luxusgut zum Gebrauchsgegenstand. Die Geschichte der Verbreitung von Personenkraftwagen in Deutschland, Frankfurt/M. 1989, S. 99. / **91** *«Bei einzelnen Modellen ...»* Michael Stahlmann: Die Erste Revolution in der Autoindustrie. Management und Arbeitspolitik von 1900–1940, Frankfurt/M. 1993, S. 173. / *Modellpolitik ... Typenvielfalt* Michael Stahlmann, S. 175, resümiert: «Nach der Fusion erfolgte zwar eine Beschränkung der Grundtypen, eine durchgreifende Reduzierung der

Variantenvielfalt im Hinblick auf eine Großserienfertigung läßt sich im PKW-Bereich hingegen nicht feststellen.» / **92** *«selbst bei den kleinen Personenwagentypen ...»* Zitiert nach ebd. / *eifrige Entwicklungsarbeit* Vgl. Neil Gregor: Stern und Hakenkreuz. Daimler-Benz im Dritten Reich, Berlin 1997, S. 40. / **93** *Großtraktoren I und II* Vgl. Ferry Porsche/Günther Molter: Ferry Porsche – Mein Leben, Stuttgart [4]1998, S. 129. / **94** *Einstieg des Konzerns ins Rüstungsgeschäft* Vgl. Gregor, S. 87. / *«in angestrengtester Fahrt ...»* Dieses und die folgenden Zitate nach Roth/Schmid, S. 65f. / **97** *«Unser großer Landsmann ...»* Zitiert nach Ghislaine Kaes: Ferdinand Porsche – Einhundert Jahre nach seiner Geburt, Stuttgart 1975 (Typoskript), S. 53. / **99** *«Abends und nachts ...»* Ebd., S. 54. / **102** *«Stromlinienkarosserie in Pontonbauweise» ... «Der kommende Volkswagen»* Barényi strengte in den 1950er Jahren Prozesse gegen die Autoren Horst Mönnich und Richard von Frankenberg an, die ihn und seine frühen Entwürfe eines Volkswagens herabsetzend geschildert hatten. In diesem Zusammenhang wurde die Reife von Barényis Entwürfen durch Gutachten bestätigt. Harry Niemann, Leiter des Daimler-Chrysler-Archivs, resümierte: «Der von Porsche im Jahr 1936 konzipierte Volks- oder KdF-Wagen war vom Konzept und der Realisierung her der Ausgangspunkt für den Volkswagen ... Im strengen Sinn einer technischen Erfindung aber liegt die Priorität des Volkswagen-Grundkonzepts bei Béla Barényi.» Harry Niemann: Béla Barényi – Nestor der passiven Sicherheit, Stuttgart 1994, S. 89–106, hier S. 93. Vgl. auch: ders.: Béla Barényi. Sicherheitstechnik made by Mercedes-Benz, Stuttgart 2002. / **105** *«Bei den Steyr-Werken habe ich ...»* Brief an Emil Georg von Stauß, 25. Juni 1930, zitiert nach Hans Mommsen/Manfred Grieger: Das Volkswagenwerk und seine Arbeiter im Dritten Reich, Düsseldorf 1996, S. 74. / **106** *«offensichtlich planmäßig ermordet»* «Steyrer Zeitung» vom 15. Februar 1934; vgl. Richard Eidherr: Der Bürgerkrieg in Steyr im Februar 1934, Wien 1995 (Diplomarbeit), S. 56ff.

IV Im Konstruktionsbüro

107 *«Die wenigen ... von der Hand in den Mund»* Ghislaine Kaes: Ferdinand Porsche – Einhundert Jahre nach seiner Geburt, Stuttgart 1975 (Typoskript), S. 56. / *«Ich weiß noch ...»* Anne Junkert während eines Besuchs in Pforzheim 1982, Stadtarchiv Pforzheim. / **109** *«was ich eigentlich an der Technischen Hochschule ...»* Ferry Porsche/Günther Molter: Ferry Porsche – Mein Leben, Stuttgart [4]1998, S. 51. / *«... Sehnsüchte nach dem Fliegen»* Zitiert nach Peter Müller: Ferdinand Porsche. Der Vater des Volkswagens, Graz 1998 (Neuauflage), S. 52. / **110** *«Jeder war für sich genial.»* Interview in der «Braunschweiger Zeitung», Sonderbeilage vom 13. 4. 2002. / *Konstruktion der Drehstabfederung* Ganz ohne Vorbild war Porsches Erfindung nicht: In französischen Patenten aus den Jahren 1917 und 1919 war deren Grundprinzip schon einmal niedergelegt worden. / **111** *«Zerrüttung des Kraftfahrzeugmarktes»* Vgl. Heidrun Edelmann: Vom Luxusgut zum Gebrauchsgegenstand. Die Geschichte der Verbreitung von Personenkraftwagen in Deutschland, Frankfurt/M. 1989, S. 129ff. / **112** *«Vor den billi-*

gen Volkswagen ...» Zitiert nach Edelmann, S. 138. / **114** *«Zuerst kam uns diese Einladung ...»* Porsche/Molter, S. 55. / **115** *«Wir sind hinter den fortgeschrittenen Ländern ...»* Stalin: Fragen des Leninismus, Moskau 1947, S. 398. / *«Symbol der Überlegenheit»* Alan Bullock, Hitler und Stalin. Parallele Leben, Berlin 1991, S. 376. / *«Während der Hungersnot ... mit aufgetriebenen Bäuchen»* Mark Mazower: Der dunkle Kontinent. Europa im 20. Jahrhundert, Berlin 2000, S. 179. / **116** *«Die Kombination aus dem russischen revolutionären Schwung ...»* Zu diesem Thema sehr eindringlich Thomas P. Hughes: Die Erfindung Amerikas. Der technologische Aufstieg der USA seit 1870, München 1991, das Zitat dort S. 255. / **117** *«Wir werden zu einem Lande des Metalls ...»* Stalin: Das Jahr des großen Umschwungs, Artikel vom 7. 11. 1929, zitiert nach Gerd Koenen: Utopie der Säuberung, Berlin 1998, S. 163. / *«Ich kann gar nicht sagen ...»* Zitiert nach Hughes, S. 278. / *«Wenn du Alkohol getrunken hast ...»* Zitiert nach Egon Erwin Kisch: Gesammelte Werke III, (Ost-)Berlin [4]1989, S. 73. / **118** *etwa 6000 ausländische Spezialisten* Vgl. Richard Lorenz: Sozialgeschichte der Sowjetunion, Bd. 1 (1917–1945), Frankfurt/M. 1976, S. 225. Thomas P. Hughes, S. 256, hat nachdrücklich auf dieses eher vernachlässigte Kapitel der sowjetischen Geschichte aufmerksam gemacht. / **119** *eigene Entwürfe aus der Schublade* So Walter Henry Nelson: Small Wonder. The Amazing Story of the Volkswagen, Boston 1965, S. 32. / **122** *«Mickl rechnet»* Kaes, S. 59. / **124** *Konzentrationslager ... «Grund der Inschutzhaftnahme»* Immer wieder findet sich die Angabe, Rosenberger sei schon 1933 verhaftet und in ein Konzentrationslager eingeliefert worden. So bei Porsche/Molter, S. 58f. Auch Fabian Müller, Ferdinand Porsche, Berlin 1999, S. 35f., erweckt diesen Eindruck. Die vorliegende Darstellung basiert auf den einschlägigen Akten im Generallandesarchiv Karlsruhe. / **125** *Anne Robert ... der Stadt die Sammlung ihres Mannes* Kurzbericht in der «Pforzheimer Zeitung», 21. 7. 1982. / *«Als Schoepfer ... Foerderung teilhaftig zu werden»* Beide Telegramme im Faksimile bei Anette Gudjons: Die Entwicklung des Volksautomobils von 1904 bis 1945 unter besonderer Berücksichtigung des «Volkswagens», Hannover 1988 (Diss.), S. 388. / **127** *«Es ist uns bekannt ...»* Dieses und die folgenden Zitate nach Karl Heinz Roth/Michael Schmid: Die Daimler-Benz AG 1916–1948. Schlüsseldokumente zur Konzerngeschichte, Nördlingen 1987, S. 150ff. / **128** *«von der Konkurrenz fernzuhalten»* Vgl. Hans Mommsen/Manfred Grieger: Das Volkswagenwerk und seine Arbeiter im Dritten Reich, Düsseldorf 1996, S. 74. / **129** *«gütige Unterstützung»* Roth/Schmid, S. 153. / **131** *«Bald steigerten wir die Leistung ...»* John Bentley/ Ferry Porsche: Porsche. Ein Traum wird Wirklichkeit, Düsseldorf 1980, S. 99f. / *«Ich habe genügend Fahrer ...»* Zitiert nach ebd., S. 102. / *noch bei 140 km/h radieren* So Richard von Frankenberg: Die ungewöhnliche Geschichte des Hauses Porsche, Stuttgart 1960, S. 102. / **132** *«In einem Gebüsch ...»* Alfred Neubauer/Harvey T. Rowe: Männer, Frauen und Motoren. Die Erinnerungen des Rennleiters Alfred Neubauer, Stuttgart [2]1971, S. 166. / *1 Stunde mit 217,106 km/h ...* Angaben bei Porsche/Molter, S. 65.

V Vorstoß zum Volkswagen

137 *«daß alle Verbesserungen ...»* Ferry Porsche/Günther Molter: Ferry Porsche – Mein Leben, Stuttgart ^{4}1998, S. 58. / **139** *«Die Regierung möge mir den Bau ...»* Das Exposé ist abgedruckt in: Hans-Rüdiger Etzold: Der Käfer. Eine Dokumentation, Bd. II, Stuttgart ^{6}1995, S. 32–38, hier S. 34. / *P-Rennwagen auf der AVUS* Vgl. Hans Christoph Graf von Seherr-Toss: Die deutsche Automobilindustrie. Eine Dokumentation von 1886 bis 1979, Stuttgart ^{2}1979, S. 349. / **140** *«zweites großes Geschenk»* So Wilfried Bade, ein Mitarbeiter von Goebbels: «Noch können wir gar nicht ermessen, was diese Straßen des Führers dem deutschen Volke sein werden. Erst wenn sein zweites großes Geschenk an unser Volk ausgeteilt ist – der Wagen des KdF., der Volkswagen – dann erst wird es ein jeder verstehen, und ein jeder wird an diesem Glücke teilhaben.» Wilfried Bade: Jene blaßgrauen Bänder, in: Wilmont Haacke (Hg.): Die Luftschaukel. Stelldichein kleiner Prosa, Berlin 1939, S. 22–27, hier S. 25 f. Vgl. zum Thema den materialreichen Aufsatz von Erhard Schütz: «Jene blaßgrauen Bänder» oder «Anmut, Härte und Zielstrebigkeit». Die Reichsautobahnen in Literatur und anderen Medien des «Dritten Reiches», in: IASL 18 (1993), S. 76–120. / **141** *Besprechung am 12. Februar 1934* Vgl. Hans Mommsen/Manfred Grieger: Das Volkswagenwerk und seine Arbeiter im Dritten Reich, Düsseldorf 1996, S. 58 f. / **144** *«Ich verstehe unter einem Volkswagen ...»* Dieses und die folgenden Zitat nach Etzold, S. 33. / **145** *«Wenn wir wirklich die Kraftwagenbesitzer ...»* Max Domarus (Hg.): Hitler. Reden und Proklamationen 1932–1945, München 1965, S. 370. / *«Denn diese Entwicklung ...»* Einleitung von Porsches Exposé, zitiert nach Etzold, S. 33. / *seine «guten Verbindungen zum Regime»* Neil Gregor: Stern und Hakenkreuz. Daimler-Benz im Dritten Reich, Berlin 1997, S. 90. / **146** *«An einem Tisch in der Ecke ...»* Aufzeichnung von Ghislaine Kaes vom 4. Dezember 1975; abgedruckt bei Gudjons, S. 378-387, hier S. 380. / **146** *«war eine grundsätzliche Entscheidung gefallen ...»* Porsche/Molter, S. 70. / **147** *«2 Räder vorn und 1 Rad hinten»* Aktenvermerk über die Sitzung, faksimiliert bei Etzold, S. 63 ff. / **148** *Der «Führer» wollte vier Räder* Vgl. Gudjons, S. 183 f. und 393 f. / **149** *«den Mund zu halten ...»* Zitiert nach Mommsen/Grieger, S. 66, denen die Darstellung hier folgt. / *«Zusammenfassung aller Kräfte ...»* Zitiert nach Mommsen/Grieger, S. 80 f. / **150** *«unter Führung einer ... einer hierzu vom Reich designierten Vollmacht»* Mit Hans Mommsen und Manfred Grieger (S. 81) kann man nur vermuten, dass mit diesem Vorschlag ein einträglicher Posten für Jakob Werlin geschaffen werden sollte. / **151** *«Zusammenstellung lt. Sitzung Frankfurt»* Faksimile bei Gudjons, S. 396. / **152** *«dass in der ganzen Angelegenheit Opel der lachende Erbe wird»* Dieses und die folgenden Zitat nach Karl Heinz Roth/Michael Schmid: Die Daimler-Benz AG 1916–1948. Schlüsseldokumente zur Konzerngeschichte, Nördlingen 1987, S. 153 f. / **153** *Vertragsabschluss ... am 22. Juni 1934* Der Vertrag ist abgedruckt bei Etzold, S. 70 ff. / **154** *«Was wollen Sie, Porsche ...»* Horst Mönnich: Die Autostadt. Abenteuer einer technischen Idee, Braunschweig 1958, S. 113. / *«Herr Porsche, wenn Sie das Geld ...»* Porsche/Molter, S. 70. / **155** *«der größte deutsche*

Automobilkonstrukteur ...» Walter Henry Nelson: The Amazing Story of the Volkswagen, Boston 1965, S. 49. / *«Da wer'n ma ja nix machen können.»* Ghislaine Kaes: Ferdinand Porsche – Einhundert Jahre nach seiner Geburt, Stuttgart 1975 (Typoskript), S. 65. / **157** *«An Montagen ... »* Dieses und die folgenden Zitate ebd. / **158** *«daß es der Fähigkeit ...»* Hitler, Rede zur Eröffnung der IAMA, 14. 2. 1935, in: Domarus (Hg.). / *«der Volkswagen unbedingt herausgebracht werden müsse»* Aktennotiz von Schirz vom 21. 3. 1935; zitiert nach Mommsen/Grieger, S. 93. / **159** *«fabrikationsreif»* Aufzeichnung Schirz vom 14. 6. 1935; zitiert nach Mommsen/Grieger, S. 86. / *«Das Ende vom Lied ...»* Zitiert nach Mommsen/Grieger, S. 88. / **161** *«Röhr-Programm»* Vgl. dazu Karl Heinz Roth u. a.: Das Daimler-Benz-Buch. Ein Rüstungskonzern im «Tausendjährigen Reich» und danach, Nördlingen 1987, S. 198f; ebenso Ulrich Kubisch: Aller Welts Wagen. Die Geschichte eines automobilen Wirtschaftswunders, Berlin 1986, S. 38 f. Darin eine Abbildung des bemerkenswerten, denkbar «käferähnlichen» Mercedes 150. / *«Wir müssen leider zugeben ... allmählich etwas brenzlig»* Zitiert nach Mommsen/Grieger, S. 95. / **162** *«Ich kann mich des Eindrucks nicht erwehren ...»* Zitiert nach ebd., S. 96 f. / **163** *«Gewiß ist seine Konstruktion ...»* Zitiert nach ebd., S. 98. / *«Ich zweifle nicht, daß es der Genialität ...»* Dieses und das folgende Zitat bei Domarus (Hg.), S. 578 und 581. / **165** *«Für die Formlosigkeit des Hitlerschen Regierungsstils ...»* Mommsen/Grieger, S. 105 f. / **167** *folgenreiche Denkschrift* Vgl. Roth/Schmid, S. 155–157. / **169** *Sitzung des RDA am 27. Juli in Koblenz* Vgl. Mommsen/Grieger, S. 107 f. / **170** *Hitler sei der persönliche Auftraggeber* Dazu Mommsen/Grieger, S. 110: «Der Vorgang ist für die Zwielichtigkeit des politischen Entscheidungsprozesses im Dritten Reich bezeichnend.» / *«Von dort aus ging es über Pforzheim ...»* Porsche/Molter, S. 73. / **171** *«Wenn man im dichtesten Gewühl New Yorks ...»* Dieses und die folgenden Zitate aus Otto Moog: Drüben steht Amerika ... Gedanken nach einer Ingenieurreise durch die Vereinigten Staaten, Braunschweig 1927. / **172** *«Es ist dafür gesorgt, ...»* Ghislaine Kaes: Vortrag über «Die Nordamerikareise des Herrn Dr. Ing. h. c. Ferdinand Porsche im Jahre 1936». Gehalten am 29. 1. 1937, Stuttgart, August 1937 (Typoskript, 68 Seiten; Historisches Archiv der Porsche AG). Wenn nicht anders angegeben, stammen die folgenden Zitate in diesem Kapitel aus dieser Schrift. / **177 f.** *«ungeheures Titanenwerk ... mit eigener Kraft fahrend.»* Moog, Drüben steht Amerika. / **179** *Das Rohmaterial ... Fordson-Traktoren gebaut.»* Thomas P. Hughes: Die Erfindung Amerikas. Der technologische Aufstieg der USA seit 1870, München 1991, S. 214. Vgl. auch die einschlägigen Passagen bei Hughes über Henry Ford und die Werke Highland Park und River Rouge. / **181** *«jeden zehnten Tag eine kleinere Erfindung, ...»* Zitert bei Fritz Vögtle: Edison, Reinbek 1982, S. 38.

VI Neue Dimensionen

185 *«ebenso überrascht wie bestürzt»* Schreiben Porsches vom 17. 11. 1936, zitiert nach Hans Mommsen/Manfred Grieger: Das Volkswagenwerk und seine Arbeiter im Dritten Reich, Düsseldorf 1996, S. 110. / *«dass die Planungsarbeiten ...»* Aktennotiz von Jakob Werlin, 15. 12. 1936; zitiert nach Mommsen/Grieger, S. 111. / **186** *Beteiligung bei Produktion und Vertrieb* Vgl. ebd., S. 118. / *«unübersehbare finanzielle Belastungen»* Vgl. ebd., S. 124 f. / **187** *«Das Fahrzeug hat demnach Eigenschaften ...»* Zitiert nach Ferry Porsche/Günther Molter: Ferry Porsche – Mein Leben, Stuttgart [4]1998, S. 77. / *von Anfang an wohlgesinnt* Vgl. Walter Henry Nelson: Small Wonder. The Amazing Story of the Volkswagen, Boston 1965, 55 f. / **188** *An ebendiesem 15. Januar notierte Joseph Goebbels* Joseph Goebbels: Die Tagebücher, hg. von Elke Fröhlich. Sämtliche Fragmente, I, Aufzeichnungen 1924–1941, Bd. 3., München 1987, S. 10. Dort auch das Zitat aus der Einleitung: «Da schaffen wir eine große Sache, die dem Führer Freude machen wird.» / *ohne solide Kalkulationen* Mommsen/Grieger, S. 131, stellen fest: «Ohne ausreichende Sachkompetenz, gegen ökonomische Vernunft und mit unglaublicher Leichtfertigkeit entschied sich Ley für das Volkswagen-Projekt.» / **189** *«unpolitischer» Techniker ... «neutrale» Sonderstellung* So auch Mommsen/Grieger, S. 147: «Mit einer traumwandlerischen Sicherheit gelang es Porsche, sich aus den chronischen Machtkämpfen der nationalsozialistischen Satrapen weitgehend herauszuhalten und, allerdings gestützt auf sein unbestreitbares Ansehen bei Adolf Hitler, eine weitgehend unabhängige Stellung einzunehmen.» / **190** *«Schlußpunkt» ... «Sierra Cordoba»* Zitat aus Jakob Werlin, Leben für das Auto; Daimler-Benz-Archiv; zitiert nach Mommsen/Grieger, S. 133. / **191** *Drängen der DAF auf vertragliche Regelung* Vgl. Mommsen/Grieger, S. 146. / **192** *Im New Yorker Hafen* Vgl. Rowe/Neubauer, Erinnerungen, S. 222. / **194** *Joseph Werner* Vgl. Nelson, S. 62 f. / *«Wir wollen die Maschine ...»* Otto Dyckhoff, Vortrag im RLM, 18. 3. 1941, zitiert nach Mommsen/Grieger, S. 166. / *«Man muß den Takt der Maschine ...»* Robert Ley, Aufruf des Amtes für Berufserziehung und Betriebsführung der DAF, 1939. / **195** *«In USA, im Jahre 1937, verhielt sich Werlin ...»* Ghislaine Kaes: Aufzeichnung vom 4. 12. 1975; abgedruckt bei Anette Gudjons, «Volksautomobil», S. 379. / **198** *«Anzeichen» ... «Ferner erschienen des öfteren Kraftwagen ...»* Zitiert nach Erhard Forndran: Die Stadt- und Industriegründungen Wolfsburg und Salzgitter. Entscheidungsprozesse im nationalsozialistischen Herrschaftssystem, Frankfurt/M. 1984, S. 163. / *ein Wirt aus Fallersleben* Das Detail berichtet Wilhelm Bittorf: Porsche von Fallersleben, in: Der Spiegel, 11. Mai 1950, S. 31. / *«Sinnbild eines zielbewußten ...»* Standortgutachten der Reichsstelle für Raumordnung, 16. 10. 1937 und 27. 10. 1937; zitiert nach Mommsen/Grieger, S. 160. / *«in Bezug auf Arbeiter- und Materialbeschaffung...»* Zitiert nach Forndran, S. 165. / **200** *«mit großen, breiten Straßen ...»* Zitiert nach Forndran, S. 180. / **201** *«augenblicklich schwierigen Rohstofflage»* Besprechung zur Finanzierung des Volkswagen-Sofortprogramms, 6. 10. 1937; zitiert nach Mommsen/Grieger, S. 171 f. / *Einige Tage nach dieser Sitzung ...* Vgl. Mommsen/Grieger, S. 173 f. / **202** *«eine Motorisierung in dem Umfange ...»* Karl Heinz Roth/Michael Schmid: Die Daimler-Benz AG 1916–1948. Schlüsseldokumente zur Konzerngeschichte, Nördlingen 1987, S. 158–161. / **205** *Verkauf von Liegenschaften* Vgl. Mommsen/Grieger, S. 210–212. / **206** *«kaufkraftlenkenden Wirkung»* Vgl. dazu auch Gudjons, S. 206 f. / *«1 kg But-*

ter ...» Zitiert nach Ghislaine Kaes: Ferdinand Porsche – Einhundert Jahre nach seiner Geburt, Stuttgart 1975 (Typoskript), S. 75. / *«größten europäischen Erzeugnisstätte ...»* aus der von Lafferentz verlesenen Urkunde, zitiert nach Mommsen/Grieger, S. 184. / **208** *Aufmarsch «Grün»* Zitiert nach Walter Hofer: Der Nationalsozialismus. Dokumente 1933–1945, Frankfurt/M. 1982, S. 204. / *Konrad Henlein* Das Maffersdorfer Doppelporträt Porsche/Henlein zeichnet Wolfgang Büscher: Drei Stunden Null. Deutsche Abenteuer, Berlin 1998, S. 91–108. / *Arbeitslose aus Italien* Vgl. Mommsen/Grieger, S. 294 ff. / **212** *«raffiniertes innenpolitsches Ablenkungsmanöver»* Deutschland-Berichte der Sozialdemokratischen Partei Deutschlands (Sopade) 1934–1940, 6. Jg. (1939), Frankfurt/M. 1980 (Nachdruck), S. 490. / *Eine Aufstellung aus dem Oktober 1939* Porsche-Archiv, Slg. Kaes. / **213** *«Es kann daher keine Rede davon sein, ...»* Mommsen/Grieger, S. 226. / *«Wir seh'n den Führer ihn begleiten ...»* Zitiert nach Kaes, S. 4. / **214** *«Die Männer, die damals anfingen ...»* Peter Koller, zitiert nach Bittorf, S. 33. / **217** *Serie «DB 600»* Darüber unterschiedliche Angaben, je nach Variante und verwendetem Treibstoff. 3500 PS, die kurzfristig erreichbar waren, werden häufiger genannt. Hans Christoph Graf von Seherr-Thoss gibt für den «DB 601» 3030 PS an: Die deutsche Automobilindustrie. Eine Dokumentation von 1886 bis 1979, Stuttgart [2]1979, S. 365. / **218** *«Ein anderer Schulkamerad ...»* Karl Löwith: Mein Leben in Deutschland vor und nach 1933. Ein Bericht (1940), Frankfurt/M. 1989, S. 14. / *Konstruktionschef Wagner* Vgl. Rowe/Neubauer, Erinnerungen, S. 248. / *Konstruktionsvertrag zwischen Daimler-Benz und Porsche* Vgl. Mommsen/Grieger, S. 110 f. / **219** *«Der Wagen besaß kein Getriebe ...»* Porsche/Molter, S. 104. / **220** *Desaster des deutschen Tempostrebens* Vgl. Peter Kirchberg: Grand-Prix-Report Auto Union 1934–1939, (Ost-)Berlin [2]1984, insbesondere das Kapitel «Rekorde zwischen Ruhm und Tod», S. 104–128. Mit zahlreichen Dokumenten, Aussagen und Illustrationen. / **221** *«Er liegt im Wald ...»* Rudolf Caracciola: Mein Leben als Rennfahrer, Berlin 1939. Das populäre Buch schließt mit der Schilderung der Ereignisse bei Frankfurt und dem Nachruf auf Rosemeyer. / **224** *«Ein Motorsturm der SS ...»* In: Deutsche Sport-Illustrierte, 1938, Nr. 5, S. 141. / *«... das einprägsamste und häufigste Bild ...»* Victor Klemperer: LTI. Notizbuch eines Philologen (1947), Frankfurt/M. 1975, S. 10. / *Fritz Todt ... Piste in Aussicht gestellt* Vgl. Peter Kirchberg, S. 112. / **225** *«An die Stelle des Rennkampfwagens ...»* Klemperer, S. 10.

VII Im Krieg

229 *«dass die Fabrik bei ihrer Größe ...»* Sitzungsbericht über die Besprechung «Standortplanung für die Volkswagenwerke», 17. 1. 1938 (BA Koblenz, R 113/141); zitiert nach Hans Mommsen/Manfred Grieger: Das Volkswagenwerk und seine Arbeiter im Dritten Reich, Düsseldorf 1996, S. 320. Besonders in diesem Kapitel grundlegend. / *Porsches Kalkül ebenso wie das vieler Unternehmer* Den Einfluss dieser Erwartung auf die Entscheidungen des Vorstands von Daimler-Benz hat nachgezeichnet Neil Gregor: Stern und Hakenkreuz. Daimler-Benz im

Dritten Reich, Berlin 1997. / **232** *«Angliederung von luft- und heereseigenen Betrieben ...»* Wehrwirtschaftsstab, Abt. Rüstung V, Wochenbericht vom 21.–26. 11. 1938, zitiert nach Mommsen/Grieger, S. 324. / *«Fundamente des Sieges»* Vgl. Mommsen/Grieger, S. 327. / **235** *«lediglich ‹als Raum für den Eventualfall› ...»* VWW an GBI Speer, 30. 3. 1940; zitiert nach Mommsen/Grieger, S. 367 f. / *«Talent zur Massenproduktion»* Vgl. dazu das Kapitel «Das Talent zur Massenproduktion» bei Richard Overy: Die Wurzeln des Sieges, Reinbek 2002, S. 233–267. Die Wendung «Talent zur Massenproduktion» geht auf F. D. Roosevelt zurück. Overy betont, dass keineswegs das Problem der Rohstoffe den Ausschlag gegeben hat: «Die deutsche Wirtschaft hat im Krieg ... weitaus weniger Waffen produziert, als ihr mit den vorhandenen Rohstoffen und Produktionskapazitäten, dem Arbeitskräftepotential und wissenschaftlich-technischen Standard möglich gewesen wäre.» (S. 257) / **236** *«Die Volkswagenwerke ...* Ebd., S. 262. / **238** *«letzten Stand der Technik»* Zitiert nach Mommsen/Grieger, S. 397. / **239** *Rechnungen der Porsche KG* Ebd. / **240** *«Die Erfahrungen, die wir in der Materialerprobung ...»* Adolf Hitler: Monologe im Führerhauptquartier. Aufgezeichnet von H. Heim, hg. von W. Jochmann, Hamburg 1980, S. 289. / *zehn technische Zeichner* Vgl. Mommsen/ Grieger, S. 494. / *über 14 000 Stück* Vgl. Hans-Rüdiger Etzold: Der Käfer. Eine Dokumentation, Bd. II, Stuttgart ^{6}1995, S. 110. / **241** *«Fertigstellung, Ausbau und Betrieb ...»* Terminkalender Himmler, Sonntag, 11. 1. 1942, «Besprechung mit Porsche und Werlin»; zitiert nach Mommsen/Grieger, S. 499. / **242** *Oberführer der Allgemeinen SS* Vgl. Mommsen/Grieger, S. 500. / **243** *Piëch setzte von Anfang an ...* RüKdo Braunschweig, Besprechung im VWW vom 5. 9. 1941; zitiert nach Mommsen/Grieger, S. 527. / **244** *«primitivere, robustere Konstruktionen»* Führererlass vom 3. 12. 1941; zitiert nach Overy, S. 263. / **246** *Panzer «Tiger»* Vgl. Walter Spielberger: Der Panzerkampfwagen Tiger und seine Abarten, Stuttgart 1987, S. 76 f. / *«Speer machte es offensichtlich Spaß ...»* Ferry Porsche/Günther Molter: Ferry Porsche – Mein Leben, Stuttgart ^{4}1998, S. 132. / **247** *«Nachbauen!»* Porsche/Molter, S. 129. / **248** *«Das größte technische Genie ...»* Hitler, Monologe, S. 289. / *«Um Hitler zu erfreuen ...»* Albert Speer: Erinnerungen, Frankfurt/M. ^{14}1976, S. 248. / **249** *«Wir, das heißt Professor Porsche ...»* Albert Speer: Spandauer Tagebücher, Frankfurt/M. 1975, S. 59 f. / **250** *die erste Probefahrt* Vgl. Ghislaine Kaes: Ferdinand Porsche – Einhundert Jahre nach seiner Geburt, Stuttgart 1975 (Typoskript), S. 91. / **251** *Übernahme ... Peugeot in Montbéliard/Sochaux* Vgl. zu diesem Komplex die Darstellung bei Mommsen/Grieger, S. 650–677. / **252** *«Oft zeigte er uns Skizzen ...»* Speer, Spandauer Tagebücher, S. 239. / **253** *«gigantische Idee»* Vgl. Dieter Hölsken: Die V-Waffen, Stuttgart 1983; auch Rainer Eisfeld: Mondsüchtig. Wernher von Braun und die Geburt der Raumfahrt aus dem Geist der Barbarei, Reinbek 2000. / *Im Volkswagenwerk versuchte man ...* Vgl. Mommsen/Grieger, S. 682 ff. / *Vergleichsschießen im Mai* Vgl. Eisfeld, S. 85 f. / **254** *Lagerwelt ... von jäher Willkür und äußerster Brutalität* In zahlreichen Zeugenaussagen ehemaliger Häftlinge ist der Lageralltag dokumentiert. Die Staatsanwaltschaft Sonderborg (Callesen war «dänischer Volksdeutscher») ermittelte bereits 1946. Weitere Befragungen führten Klaus-Jörg Siegfried und Therkel Straede in den 1980er Jahren durch. Vgl. Klaus-Jörg Siegfried: Rüstungsproduktion und Zwangsarbeit im Volkswagenwerk 1939 bis 1945. Eine Dokumentation, Frankfurt/M. 1986; ders.: Das Leben der Zwangsarbeiter im Volkswagenwerk 1939 bis 1945. Frankfurt/M. 1988; sowie Mommsen/Grieger, S. 766–799. / *... drängten Wernher von Braun* Vgl. Eisfeld, S. 113. / **255** *Porsche wollte in dieser Zeit ...* Vgl. Mommsen/Grieger, S. 689 f. / *«moderne deutsche Waffen»* Zitiert nach Originalton, in: Peenemünde. Zwischen Mythos und Misere. Radiofeature von Fritz Jahn (DS-Kultur, 1992). / *Zur selben Zeit, Ende 1943 ...* Vgl. Porsche/Molter, S. 147 f. / **256** *jemand aus Porsches nächster Umgebung* Vgl. dazu Walter Henry Nelson: Small Wonder. The Amazing Story of the Volkswagen, Boston 1965, S. 110 f. / **257** *«die ganze Höhle mit KZ-Häftlingen belegen»* Stenogr. Bericht über die Sitzung des Jägerstabs am 17. 3. 1944, KTB RüKdo Lüneburg; zitiert nach Mommsen/Grieger, S. 811. / *Ferdinand und Ferry Porsche bei Himmler* Vgl. auch Fernschreiben Himmlers an Pohl, abgedruckt bei Siegfried, S. 73. / **258** *«die Bereitstellung von Arbeitskräften ...»* Zitiert nach Mommsen/Grieger, S. 836. / **259** *Die letzten 300 jüdischen Häftlinge* Vgl. Mommsen/Grieger, S. 828. / *der Ort einer «besonders starken ideologischen Indoktrination»* Referat von Hans Mommsen, in: Lothar Gall/Manfred Pohl (Hg.): Unternehmen im Nationalsozialismus, München 1998. / **260** *«von medizinischen Versuchen ...»* Kaes, S. 94. / *«Ich mußte es versuchen ...»* Ghislaine Kaes: Ferdinand Porsche, in: Etzold, S. 39–63; hier S. 44. / *Kindersterben in Rühen* Vgl. Mommsen/Grieger, S. 762–765. Zum Körbel-Prozess vgl. Siegfried, S. 188.

VIII Die letzten Jahre

262 *«Einer war noch da.»* Film-Interview mit Major Hirst (Quelle: Autostadt Wolfsburg, Zeithaus). / *«Nicht zuletzt dem Respekt ...»* Wilhelm Bittorf: Porsche von Fallersleben, in: Der Spiegel, Serie vom 4. Mai bis 1. Juni 1950, hier 18. Mai, S. 25. / **263** *knapp 1800 Autos* Vgl. Hans-Rüdiger Etzold: Der Käfer. Eine Dokumentation, Bd. II, Stuttgart [6]1995, S. 118. / *Urteil der zivilen Experten* Vgl. Walter Henry Nelson: Small Wonder. The Amazing Story of the Volkswagen, Boston 1965, S. 101. / **264** *«In der Tat stellte sich immer deutlicher ...»* Mommsen/Grieger, S. 970. / *«1947 lief im VW-Werk ...»* Film-Interview mit Major Hirst. / *«Heil Hitler!»* Berichtet bei Ferry Porsche/Günther Molter: Ferry Porsche – Mein Leben. Stuttgart [4]1998, S. 151. / **265** *«Hatten Sie bereits Besuch ...»* Porsche/Molter, S. 152 f. / **267** *«Zahlreiche Fachleute ... Gedichte vor.»* Albert Speer: Erinnerungen. Frankfurt/M. [14]1976, S. 506 f. Offenbar verharmlost Speer die Spannungen unter den Internierten hier ein wenig. Vgl. dazu Joachim Fest: Speer. Eine Biographie, Berlin 1999, S. 383 ff. / *«Bei den Verhandlungen ...»* Schreiben Porsches an Harrison, 20. 8. 1945; zitiert nach Mommsen/Grieger, S. 941. / **269** *«Es hat den Anschein ...»* Zitiert nach Porsche/Molter, S. 160. / *«Das Ganze ist ein Mißverständnis ...»* Porsche/Molter, S. 160. / **270** *«einen einigermaßen annehmbaren Aufenthaltsort ...»* John Bentley/Ferry Porsche: Porsche. Ein Traum wird Wirklichkeit, Düsseldorf 1980, S. 247. / **271** *«Von der Vincentistraße aus ...»* Ghislaine Kaes: Ferdinand Porsche – Einhundert Jahre nach seiner Geburt, Stuttgart 1975 (Typoskript), S. 97. / *«Ich übernahm sofort ...»* Kaes, Ferdinand Porsche, in: Etzold, S. 59. Dort auch die folgenden Zitate. / **272** *Porsche litt unter heftigen Gallenkoliken* So berichtet bei Porsche/Molter, S. 162. Laut Ghislaine Kaes habe Porsche hingegen ein sich verschlimmerndes Augenleiden vorgetäuscht. Vgl. Kaes, Einhundert Jahre, S. 97 f. / *«Porsche bespricht sich ...»* Ebd., S. 98. / *In Gmünd aber ...* Vgl. Nelson, S. 112. / **275** *... die Entnazifizierung auf die Ebene der Werksleitung zu beschränken.* Vgl. Mommsen/Grieger, S. 966. / **276** *«Bald muß ich mich mit ihm ...»* Kaes, S. 103. / *«Er war in psychischer Hinsicht ...».* Porsche/ Molter, S. 184. / *«Keine Schraube ...»* Kaes, S. 103. / **277** *«1947 fertigten wir ...»* Porsche/Molter, S. 176. / *«Nun, Porsche war dabei gewesen ...»* Kaes, S. 103. / *«Weil meine Einbürgerung ...»* Zitiert nach Bittorf: Porsche von Fallersleben, in: Der Spiegel, 4. Mai 1950, S. 21. / **278** *«Ein mit Fäden beklebter Prototyp ...»* Ferdinand Piëch: Auto. Biographie, Hamburg 2002, S. 32. / **280** *ein Promille des Bruttolistenpreises* Diese Vereinbarung trat allerdings erst Ende 1949 in Kraft, nach dem offiziellen Ende der Property Control. Vgl. Mommsen/Grieger, S. 939. 1952 wurde die Lizenzgebühr angesichts der hohen Stückzahlen auf ein Limit von 1,– DM bei über 150 000 Fahrzeugen begrenzt. / *«... Zahlungsverpflichtung gegenüber Porsche»* Zitiert nach Mommsen/Grieger, S. 939. / **281** *«Die Karosserie muß zurück ...»* So bei Porsche/Molter, S. 188. / *«Dr. Ing. h. c. F. Porsche KG»* Vgl. Porsche/Molter, S. 191. / *«Am Samstag, dem 26. Juni 1948 ...»* Dieses und die folgenden Zitate nach Kaes, S. 106–108. / **283** *«Nach vierjährigen Anstrengungen ...»* Bittorf, in: Der Spiegel, 25. Mai 1950, S. 22 f. / **284** *In Werk und Stadt ...* Vgl. dazu: Aufbau West – Aufbau Ost. Die Planstädte Wolfsburg und Eisenhüttenstadt in der Nachkriegszeit, hg. von Rosemarie Beier, Berlin 1997 (Ausstellungskatalog). / *«Erst seit Sie es bewiesen haben ...»* Harald Kaiser: Heinrich Nordhoff, in: Etzold, S. 124. / **286** *«Du hast uns vorhin überholt.»* Kaes, S. 110. Dort auch die folgenden Zitate.

Bildnachweis

Bildarchiv Preußischer Kulturbesitz 142 f., 160, 247, 249 / Bilderdienst Süddeutscher Verlag 18, 41, 67, 100 f., 112, 130, 134 f., 177, 190, 193, 205, 207, 209, 214, 279, 283 / DaimlerChrysler AG 70, 82, 108 / Stadtarchiv Wiener Neustadt 46, 243 / Technisches Museum Wien 32, 33, 37, 57 / Ullstein Bilderdienst 2, 20, 87, 166, 222 f., 230 f., 237, 258 / Volkswagen AG 210 f., 265